世纪波
Century Wave

肯耐珂萨情商系列

The EQ Edge

Emotional Intelligence and Your Success, 3rd Edition

情商优势

情商与成功 珍藏版

[美] 史蒂文·J. 斯坦（Steven J. Stein） 著
霍华德·E. 布克（Howard E. Book）

李仁根 译

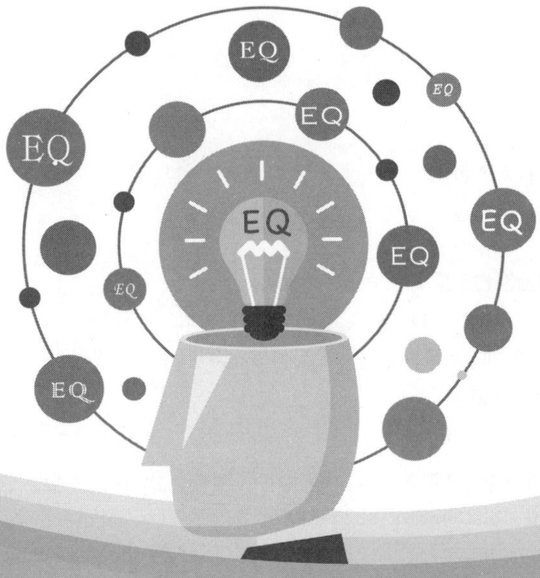

電子工業出版社
Publishing House of Electronics Industry
北京·BEIJING

Steven J. Stein and Howard E. Book: The EQ Edge: Emotional Intelligence and Your Success, 3rd Edition
ISBN: 9780470681619

版权贸易合同登记号　图字：01-2012-0534

图书在版编目（CIP）数据

情商优势：情商与成功：珍藏版 /（美）史蒂文 ·J.斯坦（Steven J. Stein),（美）霍华德 ·E.布克（Howard E. Book）著；李仁根译. —北京：电子工业出版社，2019.8
书名原文：The EQ Edge: Emotional Intelligence and Your Success，3rd Edition
ISBN 978-7-121-36851-6

Ⅰ. ①情… Ⅱ. ①史… ②霍… ③李… Ⅲ. ①情商－通俗读物 Ⅳ. ①B842.6-49

中国版本图书馆 CIP 数据核字(2019)第 121157 号

责任编辑：吴亚芬
印　　刷：三河市华成印务有限公司
装　　订：三河市华成印务有限公司
出版发行：电子工业出版社
　　　　　北京市海淀区万寿路 173 信箱　邮编 100036
开　　本：720×1000　1/16　印张：18.75　字数：297 千字
版　　次：2019 年 8 月第 1 版（原著第 3 版）
印　　次：2019 年 8 月第 1 次印刷
定　　价：75.00 元

凡所购买电子工业出版社图书有缺损问题，请向购买书店调换。若书店售缺，请与本社发行部联系，联系及邮购电话：（010）88254888，88258888。
质量投诉请发邮件至 zlts@phei.com.cn，盗版侵权举报请发邮件至 dbqq@phei.com.cn。
本书咨询联系方式：（010）88254199，sjb@phei.com.cn。

中文版序

很高兴看到本书中文版的出版。我们从未想过本书的原版书会被翻译成8种语言，会影响世界上那么多人。我们所讨论的情商能力是一种极为基础的能力，具有普适性。我们所测量的情商因素在中国及其他文化中都真实存在，但是在不同的文化中存在着细微的差别。

与北美人相比，亚洲人的情商分数在独立能力、抗压能力和乐观能力 3个方面较低。从独立能力来看，这可能是因较为浓郁的集体主义文化氛围而导致了较弱的独立能力和较强的合作能力。在做出决策时，是自己做出决策还是从他人那里寻求中肯的建议？这两者间需要一个微妙的平衡。正是这种平衡促成人们高效地生活。

随着中国几十年来所发生的变化，中国人应对压力的能力可能还没有稳定下来。正如人们所知，变化产生压力。如何有效地管理好这些压力，正是这本书所要讨论的内容。

最后来谈论一下乐观能力，当一个社会经历转型变革时，人们乐观的情绪会降低。中国社会正经历着巨大的变化，充满着巨大的挑战，生活在这样的社会里，人们的乐观情绪势必会受到影响。成功地应对人们所面临的变化可以帮助人们有一个更光明、更乐观的生活态度；而沉浸于变化的细节和它所带来的压力，则容易让人对未来产生较为消极的看法。

为了能在未来取得成功（我在中国的经历告诉我那里会有巨大成功），你必须践行这些能力（独立能力、抗压能力、乐观能力）。然而，仅有这些能力还不够。本书讨论的所有的情商能力会对你构建一个更加快乐、更加丰富多彩的人生起关键作用。

学习这些能力，发展这些能力，会对你的生活产生重大影响。正如世界各地的情商能力有着一些细微的差别一样，在如何发展和展示这些能力上也会存在细微的差别。所以，我们会与当地的专家合作，用与当地文化相适应的方法来帮助你发展这些能力。

我们很高兴上海肯耐珂萨能够成为我们的中国合作伙伴，肯耐珂萨能够让我们所要传达的信息更加符合亚洲文化。我希望本书将带领你进一步探索，通过改变你的情商能力来帮助你过一种更有意义、更成功的生活。同时这也会对你所交往的人产生积极的影响。祝你的学习旅途愉快！

史蒂文·斯坦博士

关于 EQ-i 2.0

我们对于情商的了解进一步深化了，这本关于情商和社交商的书也会深化。我们最初撰写《情商优势：情商与成功》已是过去十多年前的事，在此期间，对情商这个新命题有关的知识无论在科学上还是在经验上都增加了许多，这需要我们对前几版进行修订。这次修订自然也受到了新数据的影响，更主要的影响因素是在国际上使用最广泛的情商量表（Emotional Quotient Inventory，EQ-i）经历了一次大规模的修订，现在的情商量表 2.0 简称为 EQ-i 2.0。

现今大多数关于情商和社交商的知识都来自采用情商测试的量表所做的研究。如果没有这些测量情商的量表，我们就只能猜测和假设情商是什么、它存在的意义，以及如何提高情商了。

这个领域的大部分研究都基于自述式的 EQ-i 或能力测试式的梅耶-沙洛维-库索情商测验（Mayer，Salovey，and Caruso Emotional Intelligence Test，MSCEIT）。这两种方式都大量采用了心理学上的标准，包括：理论发展、构成确定、开发测量这些构成的题目、用样本测试这些题目、修订测试题、在大范围内选取有代表性的几千人进行试用、建立常模、继续研究其信度和效度。

最近对 EQ-i 2.0 的修订由全球领先的评估公司——多维健康系统（Multi-Health Systems，MHS）公司杰出的专业人员历经多年完成。这些经验丰富的专家在研究中花费了大量时间。为什么要这样做？因为测试量表会随着时间的流逝而失效，人们会由于文化的发展而变化。很多年前我们会对某些事产生某种反应，而今天我们对同样的事极有可能有不同的反应。为此，就有必要改变一些测试题目，调整常模以确定、确认人们在当今世界对事物的反应。

我们想感谢MHS公司研发团队的德里克·曼博士、凯蒂·泽尔玛、温迪·戈登、斯科特·米勒、里克·沃隆德、莎拉·瑞兹帕、吉尔·斯塔瑞诺思博士、迪娜·罗根、凯文·威廉姆斯博士、克莱格·纳山森博士、戴安娜·德莱克、达尼埃拉·克怀德科斯基、卡莱恩·科莱拉、贾瑞斯罗·昆尼辛、希瑟·克伊、雷纳德·汤巴斯、凯莉·马尔可、达娜·阿克利博士、玛西娅·哈夫斯、布里特·理查德、海尔·鲁特莱吉、约翰·伊里奥特、哈泽尔·维尔登、托马斯·盖尔、詹姆斯·布查南。

有成千上万名各行各业的人读过《情商优势：情商与成功》，并将书中的内容用于实际生活中。它也成为如何运用EQ-i的专业训练中不可或缺的一部分。新版《情商优势：情商与成功》旨在给你提供有关情商的最新研究成果，并在结构上也根据EQ-i 2.0做了相应的调整。在众多专家使用EQ-i的经验基础上，加上已经公布的研究成果和未公布的研究资料，本书将为你提供最有价值的内容，以便你可以用在工作、家庭和社交生活中。

前　言

很难相信自第 1 版《情商优势：情商与成功》面市已经过去了十几年。十几年以来，世界以日新月异的速度在发展。其间，我们经历了“9·11”事件、阿富汗和伊拉克战争、2004 年的海啸和地震、伦敦“7·7”爆炸案、路易斯安那州和佛罗里达州的飓风、苏丹的大屠杀，还有其他很多危机。

当 Wiley 公司请我们对《情商优势：情商与成功》进行修订时，我们非常激动。这些年来《情商优势：情商与成功》的销售形势喜人，我们也收到来自世界各地读者的许多意见。有这么多人告诉我们这本书如何影响了他们的生活，我们也很荣幸。有些人因为尝试了书中的练习而使生活向良性的方向转变了很多。

在新版《情商优势：情商与成功》中，我们根据读者提出的意见做了改进，将提供一些情商研究的新成果。我们也补充了一些资料：情商在“9·11”事件幸存者的家庭生活中如何起到了积极作用；美国 FBI 学院如何用情商来培训来自世界各地的高级警官；在真人秀节目《幸存者》《学徒》《极速前进》《老大哥》《白手起家》中，也存在情商的因素；加拿大最优秀的律师在情商上又表现如何；还有其他许多案例。

我们要感谢唐·隆尼对《情商优势：情商与成功》所表达的热情，并在 Wiley 公司做了宣传和推荐。

导　论

1995 年，丹尼尔·戈尔曼的著作《情商：为什么情商比智商更重要》问世，引发了人们对情商的兴趣——它究竟在我们的生活中扮演了什么角色。戈尔曼调查了多年来致力于心理机能和人际关系技能方面的研究，他以条理清楚、通俗易懂的方式向读者讲述了他的观点。读者的反响极为热烈。一向被边缘化的软能力（一般是指与他人和谐相处的能力、语言沟通能力、社交礼仪等。——译者注）终于被发掘出来，受到主流人群（教育工作者、商务人士、媒体等）的重视。

同时，一大批同类书应运而生。但是，其中有不少书都缺乏坚实的研究基础，无法支持作者的主张和研究方式，只是强调作者的观点。这些书的夸夸其谈和片面看法严重影响了人们对于情商核心概念的理解和认同。

但是，情商既不是一种时尚或流行趋势，也不像许多人以为的那样是一种新鲜事物。它貌似新奇，是因为人们在 20 世纪一味地强调科研数据和理性主义而忽略了情商。如今，社会科学的发展已达到足以应对曾被认为无法识别、测量和理解的人的个性、情绪、认知和行为等方面的问题。现在人们已认识到它们在实际生活中的重要性，无论是对工作还是个人生活而言。良好的关系和应对方式在人类活动的各个方面都是制胜的关键，从父母和子女之间与生俱来的亲密关系到有才干的经理激发下属的潜能无一例外。

实际上，情商的其中一次突破性进展是在 20 世纪 80 年代，当时美国出生的以色列心理学家鲁文·巴昂开始了这方面的研究。他对一些基本的问题产生了疑惑：为什么有些人生活得更愉快？为什么有些人更容易取得成功？

最重要的是，为什么有些天资聪慧的人在生活中成了失败者，而另一些资质平平的人却脱颖而出？到了 1985 年，巴昂觉得找到了部分影响因素，他称之为情商——类似于我们一直以来用于衡量认知能力或推理能力的标准，也就是智商。

这是个很有意思的推测，但无法测试，直到巴昂开发出一种测评工具，即情商量表（EQ-i）。他认为情商是由一系列相互重叠但又完全不同的技能和态度组成的，分为五大维度，又再分为 15 个成分或子维度。这些是巴昂情商模型的主要构成，并由此发展成为 EQ-i。甚至当 EQ-i 还是雏形时，巴昂就预感到，在人们应对生活中的重负时，EQ-i 所测量的那些技能要比传统观念中的认知能力更为重要。

当巴昂致力于 EQ-i 的研究时，本书的两位作者还在各自的领域里忙碌着。虽然我们在那时并不认识，但机缘巧合，我们的研究逐渐指向了同一个方向。史蒂文成立了多维健康系统（MHS）公司，发表了许多心理量表和其他测验工具。这些量表发挥（后来也继续发挥）很有价值的作用。但是，几乎根据定义就可知道，大多数量表是针对负面因素的即人类经历中不利的一面。

同时，积极心理学成为一种运动而受到广泛认可。很多心理咨询师建议，如治疗抑郁症比较好的第一步是先找到一种技艺或能力，并以此为基础开始治疗。一个人用得好的技能可以成为他做出有意义转变的基础，并为他指出摆脱抑郁的一条道路。

大约就在这个时候，史蒂文被引荐给鲁文·巴昂。巴昂当时正希望北美的出版社对他尚未完成的 EQ-i 产生兴趣。史蒂文立刻被 EQ-i 吸引住了，因为巴昂关注很多有明确定义又可经练习提高的技能，而这与史蒂文的研究恰恰互补。EQ-i 给了人们信心和希望。如果巴昂是正确的，那么几乎所有人都能从中受益。MHS 公司于是开始收集既使巴昂的最初研究成果更精确又与北美生活情境更接近的数据。

与此同时，霍华德也受到积极心理学强调加强自身优势这点的影响（他所在的门宁格诊所是一个位于堪萨斯州托皮卡的著名心理治疗机构，它还有一个分支机构专门为企业高管提供辅导。他们说得很清楚："你不生病也能变得更健康"）。但是作为组织发展顾问的霍华德非常苦恼，很多来向他寻求帮助的公司所面临的许多问题与会计、战略规划、预算等问题无关，更多的是因为沟通不善、管理者不知道自己和员工是如何工作的、不能从他人角度看问题或无法掌控自己的行为所造成的影响。他还没听说过情商这个词，只是意识到这一点，直到丹尼尔·戈尔曼的书问世，才让他茅塞顿开。他找到一个词可用来描述他所意识到的、处理的内容了。

后来有一天，霍华德在儿子的夏令营中听到一个陌生人（后来得知是史蒂文）在描述对情商的前期研究，一个有效的、科学的量表可以解释和测量情商。这就是我们两个人怎样走到一起，并且从此开始并肩工作的由来。

从 20 世纪 90 年代开始，MHS 公司与全球范围内的学者和实践家，用 EQ-i 和最近的 EQ-i 2.0（被译为 45 种语言）给 66 个国家的 100 多万人进行了测量。结果是一个庞大的数据库，也无可辩驳地证明了情商与人们在工作、私人生活中取得成功的关系。其中一些突出的案例被收录在第 19 章中。从中你可以发现，EQ-i 如何预测和帮助各行各业的人走向成功，从士兵到职业曲棍球运动员，从银行家到医生、记者、讨债人到教师。我们的研究结果表明，我们可以准确地确定一个人的情商水平并有效地提高他的情商，这一点是毋庸置疑的。本书的目的是要告诉你如何做到这些。

1996 年在加拿大多伦多举行的美国心理学会的一次会议上，鲁文·巴昂提出了 EQ-i 情商模型，媒体蜂拥而至。有逾百家北美报纸报道了巴昂的研究发现，而我们则在仅仅一周之内，就接受了几十家电台和电视台的采访。从那一时刻起，我们的节奏明显加快了。

到了 1997 年，MHS 公司正式发布、宣传、推进已成型的 EQ-i。鲁文·巴昂和史蒂文·斯坦则在这一年的多伦多犹太人职业服务中心 50 周年大会上成为主讲人。这是一家非营利性组织，以社区为单位提供就业咨询，并帮助犹太人走读学校安排心理课程。大会主办者以发放免费小册子和举办日常公益活动的方式做了前期宣传，最后信心满满地在一家酒店的舞厅里安置了 350 张座椅。谁知道会有多少人会因为闲得无聊来听像情商这样高深莫测的东西呢？

答案是：非常多。演讲为此推迟了半小时，酒店工作人员不得不去掉大厅的分隔墙并安置更多的座位。最后有将近 1 000 人来参加了这个几乎没有做什么宣传的活动，其身份职业各不相同，既有精神病医生、家庭主妇，也有退休的老人。导致这一现象的原因有很多，而类似的情况在以后的很多年里陆续在世界各地上演。

原因之一，人们非常高兴而且轻松，因为他们确认了一直以来凭直觉感受到的事情——不应过于重视智商，在成功的道路上其他因素至少像智商一样重要。实际上，我们可以得出这样的结论：为了运用我们的认知智力并最大限度地利用它，我们首先要具备良好的情商。为什么呢？

因为不管我们有多聪明，如果行为举止粗俗无礼，导致他人的反感，或者不知道如何展示自己的能力，又或者连一点点压力都承受不了，那么没人会一直在我们身边注意到我们的高智商。

原因之二，由于 EQ-i 提供了不一样的补充性的模型，我们兴奋地发现，情商是可以有效地测量的，并最终有可能处于与智力相同的位置。（情商有今天的地位，有一部分原因是我们有了使之量化的测量工具了。）

原因之三，得知情商没有性别差异是件振奋人心的事。我们一次又一次地证明，男性和女性在 EQ-i 各项上的得分非常接近，而且这在不同国家和不同文化背景的情况下同样存在。只是在涉及 15 种子能力时才有所区别。全世界的女性都在社会责任和同理心两项上高过男性，而男性则在抗压能力上占优势。此外，至少在北美地区，女性在人际关系上略胜一筹，男性则在自我肯定上略胜一筹。可以说，针对每个女性更具天生优势的情商领域，男性会通过其在其他领域的优势来弥补缺陷而达到能力平衡。

我们最新收集的数据来自全北美范围内参与 EQ-i 2.0 测试的 4 000 人，与人口统计的组成吻合，再一次印证了我们以前的观点（只是略有变化）。像往常一样，男女之间在情商总体上并没有明显的差异。但是，女性在人际关系方面的得分高于男性。有两个微小但在统计上有显著差异的不同：男性在独立性、问题解决和抗压方面略好，而女性则在情绪自觉、情绪表达和同理心方面略好。

原因之四，情商不存在人种的差异也是件令人高兴的事，在美国尤其如此。关于白种人、非裔美国人和亚裔美国人之间智商的差距一直存在激烈的争论（这场争论发生的原因很复杂，而且其本身也是值得争论的）。也许很多读者还记得1994年的论战，其起因是理查德·赫恩斯坦和查尔斯·默里出了一本书《钟形曲线》，书中直接涉及了“不同人种之间是否有智商差距”这个棘手的问题。论战直接导致美国心理学会指定一个特别工作小组调查两位学者的研究成果和解释。虽然没有什么结论，但唇枪舌剑在此后的若干年中一直没有平息。不同人种的情商差异如图0-1所示。

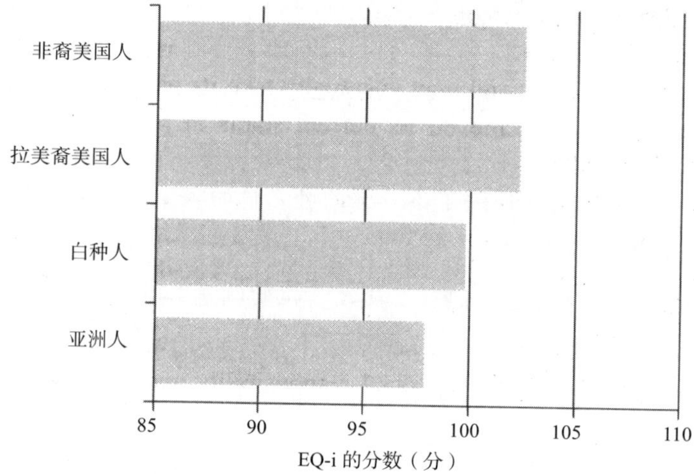

图0-1 不同人种的情商差异

当研究涉及情商的组成成分时，我们便想到要编制世界上第一份不同人种的情商差异（如果这真的存在）的数据分析报告，其原因之一就是这场旷日持久的争论。我们最初的研究基于北美地区完成了EQ-i的近1 000名研究对象。我们将获得的结果按争论中涉及的3个人种及拉美裔美国人进行了比对，平均分相差不到5%，差异如此之小几乎可以视为是偶然因素引起的。在涉及EQ-i的5个维度时，各人种的分数也没有明显的差距。总之，不同的人种在情商上并没有优势或劣势之分。因此，无论来自任何种族的人，都可以自信地使用并从EQ-i中获益。情商在不同的文化背景下仍然可以得到准确测量。

以上这些结果在2010年我们所做的EQ-i 2.0研究中再一次得到印证。这次我们采集的样本涵盖北美地区，数量几乎是之前的4倍（3 888名对象）。最后的结果，即通过EQ-i 2.0测量得出的不同人种的情商差异如图0-2所示，与17年前的类似。

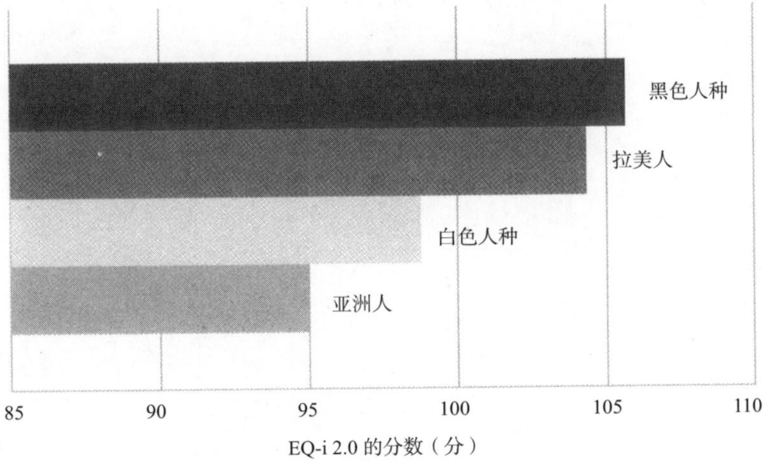

图0-2 通过EQ-i 2.0测量得出的不同人种的情商差异

原因之五，也是最重要的一点，正如你将在后面的章节中看到的那样——情商不是固定不变的，这让人们大受鼓舞。年龄、性别或人种因素都不能阻止你提高自己的情商。EQ-i 中的各种能力无论年龄多大都可以提升，你的能力越强，就越有机会取得成功。你的情商越高，你作为员工、父母、经理、父母的成年子女、生活伴侣、职位竞争者的成功概率也就越高。任何时候想改进都不晚。如果你真的希望改变你的生活，你就能做到。

此外，这种改变可以从童年的时候开始，这也是开发EQ-i青少年版的原因。与成人版一样，青少年版帮助儿童和青少年了解自己的情绪，对自己有积极的心态，更好地与他人相处，更好地解决问题，更好地应对压力，不容易冲动，同时学会享受生活。情商研究还发现，它是一种可以有效防止不良行为的预防因素。在青少年时期提高情商，可以降低出现暴力倾向的概率，防止类似哥伦比亚高中枪击事件的校园暴力案的发生。在较小的时候开发情商将为成年时期的成长打下良好的基础。

这版《情商优势：情商与成功》囊括了最新修订版《EQ-i 2.0 技术手册》和《梅耶-沙洛维-库索情商测验技术手册》中收录的情商定义和资料，以及从使用 EQ-i、EQ-i 2.0 和梅耶-沙洛维-库索情商测验（MSCEIT）的全球范围内的众多且持续增加的人群中获得的研究成果。

目　录

第 1 部分　探索情商

第 2 部分　自我认识维度

第 3 部分　自我表达维度

第 4 部分　人际维度

第 5 部分　决策维度

第 6 部分　压力管理维度

第 7 部分　整体幸福感

第 8 部分　总　述

第 1 部分

探索情商

第 1 章　情商初探

对智力的重新定义及其成果

你还记得高中毕业时的状元吗？或者班上那个成绩永远是 A，被老师、家长当成一路奔走在成功道路上的学霸同学吗？也许现在的你、能讲出名字的那些已经获得成功的同学，并不是当初成绩斐然、众人眼中的尖子生了。这些已经创业成功的老板，或者颇有名望的社区领袖，也许当年只是成绩勉强及格的学生。他们通常是朋友众多，在别人学习时跑去地下室练吉他，或者偷藏在车库里摆弄奇奇怪怪零件的普通学生，并没有人能够想象，他们会有今日的成功。他们的光芒是在步入现实社会后才得以显现的。

大多数人都知道，用狭隘、单一的方法来衡量成就的学校教育体制并不适合所有人。更确切地说，这种刻板的模式限制了个人才能的发挥。历史上有太多头脑聪明、成就卓著的人们，并不是传统意义上学校体制内的优等生，甚至曾遭到老师和辅导员的冷遇。即使如此，公众仍然倾向于相信在学校中成绩优秀的人会在未来生活中取得成功，或者至少在未来的工作岗位上会成功。现在，这个观念将被彻底颠覆。

大多数人从骨子里相信，学校里的尖子生和社会上的成功者有很大的区别，即“书本智慧”（School Smart）与“街头智慧”（Street Smart）之分。前者自不必说，而后者难以捉摸，也更加有趣，因为这涉及适应社会、审时度势、与他人沟通、管理自己生活的能力。现在，通过 EQ-i，就可以用科学的数据证明以上这些能力与智力的关联甚微，而与是否能够获得长期的成功密切相关。

什么是成功？不如把它定义为设置并达到个人生活和职业目标的能力，无论其具体目标是什么。

听上去简单，其实不然。成功的含义对于个人来说，会随着时间的推移而变化。也就是说，随着人们年龄的增长，生活和工作经验的不断积累，肩上的责任也会不同，人们也就需要不同的东西，追求不同的目标。年轻时的梦想会让位给成熟后的现实及必要的妥协。主观或客观因素的不同导致妥协的程度不同，这还取决于人们所扮演的角色，如员工、配偶或父母。在当下，人们主要关心什么？希望在事业上有所发展？希望享受美好甜蜜的婚姻？还是养育自己的孩子、给他们指导？也许，人们正身患重病，其他的一切都不再重要，只要活下来便是成功。所以，成功的定义看似简单，实不简单。但大多数人都有一个基本的目标，无论人们的环境如何不同，人们都是根据自身的条件（或者自己可以接受的条件）取得成功的，这一点是始终不变的。

社会上的成功观也是经常在变的，人们也谈了很多。由于追求科学技术的飞速发展，20 世纪的人们长期将智商视为成功的奠基石，正如拥有物质财富一直被看成高智商的基本成果一样。但很多时候，这是不成立的。人们会产生这样的怀疑：如果你够聪明，为什么你没那么有钱呢？直到近些年，人们才意识到情商与成功之间的密切联系。这里的成功是更高层次、更令人满意、更全面的成功，它包含了工作、婚姻、人际关系、社会声望，以及心理和生理的健康。

想想你身边的朋友、家庭成员、你的同事或你在日常生活中遇到的人，你认为他们之中谁最成功？谁的生活最幸福美满？他们的成功是由于智力或分析能力比别人更胜一筹吗？

仔细想想看，他们是不是具备了除智商外其他的品质或能力，让他们得到自己想要的东西。对了！就是情商！更确切地说，你在情绪和社交智商方面的能力越强，你的生活就越有效率，越容易有收获。基于对心理学和精神病学几十年的研究，我们有了这样的结论：情商、社交商至少与认知或分析的智商一样重要。

智商与情商有什么不同

简单地说，智商是用来衡量一个人的认知、分析、逻辑和推理能力的，因此与语言表达、空间思维、视觉、数理等技能相关。智商测试的是：学习新鲜事物的速度、专注于任务和练习的时间、记住和回忆客观信息的时长、进行推理过程的速度、处理数字信息的时长、抽象思维和分析能力、用已有知识解决当前问题的能力。如果你的智商很高（平均为 100），你就可以在各项测试中大获全胜，（顺理成章地）在智商测验中得到高分。

这听上去当然很不错，但谁不认识一两个在智商测验中拿高分却把自己的个人生活或职业生涯搞得一团糟的人？他们通常对生活愤愤不平，感到自己怀才不遇，或者不善于人际交往，离成功遥遥无期。更可怕的是，他们往往不知道导致自己痛苦、迷茫的真正原因是什么。

原因究竟是什么？简单来讲，是情商低！那什么是情商，情商的定义又是怎样的呢？鲁文·巴昂将情商称为“一系列非认知性的能力、资格和技能，影响人们有效应对环境的要求和压力”。创造了“情商”这一术语的彼得·沙洛维和约翰·梅耶将其描述为“了解和控制自身情绪、揣摩及驾驭他人的移情作用，通过情绪控制来提高生活质量的一类才能”。在 EQ-i 2.0 中，情商被定义为“影响人们了解和表达自己、建立和维护社会关系、应对挑战、有效和有意义地使用情绪信息的一系列情绪能力和社交能力”。

也就是说，它是一种能够让人们在复杂的环境中前进的能力，不仅包括个人生活、社交和生存等全方位的能力，还包括那些在生活中难以捉摸的，但对日常生活非常重要的直觉判断力和敏感性。通俗地说，情商其实就是人们平常说的“街头智慧”，或者被人们称为“直觉判断力”的不常见的能力。它既与人们客观评价自己优势的能力有关，也与能否客观看待并改正自己的缺点、错误的假设、无意识的偏见，或者避免目光短浅或自暴自弃等问题有关。情商还包括人们解读、适应、美化周边的政治和社会环境，敏锐地了解他人的需求及其优缺点，在压力面前保持镇定，以及善于与他人交往并具有亲和力等能力。

情商简史

情商从何而来？简单地说，它是伴随人类的发展而来的。人们应对、适应环境并与他人和睦共处是在以狩猎、采集为主的早期社会中生存的关键能力。人类的大脑将这些关键的生存能力作为确凿的事实反映出来。复杂的映射技术近来证实，许多思维的过程都要经过大脑的情绪中心，即将外界的信息转换为个人行动的过程反射在生理层面上。

情商的发展经历了很多阶段。早在 19 世纪 70 年代，查尔斯·达尔文出版了第一本讨论情绪表达对于人类生存和适应的作用的书。情商这一概念是在 20 世纪提出并得到发展的。20 世纪 20 年代，美国心理学家爱德华·桑代克谈到他称为“社交商”的概念。此后，智力测验的创始人之一，大卫·韦克斯勒也认识到“情绪因素”的重要性。到了 1940 年，韦克斯勒在一篇论文中极力主张将“一般智力中的一些非智力因素”列入“完整的”智商量表中。在这篇论文中，他也提到了“情感的、意识的”能力（基本上属于情商和社交商），认为这些能力将引起广泛的重视。遗憾的是，这些因素并没有体现在韦克斯勒的智商量表中，在当时也就没有引起关注。

1948 年，另一位美国学者 R.W.利柏提出“情绪思维”的想法，并相信它有助于“逻辑思维”发展。但是到此想法提出后的 30 多年内鲜有心理学家或教育学家循着这条思路展开研究（在此期间，阿尔伯特·艾利斯的著名研究是个例外，他在 1955 年开始研究理性情绪行为疗法，其过程包括指导人们以理性思考的方式检验自己的情绪）。1983 年，哈佛大学的霍华德·加德纳撰文谈到“多元智能”的可能性，以及“身体内部能力”（其本质是一种内省的能力）和“个人智能”。

此时鲁文·巴昂已经在这个研究领域相当活跃了，并且创造了“情商”（Emotional Quotient，EQ）一词。“情绪智慧”这个术语是由新罕布尔大学的约翰·梅耶和耶鲁大学的彼得·沙洛维于 1990 年提出的。他们发展了加德纳教授的观点，给予了情商明确的定义。他们还与同事大卫·库索一起开发了一个不同的情商量表。与自述式的 EQ-i 不同的是，这种测验是基于能力的。这个测验被命名为梅耶–沙洛维–库索情商测验（MSCEIT），在过去的 9 年中衍生出相当多的研究项目。我们曾在开发这个测验的过程中与他们一起工作，并希望通过两个不同的方向对情商进行研究，从而加深对这个重要能力的了解。我们将在本书后面的章节中谈及其中的一些研究成果。

认知智商

在过去的 100 年中，智商及其衡量标准——智力测验，被社会公认为个人潜能的主导因素。

1905 年，法国心理学家阿尔弗雷德·比奈和他的同事、精神病学家西奥多·西蒙一起开发了第一个正式的智力测验。比奈受巴黎学校委员会之托，寻找一种能将孩子按能力分类的方法，其目的是不善良的：剔除那些“低能”的学生，不让他们从公益体系中受益。比奈一直相信，智力是一个环环相扣的过程，它包括判断、解决问题和推理。现在他可以把理论运用到实践中。他和西蒙完成并发布了一项智商测验，一开始主要是针对儿童的，但这也让他有机会为各年龄段的人制定标准。这些成果构成了后来“心理年龄”测试的基础。从测试结果可以得知一个人的心理年龄与平均生长水平及智力发展的关系。

1910 年，比奈–西蒙测验进入美国。与此同时，教育学家、心理学家亨利·戈达德在新泽西州建立了自己的“低能”儿童训练学校。后来，斯坦福大学路易斯·特曼对比奈–西蒙测验进行了修订，使之更适合众多的美国人，并且能够适用于成人和儿童，修改后的测验被称为斯坦福–比奈测验。

在这个阶段，对智商的衡量能力又上了一个新的台阶。它不仅可以区分那些“低能儿”，让他们接受特殊教育，还可以挑选出那些高分的人，让他们受到最好的教育。智商因此得到了广泛重视。人们普遍认为，智商不但在上学时能起到主要作用，在工作和人际交往中也有着非常重要的影响。但是很快问题就出现了，智商也因此饱受诟病。

先是一场旷日持久的遗传与环境之争，即智商是先天形成的还是后天培养的。激烈的争论又延伸到文化和人种的差别。智商测验的反对者声称，人们实际上受到了不公平的对待，被武断地贴上了标签——从某种程度上说是一种倒退，又回到了当初歧视“低能儿”的年代。到了 20 世纪 60 年代，越来越多的学者开始质疑认知和推理因素对衡量整体智力的重要性。但是，由于缺乏一个更好的量表，即使人们意识到原来对待智商的那种观念是不科学的，智商测试仍然被视作一个标准。

比较智商与情商

智商准确地说是指专注力和计划能力、组织材料能力、使用语言能力、理解能力、吸收及阐释事实能力。智商本质上是对一个人的信息库的测量，包括这个人的记忆力、语言能力、计算能力和感知速度。显然，其中一些能力在生活中是非常重要的。情商的反对者们声称那些推广情商概念的人是要取代智商或否认智商的重要性的，那真是反对错了。然而事实确实证明，智商（IQ）不能也不会预测到一个人在生活中的成功。就 IQ 在工作场所的相关性而言，研究表明，IQ 只能预测 1%～20%（平均为 6%）在某一工作中取得成功的可能性；相反，情商因素却直接能预测 27%～45%，具体情况视不同行业而有所不同。

畅销书作家托马斯·史丹利在《谁是下一个百万富翁》一书中谈到一项针对全美国 733 名百万富翁的调查。调查请这些富翁们从 30 个选项中选出对他们的成功影响最大的因素，结果排在前 5 位的是：

- 对所有人以诚相待；
- 严格自律；
- 与他人和睦相处；
- 得到配偶的大力支持；
- 比大多数人更辛勤地工作。

以上这 5 项都是情商的表现。

智商只排到第21位，而且只得到20%的百万富翁的认可。实际上，如果不将百万富翁中的律师和医生计算在内，那么这个比例会更低。至于与智商密切相关的SAT（Scholastic Assessment Test，由美国教育考试服务中心举办的学术能力评估考试，俗称美国高考。——译者注），百万富翁们的平均分是1 190分，虽然高于正常值，但还达不到名牌大学的入学标准。那么，平均成绩点数（一般是将每门课程的成绩乘以学分，加起来以后除以总的学分，得出的平均分。——译者注）是多少呢？以满分4分来计算，他们才得了2.92分，这也不是一个能让父母引以为傲的成绩。

智商和情商的另一个显著不同是，智商是相对固定的。也就是说，智商在一个人17岁时到达高峰，然后会在整个成年阶段都保持不变，到老年时衰减。但情商并不是固定的。在1997年对加拿大和美国的近4 000人进行的一项情商调查中（见图1-1）发现，情商从平均95.3分（当年龄不到20岁时）逐渐增加到平均102.7分（并在40岁后维持在这个水平）。一旦过了50岁便会略有降低，平均为101.5分，但没有迅速下降。你也许会很高兴地知道，男性和女性在这方面的发展规律是一样的。

我们在修订和开发EQ-i 2.0的过程中，重复了这个调查（见图1-2）。2010年收集的数据与13年前几乎没有什么不同。我们这次调查也同样是针对加拿大和美国的近4 000人，其选择范围与政府人口普查对性别、地区、人种、民族和社会阶层的要求是一致的。从图1-2中可以看出，13年间人口统计的数字有些变化，但最重要的是，情商的轻微下降从原来的50岁年龄段推迟到70岁左右。

这并不奇怪，因为人们越老越聪明。人们在生活的同时也在不断学习，在成长中学习如何在感性和理性之间保持平衡。但是人们学到的经验教训往往会被一些相互冲突的职责和严酷的现实淹没冲刷了。振作起来！用本杰明·斯波克博士（美国儿科权威、医学博士，20世纪最可信和最受爱戴的“育儿之父”，其名著《斯波克育儿经》自1946年问世以来全球的销量已高达5 500多万册，被《时代》周刊评为20世纪改变人类思想和生活的10本书之一。——译者注）的话来说，你感受到的比你知道的更多。更好的是，你可以根据自己的想法来控制情绪和行为，因为情商就是如此的具体和明确。也就是说，你可以应对任何包含在 EQ-i 的 15 个成分量表中的具体挑战，而不需要同时解决所有的问题。还要说明的是，相对于身体机能的衰退，情商可以终生得到提高这一点也支持老年人继续在工作场合做出重要贡献。精明的雇主会因为用年纪较大的员工作为公司的核心员工而受益。正如人们所期望的那样，这些年长员工会为企业增加十分必要的稳定性，更令人惊讶的是，相对同行晚辈，他们更善于解决和处理问题，能更好地掌控现实的情况。

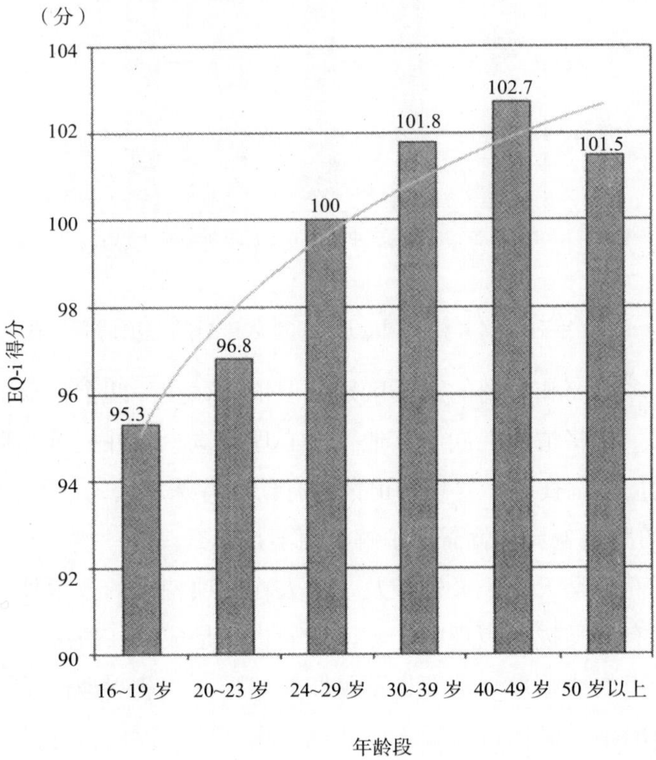

图 1-1　1997 年对加拿大和美国的近 4 000 人进行的一项情商调查结果

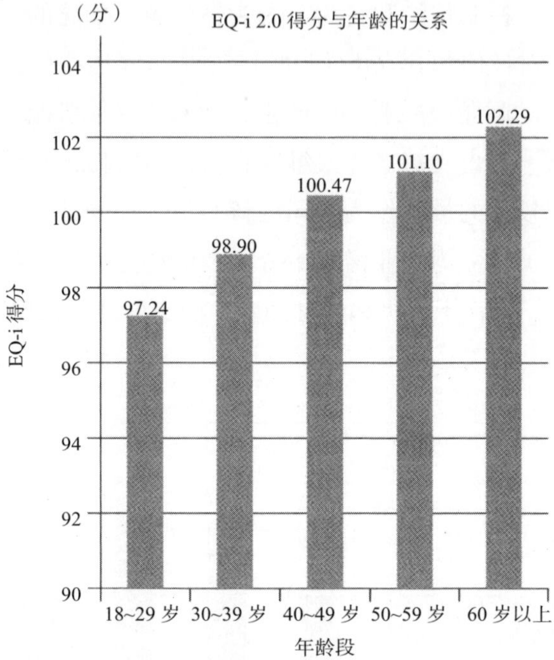

图 1-2　2010 年对加拿大和美国的近 4 000 人进行的一项情商调查结果

说了这么多情商和智商的主要区别，但依旧存在一两个错误的观念。举例来说，有人一直将情商混同于其他社会心理的概念，并把这些概念用在对人类潜力的测量与调查中。要想知道情商有什么特殊之处，以及为什么 EQ-i 2.0 是非常好的测量工具，就需要了解情商不是什么。

首先，情商不是天资。天资涉及一个人在某项特定的技术技能，或者在活动和学科上有出类拔萃表现的能力。情商也不是成绩。成绩与各种表现有关，就像学校里的成绩单。情商也不是职业兴趣。职业兴趣侧重于一个人对某个特定职业的本能倾向或偏好。职业测试也许能告诉你，你的工作兴趣可能是在情感上照顾他人，如心理医生、社会工作者、牧师或顾问，但是你也许天生擅长手工活，使你能够在外科医生、泥瓦匠、木工或建筑工人这样的岗位上表现出色。职业兴趣和擅长的技能经常无法取得一致。

情商也不是个性。个性是指一系列独特的特质，这些特质使一个人在思考、感受、言行上有特色、持久、稳定的方式。可以把一个人的个性看成他看待世界的方式，或者对“他究竟是怎样一个人”这个问题的简要回答。答案也许是“他很害羞但很有想法，是个非常坦率的人”，或者“她看上去有些安静，不过一旦熟悉起来，就会发现她很有幽默感”。

个性是最容易和情商混淆的概念，但它们有两个很大的不同。像智商一样，构成个性的特质是固定不变的。如果你倾向于比较诚实、内向、忠诚，你就不太可能转向截然不同、意想不到的方向。心理学家认为这些特质是“固态的”，把一个人的个性总称为“战略性的”，也就是说，长时期保持这样的运作。个性测试可以将人分类，如冒险型、养育型、敏感型等。结果是简单地把人群一分为二：A 型性格（爱挑剔且易怒）与 B 型性格（平和、没什么野心）。如此草率的划分带来的问题是，向好的方面转变的可能性被忽略掉了。人们会觉得在命运面前无能为力。

情商是由短期、战术层面、“动态”的技能构成的，可以根据不同需要来启动。因此，情商的多个组成部分和它的整体都可以通过训练、教导、体验而改变。

情商是由什么组成的

在本书后面的附录 A 中有对 EQ-i 2.0 的开发和修订的详尽描述。

鲁文・巴昂最初开发衡量情商的模型时，将其分为五大维度和 15 个子成分（见图 1-3）。MHS 公司的团队根据有关情商的最新研究成果和理论，对模型做了部分修订，开发了 EQ-i 2.0。本书的第 3~17 章将详细讨论这些维度和能力。

自我认识维度与你了解并管理自己的能力有关。它包括情绪自觉——认识到你的感受是什么及为什么有这样的感受，认识到你的情绪对自己和他人的思想和行为的影响；自我肯定——了解自己的优势和劣势，即使有劣势仍然感觉良好；自我实现——坚持提升自我，追求有意义的、能让生活变得更好的目标。

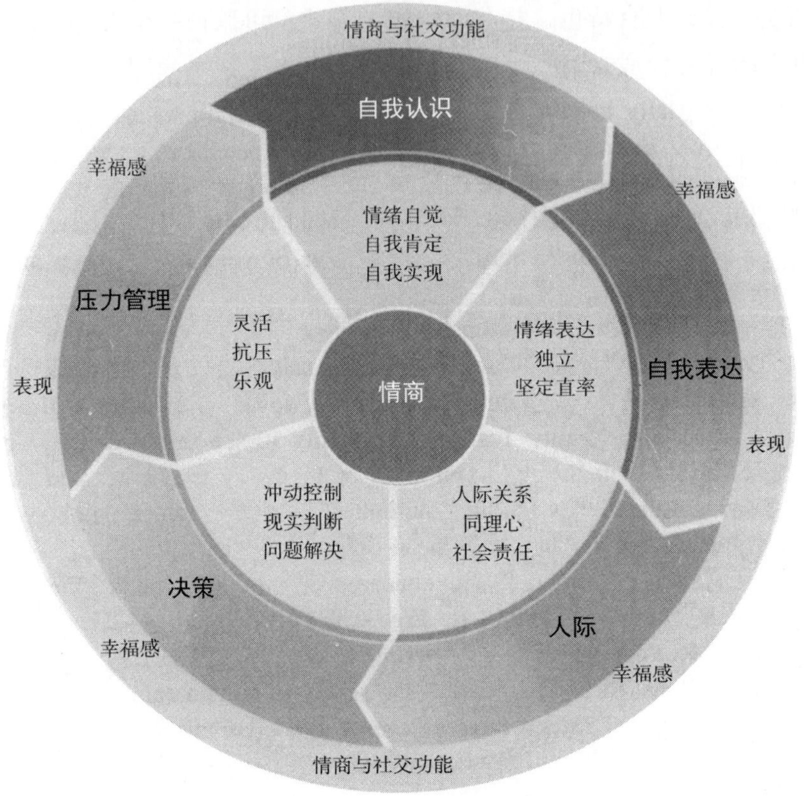

图 1-3　衡量情商的模型

自我表达维度涉及你与外界沟通的方式。它包括情绪表达——用语言和非语言的方式表达自己情绪的能力；独立——自我导向、自我管理、不依靠他人的能力；坚定直率——清楚地表达自己的想法和观点，坚持自己的立场，并用建设性的方法捍卫自己观点的能力。

人际维度是指你“待人接物的本领”——你与他人交往、长久相处的能力。它由 3 个方面组成：人际关系——能够建立并维护互利互惠、互通有无、有信赖感和同情心的关系的能力；同理心——认知、理解、意识到他人的感受和想法的能力，也是从他人的角度看待问题的能力；社会责任——为你所属的社会团体乃至全社会的合作做奉献的能力。

决策维度是以最佳方式运用感情帮助你解决问题、做出最好选择的能力。它包括冲动控制——忍住或延迟做出冒失举动的能力；现实判断——从客观的角度，而不是以你希望或害怕的角度看待现实的能力；问题解决——以最佳方式和合适的情绪解决与情绪有关的问题的能力。

压力管理维度是你灵活地承受压力、克服冲动的能力。它包括 3 个方面：灵活——调整自己的感情、想法、行为以应对多变、具有挑战性或陌生的环境的能力；抗压——保持平静和集中的能力，可以建设性地承受不利事件和矛盾的情绪且不屈服；乐观——保持客观、积极态度的能力，尤其是在面临逆境时。

还有一个衡量幸福感的独立指数。幸福感是对生活感到满足、让自己和他人过得开心、对生活充满热情的能力。

EQ-i 2.0 的维度及其评估如表 1-1 所示。

表 1-1 EQ-i 2.0 的维度及其评估

EQ-i 2.0 的维度	各维度评估的能力
自我认识维度	
情绪自觉	明白、理解自身感受及其影响的能力
自我肯定	了解并接受自身优势和劣势的能力
自我实现	提高自己，追求有意义的目标的能力
自我表达维度	
情绪表达	用语言和非语言的方式表达自己情绪的能力
独立	独立自主、不在感情上依赖他人的能力
坚定直率	以没有伤害性的方式表达情绪、观点和想法的能力
人际维度	
人际关系	建立并维持令双方满意的关系的能力
同理心	认可、理解、意识到他人的感受的能力
社会责任	为社会、所属的社会团体及他人的幸福做奉献的能力

续表

EQ-i 2.0 的维度	各维度评估的能力
决策维度	
冲动控制	忍住或延迟采取行动的冲动的能力
现实判断	客观看待事物的能力
问题解决	用最佳方法合理利用情绪解决与情绪有关的问题的能力
压力管理维度	
灵活	调整自己的情绪、想法、行为以适应变化的能力
抗压	有效应对紧张或困难局面的能力
乐观	不怕挫折、保持信心和冷静的能力
附加维度	
幸福感	对自己、别人和全部生活都感到满意的能力

本书与 EQ-i 2.0

EQ-i 2.0 由 133 个题目组成，是自述式的。填表时，需要从 5 个备选答案中找到适合你处理该问题频率的选项，选择范围从“从不/极少”到“总是/通常”。五大维度和 16 个衡量标准分别计分，最后得出总分。总分是以 100 分为基础上下浮动的，这一点有些像智力测验。

EQ-i 2.0 的设计包含了许多细节，并不是单纯测量情商的工具。它必须由受过训练的专业人员来操作和解读，这些人应熟悉这些细节和组成情商的 16 种子能力之间的相互关系。此外，在接受测试的人要求确认测试结果的准确性或提出质疑时，他们还必须能够做出解释。测试结果提供了 3 个不同层面的信息：与总体人群相比，个人的情况如何；一个人在五大维度中的情况如何；一个人的 16 种子能力都是怎样的。相比智力测验只能提供单一的总分，这种针对性强的测试有更多相关的解读。

如果你对 EQ-i2.0 感兴趣，在附录 A 中有详细的相关介绍。不论你是否选择使用 EQ-i 2.0，本书的目的都在于帮助你提高自身的情商。

我真的能提高情商吗

情商是能够提高的，因为人们看到这种提高不止一次地发生在与我们合作过的企业总裁及其高管、学校老师、军事人员、顾问和咨询师、心理医生、丈夫和妻子的身上，我们借鉴了认知行为疗法和心理动力理论的有效方法并用易于理解、可靠的方式培训了许多想要提高情商的人。

正如前文所述，获得成功的问题是至关重要的。当我们收集了几十万个千差万别的人的情商结果时，有些趋势便开始浮现出来了。那些婚姻幸福的人比婚姻不幸的人有比较好的情商。能更好处理健康问题的人在 EQ-i 2.0 中的各个方面的分数都高于处理不好的人。当然，能够胜任不同职业的人往往在某些能力的测评结果上也是出类拔萃的。到目前为止，MHS 公司的研究人员已经从这个日益庞大的数据库中提炼出海军领航员、高科技行业人员、律师、记者、营销人员及其他行业的从业人员的典型情商档案。

我们是怎么做的呢？以下举个例子。约翰·史密斯身为某公司高级主管，他觉得自己可以更成功，可以在自己的岗位上发挥更大的作用。也许，他的上司觉得他能够更上一层楼，鼓励他提升自己的能力。首先，看他的工作描述。他做什么，他在工作中扮演什么角色。对这些问题的答案可以让我们找到 16 种子能力中哪些与他的职位是最为密切相关的。很可能他的职位并不是唯一的，因此我们可以创建一个同公司和其他同类公司里在相同的职位上最成功的人的情商档案。接下来，让约翰自己做 EQ-i 2.0 测评，再根据他的得分做出分析。随后我们提交一份关于他的相对优劣势的详细报告，并且与相同职位的成功人士（有时是不太成功的人士）进行比较。如果被要求，我们还能够重点培训那些对于他的职位最重要的技能和他最需要提高的技能。其结果是，他那较低的或一般水平的子能力都得到了提高，他的档案可与那些成绩突出的人相媲美。他也已发展了新的能力或提高了现有的能力，在工作中他的表现会接近于他希望达到的高层主管的水平。

也有可能约翰·史密斯在工作上得心应手，却在个人生活当中有些麻烦。遇到这种情况，我们会分析他的 EQ-i 2.0 的测试结果，再比较与他同年龄、同职位但婚姻生活更为幸福的人的情商档案。不同的亮点或问题、不同的缺点，都一一呈现出来。虽然我们扮演的每个角色（员工、配偶、父母等）都需要培养情商的 16 种子能力，但这些子能力在各个角色中的分量或重要性大相径庭。现在，我们把约翰·史密斯放到另一个背景中——已婚人士群体，着重培训那些能够与妻子和睦相处的能力。如果他知道幸福的夫妻都具备了哪些能力，那么他在扮演丈夫这个角色时成功的概率就会大大提高。

此外，角色与角色之间难免有交集或相互影响。对一个角色的深刻理解，也会对另一个角色产生影响。如果约翰学会了如何以更开放、更有效的方式与妻子交流，他就极有可能把学到的经验带到工作中，进而让所有相关的人都受到良性影响。

由此可见，EQ-i 2.0 并不仅仅是以 100 分为基础，衡量某人在整个人群中所占位置的工具，它是捕捉、测量哪些技能与不同群体、职业或个人情况中的成功直接相关的精确工具。我们已经建立了很多档案，包括全职母亲、单身父母、要负担和照顾自己年老或卧病在床的父母的中年人。我们将持续不断地建立更多的档案，因为情商在整个社会经济的范围内是非常重要的。

乍看上去，没有什么比一家大公司的总裁和一个因经济不景气而流落街头的人更有天壤之别的了。但是这两个人可能都赞同上文提到的关于成功的定义，都能够训练自己以在各自的环境中获得他们想要的成功。总裁希望在尔虞我诈的商界更加如鱼得水；流浪汉则希望更好地利用健康和社会福利，最终让生活回到正轨。这并不是在随意地比较。成功的流浪汉有能力在客栈找到一个安全的床位，在大街上生存下来，主动地解决困扰他们的种种问题。成功对于他们而言，和对于总裁的成功一样，是非常重要的。

你的情商高低到底有多重要

如果用情商重新定义聪明，那么鲁文·巴昂的话就是正确的。他曾经这样评论："它会拉平竞赛场上的起跑线。它能帮助我们解释为什么有些人智商极高却在生活中举步维艰，而有些人智商平平却能游刃有余。"

但是，这些和其他一些描述导致许多对情商概念的误解和歪曲。我们无意反驳，但有一两点需要澄清。

对有些人来讲，令人担心的"E"字头词语（情绪）一出现，他们就会朝相反的方向跑。在我们的研讨会和公开演讲中，我们经常遇到一些不相信情商的人开玩笑说现在是"互相拥抱"或"女士风格"之类的人即使不是满世界跑也是充满了工作场所。但有时他们也能安静下来听讲，并且这些人几乎是清一色的男士。相当多的男士贬低情商的重要性，也许是因为他们长期认为自己处理不好情绪。然而很快，当这些怀疑者们一开始把模棱两可、不着边际的观念变得实在和清晰时，我们经常会赢得他们的支持。

还有一种策略是将情商说成拐棍、魔杖或灵丹妙药来诋毁它。正如我们所说的，没人建议用情商完全替换或取代智商。相反，它们是互补的，能够和睦共处、共同发展。例如，你必须具备基本的智力，知道情商能为你做什么，了解如何花费时间和精力提高自己的技能。因此，智商是必要的基础，否则你就不可能调整情商。情商不是真实或不存在的智力缺陷的借口或理由。加深对情商的了解也不意味着必须采取行动反对和歧视情商。

我们不否认有些人的智商要强于其他人。如果他们在生活中选择了正确的道路，这种智力会帮他们飞得更高，走得更远。坦白来说，有一些工作是不需要很多情商的。例如，一个成功的杀手在干一单生意时，必须很好地控制住他的同情心。

严肃一点说，怀疑论者们断言，情商也许有一定的作用，但"好人"也未必能在科学或医学上有突破，写出不朽的文学作品，或者谱出里程碑式的乐章。无论莎士比亚的情商高低，即使他是个恶毒的人，他的作品仍旧是不朽的，我们仍然拥有《李尔王》。事实虽然如此，但怀疑论者犯了错误。首先，情商不是指在任何情况下对任何人都要“友好的”，这一点我们会在后面讲到。其次，即使天才也需要帮助。因此我们说，你的智商越高，情商也就越重要。毕竟，除了情商没有什么能解释智商高的人之间的差异了，也没有什么能让他们有更优异的表现了。

有反对者用某位有震惊世界的发现的发明家或以一己之力改变历史进程的“伟人”为例——有时甚至使世界变得更糟——来挑战情商，我们也准备好了答案。想想如果能更好地应用恰当的情商能力，他们的成就会大多少！一个人天资聪颖却因为情绪的困扰而无法为社会做贡献，也无法打理好自己的生活，这才是真正的悲剧。这样的结果与那些情商高的人有显著的不同。你也许聪明绝顶，但如果无法把所知道的事情传达给别人，你还是会很苦恼。即使创意无限、心灵手巧，如果你不知道如何与人相处，举止傲慢无礼、暴躁易怒或行事莽撞，也没人愿意守在你的身边欣赏你的才华。不妨这样比喻，智商可以让你走进电梯，情商却能使电梯向上攀升。

太多天分极高的人，经常把自己放到了一个很小的角落中，尽管他们非常出色。他们的大脑在某种程度上是封闭的，只往里看。虽然天分很高，但他们对周遭的一切熟视无睹。用一句老话来说，就是“被误解了的天才”。我们都不是天才，但不管你的智商高低，情商都能让你提升，让你充分利用自己的所有能力。

情商在商务环境中的重要性

肯·奥莱塔的《强盗》是向人们介绍通信和信息技术的书。他在书中引用了投资银行家费利克斯·罗哈廷（他后来参与了维亚康姆公司对派拉蒙影业公司的收购案）的话：“大多数交易含有 50%情绪，50%经济。”罗哈廷说的就是交易中的个性和漫长的磋商中力量的消长，其目的是争取最高的利润。其实，绝大多数的商业交易都是如此，所以，不是更应该从自己的优势去开始吗?

如果你仍然认为情商有点模糊不清，并难以把握，那么有些实际的例子可能令你改变观点。在加拿大不列颠哥伦比亚省（简称卑诗省）进行过一项针对 195 名企业家的调查，要求他们从 187 个选项中找出他们认为在聘用新员工时最重要和最吸引人的品质。结果是一边倒的，企业家们最赞赏的是“具备常识”。但“常识”究竟是指什么？这个调查也给出了答案，即一些企业家所说的“对客户尽职尽责，有效地与他们沟通，言谈和书面文件的语言中肯得体”。换句话说，员工的核心技能与情商的好几种能力有关。

1999 年 6 月 21 日《财富》杂志的封面文章是“为什么 CEO 会失败”。其作者拉姆·查兰和杰弗里·科尔文认为，不成功的 CEO 将经营策略看得比人更为重要，而成功的 CEO 其过人之处并不在于商业谋略，而是在情商方面。他们具备正直、敏锐、坚定直率、有效沟通和建立信任的品质。

在 20 世纪 90 年代后期，某大公司的 CEO 上任不久就被解雇了，而他在好多年前就被培养为接班人。原因何在？原来他虽然是位出色的会计师，也是一流的战略人才，却缺乏与人交往的能力。他对员工傲慢无礼的态度，以及他开除高层管理人员的做法都让董事会头疼不已。他的经营策略显得冷酷而贪婪，尤其对于这样一家将自己定位为具有亲和力的公司而言。

宾夕法尼亚州领导力开发项目的 CEO 保罗·维安德在 1999 年 6 月的《快公司》（*Fast Company*）杂志上撰文，曾着重说明强大的领导力是从情绪自觉开始的：知道自己是谁，知道自己的价值所在。他还强调了沟通和诚信的重要性，以及放下戒备倾听他人的能力。这些都与长远规划或预算策略无关，却与情商有密切联系。维安德对情绪自觉的重视也得到了彼得·德鲁克这位对管理学有深远影响的思想家的支持。德鲁克在《21 世纪的管理挑战》一书中强调，情绪自觉和建立令双方满意的关系的能力是强有力管理的中坚力量。

加拿大最大的报纸——《环球邮报》在商务版上刊登了一篇文章，声明任何一个新 CEO 有“90 天的时间来对公司产生影响”，其中引用了许多经营者和企业分析人士的经验之谈来证明这个观点。按照他们的说法，新上任的 CEO 先要得到董事会的支持；然后直接与员工对话，说明他的愿景并征求各级员工的意见；指明企业的新目标，找出影响计划落实的障碍；拿出一个三孔活页夹用来做大量的记录；迅速并亲自公布坏消息，以免谣言四起；与相关的各级政府官员进行接触，以取得政策层面的支持；与媒体接触，不隐瞒事实。

由此可见，新 CEO 的举措中并不涉及资产和债务的评估、制订战略计划的活动、财务报表的分析或仅仅关注净利润，每个人都在借助（实际上是运用）情商：倾听并理解员工的担心，开展有意义的对话，建立信任并与相关各方发展良好的关系。

我们在美国一个大城市与一位高级警官见了面，他的经历可以看作情商在实际中应用的另一个例子。这位警官擅长团结队伍、鼓舞士气。我们谈到了他即将面临的退休问题，并询问他在工作中有哪些经验。我们原以为他会向我们证明他有多聪明，他是怎样设法提高预算的，并且向我们解释那些我们不懂的警察局内部的程序。然而，我们了解到的却是，这位即将退休的警官虽然不是最聪明的，但他赢得了每个人的尊重，因为他不管对上级还是下级都直言不讳。并且他明确表示，同样希望并且欢迎别人对他也这样坦白直率。他恪尽职守，无论在自身、政策还是人际关系的压力下，他都能将工作处理得当，因此受到大家的敬重和爱戴。我们在他的案例中得到了一个提示：即使这位警官并不了解“情商”这个词或不承认这种联系，他也能在制度森严的执法机关取得成功，这显然是与他的情商脱不了干系的。

最后还有一个你自己的现成例子。用几分钟时间想想，你在职场中遇到的最差劲的上司或老板，这个人会让你在每周一早晨一想到要去上班就心生畏惧，这个人让你或几乎让你不得不辞职。写下 6 个你认为他让人无法忍受的特征。

现在再想想你遇到过的最好的上司或老板，就是那些让你受益匪浅、一起工作时非常愉快的人。在同一张纸上再列出六七个好上司的特征。

我们来看看，坏上司的特点是不是与下列问题有关：没有能力制定或履行公司的使命，不能成功制定战略，不懂也不善于利用财务信息；对政策法规、办事程序不够熟悉。而那些让你甘愿为他“挡子弹”的好上司，是否具备下面这些让你敬佩的因素：擅长使用 SWOT 分析法和目标优先级次序排列，猜透股票市场的行情，以及其善于创造和遵守政策和流程。我们相信答案是否定的。我们相信坏上司的特点不是由于他的智商问题（即使不是全部也是大多数），而是情商的缺陷。而那些好上司，你所欣赏的优点可能也不在智商的范围中，而存在于他的情商中。回头看看两类上司的特点，你列出的性格上的优缺点可以证明，在职场和职场以外的地方，情商比智商更重要。

无论你在世界的哪个角落，为了让自己过得更好，你都应敞开心灵，去接受新的可能性，并尝试使用新的方式。但这并不容易。旧的习惯和行为方式就像旧衣服那样舒适、惬意，令人觉得放心、可靠。而掌握不熟悉的技能需要你投入精力去了解、奉献和练习。当然，任何改变都会有风险，不能保证是百分之百的成功。即使你的情商达到了很高水平，也不可能一直以最佳方式应对所有的情况。但是，你会占有一个知识技能的新高度，让你能够更灵活地处理你遇到的问题。也许你不会一直是领域中表现最突出的，但你会有更充分的准备并得到更好的训练。基于我们所积累的知识和经验，我们相信通过阅读本书并按照其中提供的方法加以训练，你会更好地审视自己和理解他人，这种认识的新高度不仅会让你生活得更愉快，也会让你更容易收获自己想要的成功。

第 2 章　机场与 ABCDE 模型

在开始探讨和了解 EQ-i 2.0 中的 16 种子能力之前，让我们来看看情商的几个实例。

被取消的航班

故事发生在一个典型的大都市的机场，107 航班已经晚点了半小时，100 多名乘客正在等待登机。结果，地勤人员（我们姑且称她为莎莉）通知大家，航班因机械故障而被迫取消。她对乘客们的耐心表示了感谢，并请他们过来商议后续的安排。失望的乘客们叫苦不迭，因为原来安排好的计划都被打乱了。

约翰的心沉了下去。他原本打算一到目的地就整晚投入工作中。他必须为第二天上午的演示做准备，而 107 航班是当天最后一班直飞航班。航班的取消对他来说简直就是一场灾难。

排在他前面的那个男人（我们称他为山姆）怒气冲冲。走到售票处时，山姆怒不可遏、完全失控了。他大声咒骂，扬言要控告航空公司。他大声地吼叫让所有人都知道他是个重要人物。“你知道我是谁吗？”山姆叫嚷着，“我是 DW 跨国公司的销售总监!”（这是一个真实的故事，我们隐去了这家《财富》500 强公司的名字。）“有个花费了我们 6 个月时间的合同，等着我去签约呢。你知不知道错过这趟飞机对我的损失有多大？你和你的破航空公司，要为此付出代价！我再也不会坐你们公司的飞机了！你们这么不负责，我要告你。如果这是我能做的最后一件事，那么我要亲眼看着你被降职!”说完，他转身大步走开了，一边走还一边诅咒着。

此时，唯一有可能帮助山姆到达目的地的人只有莎莉，这个忍受他的辱骂、威胁和贬低的地勤人员。但山姆认为，莎莉只不过是个合适的靶子，一个现成的出气筒。当山姆刚听说航班要延误时，就开始焦虑不安，想象着所有最坏的可能性。现在其中的一个可能性变成了现实，他的火气便一发不可收拾。

山姆没有关注自己情绪的习惯。即使周围的人都看得出，他随时可能爆发，他也不会意识到自己的火气有多大。他不能识别自己的情绪，更别提控制了。他的怒火使他没有办法考虑清楚或采取最有利的行动。相反，他用极不礼貌的态度对待了唯一可以帮助他坐上飞机的人——莎莉。

这是偶然的吗？已经有相当多的事情可以证明，山姆习惯用同样的方式责骂他人，这让他的事业和生活危机四伏。

那么，如何用不同的态度来处理这起意外事件呢？约翰的处境与山姆差不多糟糕。他要在第二天上午 9 点与他最大客户的高层领导见面。并且，这并不是一次愉快的会见，客户要求他证明所提供服务的价值，因为他们收到了其他竞争者发来的更低报价。如果约翰不能及时赶到目的地（依目前情况看，他确实有可能赶不上），那么客户会将他的缺席视为对交易的放弃。如果他错过这笔生意，那么他会失去奖金甚至他的工作。约翰原计划当天晚上待在宾馆的房间里对要演示的软件做最后的修改，但是现在的状况已经让这一设想没有办法实现了，即使第二天一早的航班也无法保证让他及时赴约。这种情况太让人抓狂了。

但是，约翰知道他必须冷静下来。虽然他也感到不愉快并且情绪激动，但在山姆忙着冲莎莉发火时，约翰已经开始在回想他经历过的类似的可怕情况。他从一段回忆中找到了安慰，这让他稍显轻松，虽然他还不能想到这是否能解决现在的危机。其实，他在得到消息时，也想和山姆一样咆哮。“我简直不敢相信那个家伙，”他暗自想，“他在对唯一能帮他解决问题的人发脾气。虽然他生气我可以能理解，因为我们都很生气，但发火是解决不了问题的。”

约翰用了大概一分钟分析了自己面临的困境，他总是能意识到自己的情绪，了解自己的感受。他告诫自己要保持冷静。只要他足够冷静，就一定会找到解决的办法。他虽然无法平息自己的焦虑，但是他刻意去化解从内心深处不断涌出来的沮丧的、不愉快的情绪。

走到售票处时，约翰已经有了主意。“你一定很辛苦，必须应付那样的人。”他对莎莉说。

“你不会理解的。”她回答。但是淡淡的一笑意味着她觉得约翰能够理解。

约翰也笑了：“航班出了问题，大家都将这一切怪到你头上。其实这不是你的错。看你受这样的委屈，我也很为你难过。”

这一次，莎莉不仅报以微笑，还显得很自信。“干这个工作就会遇上这样的事。”她说，“那么，我能帮你做些什么吗？”

约翰简单地说明了一下他遇上的麻烦，又婉转地表示，如果莎莉能够帮忙的话，他会非常感激。他还说，只要能让他赶得上演示会，哪怕让他骑骆驼都行。

莎莉笑了笑，回到计算机旁。过了好久，她带回来一张指示图。她建议约翰先飞到约 1 600 千米远的地方，在那里他可以转机，并能够在午夜时抵达目的地宾馆。约翰对莎莉表示衷心的感谢，并补充说，他会给航空公司写一封对莎莉的感谢信。最后，他强调说，人们在碰到糟糕的事情时大都喜欢抱怨，但很少有人会想到去感谢那些把他们从困境中解救出来的人。

你们猜结果怎样？虽然有些晚点，但约翰依旧顺利地到达了目的地，由于他充分利用了搭乘替代航班的那段时间，他要做的演示也基本准备完毕。然而看看山姆，他发泄了自己的不满，但最后不得不去跟其他乘客抢机场附近的宾馆。并且在到了宾馆后，知道自己肯定无法准时赴约了，转而又向宾馆的服务员大发脾气去了。

为什么要讲这个故事？因为这两个人的经历几乎涵盖了情商的所有能力，从情绪自觉、同理心到冲动控制、乐观。需要注意的是，他们各自的成功和失败都与智商、阶层、职位毫无关系。约翰的尝试有个完满的结局，很大程度上是因为他很好地运用了人际技能。而山姆的失败是由于他完全没有利用这一点。记住这个故事，在后面的章节中还会不时地提到它。

ABCDE 模型

以下介绍支持本书中许多论述和练习的基础之一——ABCDE 模型。它是一套改变观念、态度和行为的系统，由以理性情绪行为理论和疗法而享誉世界的阿尔伯特·艾利斯博士创立。艾利斯博士对 20 世纪心理学的最大贡献是，他坚持认为人可以借助逻辑、推理的方式改变自己的情绪，而不是让你的情绪来控制你。

为了形象地说明这一点，让我们来看另一个故事，故事的主人公是一对年轻的恋人。

自从一年多前布兰达成了鲍比的邻居以来，他们就开始约会了。3 个月前，布兰达去另一个州上大学，此后他们只能通过电话和电子邮件联系。中间只有在布兰达回家为姐姐庆祝生日时，他们有短暂而甜蜜的相聚。所以，鲍比日夜盼望着布兰达在圣诞假期回来。而到了 12 月 20 日那天，当他从窗户上看到布兰达的车停在她家的车道上时，他非常震惊。“天啊，她回来了。”他琢磨着，“太奇怪了，她为什么没有来看我。”于是，鲍比坐在那儿等布兰达的电话，却一直没有等来。

那天晚上吃晚饭时，鲍比的爸爸留意到鲍比不同寻常地沉默着。

“你看上去像在担心着什么。”鲍比的爸爸说，“怎么有点儿心不在焉啊。”

“我好难过。”鲍比叹了口气，“布兰达回来好一阵儿了，却不给我打电话。我真担心她不爱我了，也有可能她在学校里爱上了别人。我吃不下去，我想回房间待着。”说完，他站起身来，没精打采地走了。

怎么理解鲍比突然低落的情绪呢？乍看上去，答案是显而易见的：鲍比难过只是因为布兰达没给他打电话。艾利斯会将布兰达没打电话定为诱发事件（Activation event，A），鲍比的反应定为结果（Consequence，C）。在这个故事中，结果有两个：鲍比感到沮丧、伤心、悲观；他从饭桌旁走开，躲进自己的房间。A——布兰达没打电话，似乎直接导致了 C。

但是，这么理解就遗漏了一个关键因素，这也是经常被忽视的，一个中间步骤——信念（Beliefs，B）。在这个故事中，鲍比的信念是由看到停在那里的布兰达的车（A）引发的。正是这些充斥在鲍比脑海中的苦闷和毫无根据的信念，以及自言自语，实际上导致了他的情绪低落和忧郁。

故事的重点在于，假设是A引发了B，而B又引发了C，那么鲍比可以通过识别和界定事与愿违的信念，代之以不同的、更适合的、现实的信念，从而改变事情的结果。

对鲍比有效的方法对你也同样适用。

在对帮助你认清和缓解信念的ABCDE模型做出解释之前，必须明确信念的定义。信念是对一整天里那些在心里的自我对话的简要说法。人们内心的对话一直在进行，而且是持续不断的，但人们通常都没有意识到。例如，“天哪，外面真冷”就是当人们在寒气袭人的秋天走出屋子时从脑子里自动蹦出来的一句话；“但愿还是绿灯”是人们快到信号灯时的闪念；“见鬼，我讨厌碰到这种事”是人们拿错钥匙导致打不开锁时内心的低语。

还有一些你对自己不太自信的自言自语可能是由过去的记忆引起的：小时候时常听到的严厉批评会自动在脑海里重现，一般是“你能做对吗”或“你永远进步不了”。了解这些过去的记忆能帮你降低它们对你的影响。

完成ABCDE表格最重要的是学会倾听内心的声音，是它们决定着你的情绪和行为。记住这一点，按照后面列出的科学的并容易掌握的步骤来完成表格。通过这些步骤，你就可以改变压制情商的信念，并且用能够提升情商的信念取代之，进而提高你的情商水平。第3~17章会有很多练习让你回顾本章的内容。为了让这些练习发挥最大作用，你应该知道如何建立和完成ABCDE表格。准备一个普通的笔记本，然后按照后面的步骤完成表格。

我们知道有些人一听到书面练习就发怵，因为这会让他们想起在高中或大学时不得不完成的那些令人头疼、枯燥的作业。当要求他们注意内心的声音时，也就是让他们的信念B面对诱发事件A（写东西）时，他们经常会说：“我太讨厌把事情写下来、做表格了，这太像写作业了……太难了……我肯定完成不了。你们只会证明我改不了，我永远也改不了。”

如果你也有类似的信念，下面的 ABCDE 表格和练习将告诉你如何改变这些自暴自弃的想法。

想想你生活中的其他经历，你会发现在做类似的练习时，你并没有认为它们是“作业”“非常枯燥”“证明我有多失败”。如果你爱好高尔夫、滑雪、缝纫、烹饪或品酒，那么你现在肯定比初学时要熟练多了。

为什么呢？因为你在这件事上下了功夫——上课，跟着录像、书、学习班或专业老师学习。这和你现在跟随本书中的指导所做的事情是一样的：循序渐进的练习会让你增强如何加强技能来提高情商的意识，同时让你的能力得到提升，让你在工作和生活中更加成功。

那么，买个记事本开始吧。

1. 如表 2-1 所示画出 A、B、C、D、E5 列。

表 2-1　A、B、C、D、E5 列

A	B	C	D	E

2. 回忆你过去一周中经历的难过事情。在 C（结果）一列中写下当时不愉快的感觉和你采取的行动。鲍比的答案如表 2-2 所示。

表 2-2　鲍比的答案

A	B	C	D	E
		我感到伤心、焦虑、难过、悲哀。我被抛弃了		

3. 写下发生的事情——诱发 C 列中难过情绪的事件 A，如鲍比在表 2-3 中所写的那样。

表 2-3 鲍比所写的 A

A	B	C	D	E
看到布兰达的车停在车道上，知道她回家了却没给我打电话		我感到伤心、焦虑、难过、悲哀。我被抛弃了		

4. ABCDE 模型的关键内容是发现你的信念 B，即因诱发事件引起的几乎觉察不到的、很容易被忽视的内心自语。看看你是否能记得事情发生后瞬间的想法。鲍比感受到了自己内心的声音，将信念记入表 2-4 的 B 列中。

表 2-4 鲍比的信念 B

A	B	C	D	E
看到布兰达的车停在车道上，知道她回家了却没给我打电话	布兰达应该打电话。她一定是不爱我了。我打赌她爱上了别人。我知道会发生这种事。什么都没用了，我再也找不到像她那样的人。我受不了了	我感到伤心、焦虑、难过、悲哀。我被抛弃了		

5. 下一步是（Dispute，D）思考、质疑、抛弃那些有不良影响的、自暴自弃的信念，是它们导致了结果（C）。思考下列重要问题，认真研究内心对话中的各个要点，并且将答案记入 D 列中，如同鲍比所做的那样（见表 2-5）。

表 2-5　鲍比的 D

A	B	C	D	E
看到布兰达的车停在车道上，知道她回家了却没给我打电话	布兰达应该打电话。她一定是不爱我了。我打赌她爱上了别人。我知道会发生这种事。什么都没用了，我再也找不到像她那样的人。我受不了了	我感到伤心、焦虑、难过、悲哀。我被抛弃了	我们没有频繁地争吵。她打电话的次数也不比以前少。她对我的爱并没有减少。旅途太辛苦，她太累了所以睡着了。她去看姐姐了。她的父母占用了她的时间。她还在感冒。她在收拾行李，过来之前要打扮一下。 我想多了：我们的关系很好；她有什么事情都会直言相告。我应该给她打电话！我不能再这样缺乏安全感了。还记得卡明吗？我总是往坏处想。她没有不爱我，不然她会跟我说的。我要改掉缺乏自信的毛病	

- 证据在哪里？列出支持各个信念的客观、可验证的证据，否则就不能证明这个信念是成立的。鲍比就没有客观的证据能够证明布兰达已经不爱他了。他们最近吵过架吗？没有。她打电话比以前少了吗？没有。她打电话时显得不那么爱他了吗？没有。
- 对于这件事情是否有更合理的解释？鲍比写下所有能想到的布兰达不打电话的理由：她长途开车后太累睡着了；她和父母一起去看姐姐；她刚到家，正忙着跟家人聊天；她的父母想让她多待一会儿；几天前她告诉鲍比她感冒了，现在还没好；她在收拾行李，并且来见他之前还需要打扮一下。
- 如果有人问我碰上这样的事该怎么办，我能说什么帮他改变想法？让鲍比想象一下，如果这件事是发生在他的好朋友杰克身上，当杰克告诉他，他看到女朋友凯西的车停在自家的车道上，然后担心她已经不再爱他了，并且很可能有了新的男友时，鲍比会怎样回答杰克呢？这种想象对鲍比是很有帮助的。鲍比觉得自己会这样回答："别着急，杰克。你和凯西在一起很长时间了，关系一直很好，她对任何事情都直言不讳。我觉得你多心了。从你告诉我的事情来看，没有任何证据证明她不想再跟你在一起了。还有，杰克，我认为你光坐在那儿生气只会让事情变得更糟。你干吗不给她打电话？也许你会发现她不在家，或者睡着了，或者正准备打给你。做点什么！别在那儿傻坐着。"

- 我以前是否遇到过类似情形，是否也有过类似的想法，结果证明我错了？鲍比记得，在和女朋友交往初期，他经常会"自己吓唬自己"。之前交往了两年的女朋友卡明，曾经在和自己约会时迟到了 15 分钟或 20 分钟，他就开始胡思乱想了。不过这根本不能证明她不爱他，这只是她不拘小节的一种表现。事实上，最后也是他提出和卡明分手的。
- 如果是这样的话，我能从那件事中学到什么，并且可以用来处理现在的情况呢？鲍比知道："在和新的女朋友交往时，我倾向于往最坏的地方想。我想象着最坏的可能结果——她不再爱我，而是爱上了别人。这种念头已经被证实是我自己缺乏自信的表现了。"

6. 最后，在 E 栏中写下 D 栏内容所产生的影响——思考、质疑、抛弃是如何让你对诱发事件的想法和信念发生变化的，以及由此引发的感想和行动。

ABCDE 模型的重点在于抛弃不合理的、负面的信念，让更合理、更积极的信念占上风，把结果转化为更为有效、合适的情感和行为。

将"热情绪"转变为"冷情绪"

另一个对付自我挫败性格的办法，是认清自己的情绪，让"热情绪"变为"冷情绪"。激动的情绪对心情和思维都有负面影响，平静的情绪则不会有那么大的影响。虽然平静的情绪可能仍然有某种程度的不愉快，但不会让局面失控。

以平静的情绪对待如丢了工作或婚姻遇到麻烦等糟糕的情况，比激动的情绪要少一些坏处，多一些健康，而且处理起事情来更加容易一些。表 2-6 显示了热情绪（激动、负面的情绪）和冷情绪（平静、积极的情绪）之间的不同。

表 2-6　热情绪和冷情绪之间的不同

热 情 绪	冷 情 绪
大怒、狂怒和愤怒	烦恼和生气
沮丧、绝望、郁闷和悲观	难过
非常内疚、懊悔不已	后悔
自暴自弃、自怨自艾	对自己失望
严重受伤	轻微受挫
焦虑、恐惧和惊慌	担忧

只有当不健康的情绪被相对稳定的情绪取代时，人们才能更好地管理自己的情感，专心解决外界的实际问题。就像以上的故事中，只有在鲍比认清负面情绪，并且让自己的郁闷情绪和冲动行为得到缓解之后，他才会改变自己的想法。

“非常必须”与“绝对应该”

很多原因会导致“热情绪”的产生，但罪魁祸首是“非常必须”和“绝对应该”，它们能够转化为人们对自己和他人的要求，以及人们对整个世界的期望。

以下是“非常必须”的表现：

我必须______________（为了让我感觉良好）。

你（他/她/他们）必须______________（为了让我感觉良好）。

这个世界和我的生活条件必须______________（为了让我感觉良好）。

以下是“绝对应该”的表现：

我绝对应该________________（为了让我感觉良好）。

你（他/她/他们）绝对应该________________（为了让我感觉良好）。

这个世界和我的生活条件绝对应该____________________（为了让我感觉良好）。

以上这些要求是毫无道理的。没有哪条法律规定某个人的行为举止应该是怎样的，或者必须达到什么目标。别人的行为也不是必须符合你的要求的。至于整个世界，它本来就是不公平的。这些没用的、不现实的期望，一旦无法实现，就会导致激动的情绪全面爆发。

在以上的故事里，布兰达一到家就必须或应该给鲍比打电话的想法是不合理的。她不打电话的理由相当多，但是不管怎样，为什么她必须打电话呢？鲍比当然希望她打，但也许布兰达更希望让鲍比打给她，询问她是否到家了。

如果鲍比把他的“必须”和“应该”换成更合理的“愿意”（采取这种方式会让每个人在商议和协调时有一些余地），那么他的情绪就会更趋于平和、合理。

可想而知，所有这些“必须”和“应该”都不可避免地导致更加不合情理的、错误的结论。而这些结论与激动的情绪紧密相连，因为它们都必然会让事情变得更糟。幸好它们也可以通过简单的方法缓和下来。5 个主要的结论或“思维误区”及其最佳解决方式如下。

“真糟糕。”当你沉浸在沮丧的情绪之中，告诉自己“这简直是太糟了”时，试着用平和、适度的语气，这样可以让绝望的感觉减轻一些。让你无法冷静的事情也许很麻烦——激烈的争吵、脖子上的疼痛或其他任何烦心事，但这并不是世界末日。

“我受不了了。”不要掉进这样的思维误区，告诉自己你实际上能够承受，而且以后也能承受各种困境。它们是生活的一部分，而生活永远在继续着。

责备和诅咒。把错误都怪到自己头上或诅咒他人，只会让你的火气更大。这股怒火指向哪个方向，都会造成伤害。一味地自责或把一切看成对自己的罪过和缺点的惩罚并不会让你的处境变得更好。至于归咎于他人，也许可以增加你的词汇量，但对于摆脱困境起不到什么作用。所以提醒自己，责怪是没有意义的，找到解决问题的办法才更重要。

“我真没用。”如果真是这样，那么你或别人就完全没有必要去做一件注定要失败的事情了。在状态好时，人们会承担许多责任，不会说“我不行，真是一团糟，所以我总是失败。我就摊不上什么好事”这样的话。自我否定的想法和说法会直接导致沮丧和失望的情绪。告诉自己：即使犯了错或判断失误，你身上的好品质也多于坏品质；你经常做正确的事情；你可以从错误中学到经验；你仍然是个好人，是有好报的。

总是和从不。“人们总是嫌弃我，从来不肯帮我”或“我（或事物的统称）从来做不好事情，也永远改变不了”，按照这样的思路想问题，显然是在自我打击，并引发失望和无助的情绪。认真想一想：凡事总是有希望的；虽然可能有些人对你吹毛求疵，但实际上还有很多人会帮助你。

倾听你的身体告诉你的事情

也许有人会问：“为什么不干脆破罐子破摔，说不定还能发泄一下呢？”就在不久前，这种说法还被一些人视为至理名言。他们认为，把情绪发泄出来是控制情绪的好办法，让愤怒或失望的情绪彻底释放出来比憋在心里更有利于健康。

这种观点在一定程度上是符合事实的，但是心理学上的事实相比那些要人们相信的流行语往往有一些微妙的差别。最近的研究表明，“释放”情绪不仅不缓解反而会加倍强化愤怒的情绪，这与以前的观点大相径庭。

当你感到情绪激动时，如难过、焦虑、生气、戒备、沮丧或紧张时，这就是你发现和消除不合理信念的时机。因为感觉和身体的反应有着密切的联系，所以如果你对自己的感觉不确定（除了不愉快），你可以通过了解身体的反应来对感觉进行准确的定位。表 2-7 中列举了通过了解身体的反应来对感觉进行精确定位的几个例子。

表 2-7　了解身体的反应来对感觉进行精确定位的几个例子

感　觉	身体发出的信号
生气	双手叉腰、心跳加速、出汗、呼吸急促
愤怒	双拳紧握
狂怒	怒目而视，说话声音大而且语速快
沮丧	疲惫
失望	不堪重负的样子
悲观	无精打采、眼神空虚、语速缓慢、语气迟疑、不时叹气
焦虑	烦躁不安、心跳加速、呼吸急促
害怕	紧张
惊慌	肌肉酸痛、头痛不止、颈部和肩膀紧绷

基于情绪发生时所引起的身体状态，将情绪归入 4 个基本类别之中：焦虑、生气、沮丧和满意。满意是没有问题的。对于其余的 3 个类别，识别和归类可以使人们在一定程度上控制它们。可以从现在起说服自己抛开这些不良情绪，发现并质疑不合理的信念，然后付诸行动，以获得不同的、更令人满意的效果。

幸福的结局

鲍比通过填表掌握了 ABCDE 模型，从苦闷中走了出来，他的内心又发出了新的声音："哇，我情绪低落，感到很沮丧！看看我都对自己说了什么。真没办法。谁说布兰达必须做点什么，谁说她必须一回家就马上打电话给我？对，她是没打电话，但这有很多合理的解释。不可思议的是，我竟然想到她为了别人而抛弃我。简直是一派胡言，毫无根据地胡乱猜疑。她对我一向很坦率，可是我是怎么对她的？坐在房间里胡思乱想。我必须做点什么。我现在就给她打电话欢迎她回来。"

正如你所看到的，鲍比认清并克服了不合理的信念，将激动的情绪转化为平静的情绪，从而为布兰达的举动找到更多合理的理由，承认、面对并且化解了负面的情绪，采取了正确、积极的行动。尽管付出了努力，如果事情还是朝着最坏的方向发展——布兰达确实想跟他分手，正准备告诉他——那么他也可以做好准备，用真诚的态度来应对这个现实。

（顺便提一句，鲍比给布兰达打电话时得知，她因为长时间开车而累得睡着了。他留了口信，让布兰达起来以后给他打电话。两小时后，门铃响了，布兰达扑进了鲍比的怀中，轻轻地诉说她有多么想念他。）

第 2 部分

自我认识维度

情商的这个维度与人们通常所说的“内心自我”有关。它决定了你怎样与自己的情绪连接，你对自我的感觉有多好及你对自己所做的事情感觉有多好。如果你在这个维度中表现很好，说明你能够意识到自己的感受，感觉自己强大，并信心十足地追求生活的目标。

第 3 章　情绪自觉

知天知地不知己，实是无知。

——让·德·拉封丹，1679 年

定义：情绪自觉是认识自己的情绪，了解各种情绪之间的区别，知道自己为什么会有这样的情绪，明白自己的情绪对周围人产生影响的能力。

让我们回忆一下 107 航班上那个怒气冲冲的乘客山姆。他完全没有意识到自己有多生气，特别是没有注意到这种气愤及其伴随的行为对地勤人员产生的影响。他当然也不会知道，正是他的情感和行为导致他无法顺利搭乘下一个航班。

我们来看另一个例子。

一天晚上，亚特回到家。他刚刚得知，一直期待着的奖金没有了。他一进家门就对 16 岁的女儿桑德拉大吼："别看电视了！整天就知道看电视。你要是把看电视的时间用到学习上，成绩肯定会提高很多!"

"哎呀，爸爸，"桑德拉吃惊地回答道，"这么说可不公平，我可没看那么长……"

"别跟我说什么不公平。"她爸爸嚷道，"看电视是享受，不是你的权利。赶紧起来去洗手，该吃晚饭了。"

亚特的妻子玛尔莎闻声走了进来，问道："你们在吵什么？"

"这孩子什么都不干，就知道看电视。"亚特还在发火。

“哇噢，亚特，你为什么这么生气呀？”玛尔莎大声说。

亚特爆发了：“我没生气，就是受不了她这么懒。还有，别在她面前反驳我！”

“亚特，我没反驳你。我只是想弄明白你为什么发这么大火。”

“我说了，别在孩子面前指责我。我们就不能好好吃顿饭吗？”

一番争吵之后，桑德拉关了电视上楼去了，不愿意下来吃晚饭。亚特还在生气，而玛尔莎伤心而疑惑地一人默默地吃着晚饭。

罪魁祸首是电视吗？不是。是桑德拉看电视的时间太长了吗？也许是，但这也不是问题的关键。最重要的是，亚特没有意识到，没得到奖金的那种失望情绪对他产生的影响。他缺乏掌控情绪，了解生气、悲愤、失望这些纠结在他心中的情绪的能力。他也不明白，这些情绪是如何促使他将怒火和怨气发泄到桑德拉和玛尔莎身上的。

假设亚特有较强的情绪自觉能力，他会做何反应呢？首先，他先会觉察到内心的躁动不安：也许是因为注意到颈部肌肉紧绷，或者他在回家的路上反常地对交通情况颇有怨言，或者他关上车门时用力过猛了。然后，他会扪心自问，这一天发生的什么事情让他如此不安。之后，他会意识到，他的怒气来自出乎意料地没有得到奖金的失落。他会意识到，这种生气、郁闷的情绪可能导致他把怒火发泄到家人身上。

因为有了情绪自觉，亚特可能在回家时说：“嘿，我很难过，也很生气。桑德拉，把电视关上，我现在需要安静。孩子，我现在心情很差，但不是因为你。我难过是因为工作上的事。我可能需要一小时左右的时间才能平静下来。所以，如果我的语气听上去有些火药味，还要请你原谅。给我一点空间，不要提问，我非常需要家人的安慰。”

在这样的场景下，亚特由于知道他生气了，也明白他为什么生气，并且意识到他可能把怒气转移到家里，所以他选择马上把这些情况告诉家人，并且让家人帮助自己平静下来。由于采用了这样的沟通方式，再加上他确实不希望自己乱发火，他的家人当然会帮助他，让他得到安慰。

了解自己

情绪自觉是掌握其他情商技能的基础。先要探索和了解自我，之后才能改变。显然，对于你不了解的事情，你也就不可能掌控。如果你没有意识到自己在做什么、这么做的原因，以及其对他人的影响，你就不会去改变。很多情况下，以你自己狭隘的观点来看，你自己是没有任何问题的，也没有必要或理由做出什么改变。这就是为什么情绪自觉是关键和基础的原因。掌握这个重点技能，有助于你提高情商的其他方面。如果没有掌握情绪自觉的技能，即使你努力去解决一个又一个问题，仍然只能是原地踏步，得不到任何回报。你无法进步，达到目标的概率很小。

对于情绪自觉能力强的人，当他们不高兴、急躁、伤心或容易受到诱惑时，都会意识到这些情绪会导致他们做出疏远他人的行为。通常，他们还会知道什么事情引发了这些情绪。这种了解自己感觉并且知道该做什么的能力，在一定程度上阻止了可能发生的与他人产生矛盾的行为。

老板是暴君

如果缺乏情绪自觉能力会怎样？下面举一个例子。

办公室里的每个人都知道发生了什么事，除了那个最需要知道的人——老板自己。他的下属早知道会发生的事情，是老板威胁和恐吓他们，这也是他们最讨厌的事情。老板平时说话都是在吼。他对员工都用命令的口气，认为这是他的角色应有的权力。偶尔有人斗胆问他为什么这么生气，他生硬的回答像在下意识地否认什么："你究竟是什么意思？我没生气呀。"提高嗓门自卫的行为在冷静的旁观者看来荒唐可笑，但老板自己倒是一片真心，因为他对自己的感受或行为全无意识。

这个例子比较极端，但绝非个案。愤怒也许是各种情绪中的头号杀手，它影响人们的判断，让人们忽略了周围的人甚至自己。它极端的生理表现让人们很难逃脱它的魔掌，没时间去弄清楚究竟发生了什么事情，更别说纠正人们的行为了。愤怒的人们经常意识不到自己在生气，只是隐约知道发生了事情，却不知道究竟是什么。他们的行为显然对自己及其周围的人产生了影响，但他们无法控制这种负面影响的程度。

他们在其他情绪或行为中也不同程度地存在这样的问题。人们往往是最后一个清晰觉察到自我或自我情绪的人。要想控制某种情绪，就必须先了解它。

失控的情绪总是跟人们作对。如果人们意识不到自己在生气、讽刺挖苦别人，那么必然会出现两种情况。第一，从生理上讲，你有血压升高或滋生溃疡的危险。第二，你会发现别人讨厌你，但你不清楚为什么。他们对你退避三舍，或者至少非常负面地看你。不管你的其他能力（学识或技能）有多强，你都不会有机会展示出来。重要的关系还没来得及建立就变质了。你的同理心也会减弱，从而影响你在各种情况下善解人意而有效地处理与他人关系的能力。

曾几何时，简单粗暴型的管理方式是可接受的，甚至是被期望的。一代代的管理人员都一边冲着下属咆哮，一边往上爬，他们的管理方式会被视为对公司赢利而言必不可少的。这类上司对于逼迫员工拼命工作完成任务方面从不手软。遗憾的是，这些惯于逼迫员工的上司的主要成功之处就是逼得员工，特别是公司的精英人才离开公司。

30 年前，简单粗暴型的管理方式也许很管用，那是由于当时整个经济都趋于传统发展，员工不会轻易离职，在任何情况下都对企业保持忠诚。而今，大多数有才能的人不再会忍受这样的待遇了。他们知道这种管理方式造成了不健康而且压力大的工作环境。他们还知道自己的工作能力强，可以找到更适合的地方来发挥自己的才能，即使工资少点都不要紧。股东们逐渐认识到，从长远来看，简单粗暴型的上司对提高公司的股价并没有什么好处，因为员工不断辞职而带来的招聘和培训的费用最终会导致企业亏损。更重要的是，简单粗暴型的上司让员工士气低落，工作效率低下。真正有能力的领导懂得比咆哮或强迫更有效果的方法。

在和一个由很多安然公司前员工组成的团队做领导力的练习时，有一件事让史蒂文惊讶不已。其中一个组员曾任安然公司的高层管理人员，他看到史蒂文他们做的描述他们曾为之工作的好上司和坏上司的特征的表格时，他说这很有意思，有不少特征是安然公司的高层所重视的。

史蒂文以为他指的是“好上司”的表格，于是问他指的是哪些特征。他走到“坏上司”表格前，从中选出了以下几项，而这些特征是安然公司的高层在公司倒闭前两年很看重的领导人素质：

脾气暴躁　非常自负　永远正确　只求结果不注重商业道德伦理　固执己见　缺乏情绪控制　态度严肃

以上这些特征会被视为领导力的标志的原因显而易见，它们能帮助人们在团队中树立权威。脾气暴躁，或者某些人描述为可怕的情绪，就能营造出一个惶恐不安的氛围。当感到害怕时，大多数人尤其是那些能力不强的人，就不会挑战你。于是，你利用负面情绪加强并且保持了你的领导地位。

强调自我，必须时时正确及固执己见都是昨日的领导人特征，他们宁可跟船一起沉没，也不愿意改变航向。在他们看来，领导力的象征比整个团队的成功还重要。

可以在成功的企业中看到今天的领导者以团队、组织、整个社会的利益为重。可以从中发现情绪自觉、社会责任这样的情商技能，相对于任何具体的技术或认知或智商，这能更好地衡量领导者的成功。领导者应具备一定水平的认知智商和批判性思考能力（知道什么时候用战略性思想，什么时候用战术性思想），但他们还应当具备情商才能在当今世界取得成功。

遭遇简单粗暴型上司

如果一个员工遇上了简单粗暴型上司，他有什么办法吗？答案当然是有的，有很多以情商为基础的方法，可以让你在遇到这个问题时胜券在握。首先，做个实际情况调查。询问比较亲近的同事，他们是怎么看待这个上司的。如果大家一致认为这个上司是个暴君简单粗暴型，就可以证明你的观点是正确的。

也有少数时候，没人同意你的看法，他们不认为上司很专横，那么你就要明智地运用你的情绪自觉能力，反省一下你和他之间的关系是否存在什么特殊的因素，让他那么看不上你？你的行为、态度、语言或非语言的沟通是否惹恼了他？

如果是比较常见的情况——你和同事都觉得上司是个暴君，问问你自己能否忍受，并且不会因为上司而承受压力或让工作受到干扰。如果答案是否定的，就要考虑跟他谈谈这个问题。

你需要 20～30 分钟时间，请他私下跟你谈谈，你要讲明，不希望在讨论这个头疼的话题时被打断，或者被告知只有 5 分钟或 10 分钟的谈话时间。

你可以使用以下的沟通方式开始这次谈话：你很愿意把工作做好；也很愿意让他从你的工作中受益；你决心做他强有力的后盾，帮助他把工作做好；最后，你相信他希望从你这儿得到如实、明确的反馈，这样既可以令他工作起来得心应手，又可以鼓励他与人直接交流。

讲这些道理是为了让他明白，你并不是在发牢骚、抱怨或发泄负面情绪，你的目的是让他，还有整个团队，包括你自己，能够工作得更有效、更有成就。

然后，你把自己的担心告诉他："我留意到你经常用贬低和讽刺的方式对我发脾气，这不但影响了我们之间的关系，而且让我无法像所希望的那样支持你，帮助你做得更好，同时也影响我把自己的工作做好。"

如果他对你说的话感兴趣，愿意倾听，说明他原来没有意识到，但是愿意做出改变，这样就很好。

但是，情况恰恰相反又该怎么办？他可能大吼："我没生气，我从不发火！你敏感过头了！"边说还边用拳头敲着桌子强调他的话。

在这个时候，你要利用这些即时的信息："你也许没有发觉，但我感到你已经很生气了，就像现在这样。你的声音已经变了，你在大喊大叫，你用拳头敲桌子。看上去你对我所提到的你会生气这一问题上，没有丝毫的察觉。实际上，你是在自我防御，想改变局面，想证明自己没有生气，而是我过于敏感了。你这样让我很为难，但是我已经下定决心要把我们之间的关系调整好，这样我才能专心工作，并且作为你的直接下属，我将尽我所能让你在工作上更加顺利和成功。我想我们都希望有这样的结果，这对于双方都是有好处的。这就是我在这里跟你讨论这个问题的原因——我希望我们是双赢的。我觉得你也希望这样。"然后，认真倾听他的回答。如果他采取进一步的守势，以更加强硬的态度拒绝承认或改正他的行为，那么你就要认真考虑一下了，这可能意味着他的情绪自觉能力很差，无法察觉自身行为中的缺陷，也缺乏一定的灵活性来改变。

如果是这样，你可以考虑跟其他同事聊聊，看他们是否有兴趣跟上司讨论类似的问题。如果他们不愿意，那么你只有 3 个选择：继续忍耐、寻找其他工作，或者考虑改变跟上司的上司谈话方式。但切记不要一个人去，约好一两个对上司的独裁专制有同样不满的同事一起去是比较好的选择。

行动时情绪自觉失踪了

60 岁的里克是行动极限运动公司的创始人和现任 CEO。这个公司的主要顾客是中年、高收入的运动爱好者，他们喜欢高山滑雪、登山、铁人竞赛。公司最近聘请卢克为他们的首席运营官（Chief Operating Officer，COO）。

里克希望表现出，他是很重视与一线销售人员"保持联系"的。于是他邀请卢克一起去巡视行动极限运动公司的一家专卖店。

他们刚一进门，一个 20 多岁、魅力四射的女店员就迎了上来。

"你们好，我叫布兰达。"她笑着说，"请问有什么可以帮您的？"

"这家商店肯定是只雇用既乐于助人又漂亮的女士！"里克似有所指，他又转身问了句，"是吧，卢克？"卢克心不在焉地点了点头，连忙说道："我们想买那种非常适合极限滑雪的、能在极细粉状雪中使用的雪橇。"

“好的。”布兰达边说边打量着卢克，“我们可以有个非常好的选择。您需要多大号？”

“他要 185 的。”里克插嘴，又盯了下布兰达的胸部，问道：“你穿多大号？”

此时，卢克对里克色眯眯的表现感到困惑和反感。他们此行的目的是考查一线雇员如何接待那些出手大方的潜在顾客，他想把重点转回来。

“这么高级的雪橇，是不是很多人看看就走了？难道他们真的会买？”卢克问，“作为销售人员，你在帮助那些购买高端产品的顾客时有什么不同的做法？”

布兰达还没来得及回答，里克就对卢克打趣道：“你真是个老古板，卢克！”卢克说：“我只是猜猜。”然后再不说话了。

出了专卖店，里克笑话卢克，说他看上去有些“老古板”，又说：“我猜这是你心里的会计师作祟！”

里克缺乏情绪自觉能力。他显然不知道自己的挑逗和暗示是多么不合时宜，尤其对方是年龄小到足以当他女儿的女士。他也不会意识到自己让卢克和布兰达多么尴尬。更深一层说，里克还浑然不觉自己与精神焕发、42 岁、新被雇用的 COO 的卢克的竞争心理。接近退休年纪的里克需要通过对布兰达开蹩脚的玩笑来显示他的权利和活力。问题不在卢克，而在于里克的言行举止。

注意别人对你的反应

另一个看似简单的例子显示简单的情绪自觉会有多大的影响。一个同事讲了以下这个故事。

“你知道，我到了新的行政职位，整天都要开会，有时是连轴转的。为了给人留下好印象，我经常要从一个会场匆忙赶到另一个会场，因此会迟到几分钟。但是当我留意到别人对我进门的反应时，发现了一些非常有趣的事情：他们看上去有些不自在，甚至有些不舒服。于是我明白了，无论我如何匆忙地赶进来，都会让我没有很好地展示自己。

“我开始琢磨我是怎么走进房间的。因为赶时间，我通常是上气不接下气，大汗淋漓的，这无疑让人感觉我做事手忙脚乱、杂乱无章。

“现在，我有意识地在离大门还有 10 步左右时放慢脚步，让步伐变得缓慢而庄重。这也就让我的呼吸慢下来，我信心十足地走进门去，为迟到而道歉，然后坐下，若无其事地拿出我的记事本，一直保持着镇定自若、有条不紊的状态。我注意到，别人不再那么不安或不自在了。实际上，他们似乎重新尊重我了。”

以上故事中的主人公的情绪自觉并没有什么复杂的对内心世界的理解，但是他意识到，自己匆忙走进会议室可能被人理解为做事缺乏计划性、手足无措，并且会因此遭人轻视。他认识到别人有这样的反应，便有意识地改变了自己进门的行为方式。现在，他自信地走进房间，人们认为他是个重要的人。这一简单觉察帮助他改正自己的行为，产生了明显的好结果。

了解你的“痛点”

情绪自觉的目的并不是无休止地去分析你的情绪，然后过度压制它们或干脆全部清除掉。人们都会有举止失措时，也不能完全摆脱负面情绪，它们是伴随失望、指责或失败自然而然产生的。但是你必须尽力去了解自己的感受及其产生的原因，这样你才不盲目地被内部的力量（生理）所控制，或者被本能地推向自我破坏的行为。

情绪自觉还有防患于未然的作用。还记得第 2 章所讲的 ABCDE 模型，以及不理智、让人泄气的自言自语所起的作用吗？如果你学会正确理解引发这种内心自语的事件，那么经过练习，你就可以在看到事情发生时，转换自言自语的内容。

可以把这叫作你了解了自己的“痛点”（Ouch Point）——那些由来已久的痛处，别人会在无意之中触碰到。如果你即将接受工作表现评估，这必然会带来某种程度的批评，你可以给自己打气，随时防范那些不合理的想法。举个例子，你以前的自言自语是本能的防御状态，遵循的思路是："他（指批评你的人）以为他是谁呀，尽说些废话。他应该多说说我的好处，而不是毁我。"知道你曾经走入了这样的误区，你就会重新设计自己的内心对话。你也应该警惕那些明显的表示开始生气的信号，如肩部肌肉紧张、嗓门升高等。知识是力量，情绪自觉是让你成功地进行情绪管理的高级力量。

对付类似的自言自语的一个有效的办法是，像第 2 章所描述的那样，将"4D"（Disputing，Debating，Differentiating，Discarding；质疑、思考、分辨、丢弃）法带入 ABCDE 模型。

采用"4D"法可以将错误、消极的自言自语转换为更现实的内心对话，从而带来积极的态度和更有效率的行动。现在继续前面的例子。你当初可能是这样想的："他以为他是谁？他应该多说说我的好处，而不是毁我！"而现在的反应是：

"等等！什么叫'毁我'？有什么证据能证明他想害我呀？这是他的做法吗？还有没有其他理由？毕竟，我是他的直接下属，那么他当然应该告诉我怎么可以做得更好。如果我把工作做好了，那么他对我自然也会变得亲切起来。我知道我在听到负面意见时会不太高兴，但是我可以向他学习，把负面的意见变成我的动力。

"所以，我觉得他在诋毁我，并不意味着他真的想毁我。两者之间是有区别的。他可能更想帮助我。我必须记得分辨我的反应和他人的真实目的之间的区别，尤其是在面对负面意见时。"

实际运用

无论你做什么，情绪自觉都是取得成功的关键。为什么呢？因为如果你不清楚自己的感受，如果你无法测量自己的"情绪温度"，就有可能做出侮辱、仇恨、轻视、挑衅的行为，招致他人的厌恶，继而逃离、躲避你，对你另眼相看。因此，不管你的职位高低——老板、有潜力的合伙人或员工，不管你的其他能力如何，有多么学富五车或经验丰富，如果他人一见你就躲，那么你就没有机会向他人展示自己的能力。

情绪自觉是情商重要的基础，因为你意识不到的就不会去改变。情绪自觉是你在转变不当行为时的第一个步骤。要做到这一点，你必须了解自己的感受，以及这些感受对他人所产生的影响。否则，你就无法与他人建立良好的关系。此外，如果缺乏情绪自觉，你就不会注意到自己正承受着压力，因而忽略自己可能拥有的同理心，你与他人进行语言沟通的能力便会大打折扣。

自我评估

注释：用第 2 章中提到的记事本回答问题，并记录你做练习的过程。

这些练习有助于你了解自己的内心世界，洞察你的情绪并从中获取信息。你可以采取 3 种方式感知情绪：直接感受；通过留意与情绪相伴的身体变化；探查反映情绪的思想。

1. 在记事本上写出下列情绪中的第一个：

   愤怒

   快乐

   害怕

   焦虑

   悲伤

在情绪下面简单描述过去几天内引发这种情绪的情况或事件。然后，把这一页剩下的部分划分为 3 栏。在第 1 栏中列出可能触发这种情绪的情境；在第 2 栏中列出与这种情绪相伴的身体变化；在第 3 栏中列出产生这种情绪时你的内心对话或自言自语。

2. 将列表中的情绪按照上述步骤逐个操作，每页纸记录一种情绪。

3. 回顾列表中的情绪，按 1 到 10 分写出每种情绪的强度。注意哪种情绪你感觉最强烈，那很可能就是你的“痛点”，一旦被触及，便会严重干扰你的人际关系、对现实的判断和有效解决问题的能力。

4. 在你记录下来的 5 种情况中，有没有结果比较好的、不好不坏的，或者有什么事让你觉得后悔，你相信或认为自己本该做得更好？如果结果不好不坏或不那么令人满意，记下情绪可能对你的行为产生的影响，也正是这种情绪让你无法获得更好的结果。

5. 列出你感受较为强烈的情绪。例如，你是否通常都会注意到事情消极的一面（当你生气或伤心的时候）？美好的时光和幸福的经历是否也会给你留下同样深刻的印象？

6. 把这些情绪出现的具体情况列表记录下来。

7. 然后，列出最容易让你产生这些情绪的人。

8. 思想和感情之间往往有着密切的联系，因为你对一件事情的描述会影响你对这件事情的感受。想知道这到底是怎么发生的，就写下两三件让你产生强烈情绪的事件，再写下当时的情绪，以及诱发这些情绪的思想。

9. 现在，再列出与情绪相连的身体变化。注意情绪、身体信号与思想之间的密切联系，这与以下自我评估练习 1 中情绪、身体变化与思想的联系是相符的。

自我练习

以下方法可以有助于你练习当情绪出现时感知它们的能力。

1. 在下一周，每天将你感受的最强烈的情绪记录下来。同时，还要记录与此相伴的身体变化和思想。在最后一栏中，写下你是如何意识到那种情绪的，即你是否在情绪出现时就感受到了？是通过身体变化还是通过思想？

2. 在做这些记录时，你还要留意情绪的转换。一旦发现情绪的变化，就要多加注意，把它记在你的记事本上。

3. 如果你很难留意到情绪的变化，那么就多注意身体的变化和表现——紧握的拳头、两手叉腰的姿势、尖利的嗓音、急促的呼吸或紧绷的下巴。通过对这些外在表现的了解，进一步确定它们所表示的情绪。

4. 然后探查你的思想，注意它们是否与通过身体语言表露出来的情绪同步。

5. 看一本书、一个电视节目或一部电影，要确保你所看的东西非常吸引人（如悬疑或推理故事）、非常可怕（如经典恐怖片）、非常有趣或非常浪漫，留意随情节变化的情绪。当你希望或害怕的事情要发生时，注意它让你的情绪有怎样的变化。当让人高兴的情节出现时，用记事本记下情绪、身体和思想的变化。你最先感受到的是什么？你是否能直接捕捉到情绪的变化，还是必须通过思想和身体的信号才能感觉到情绪的变化？

6. 只要有机会，就用记事本记下身体的变化，如出汗、紧握拳头、语速比平时慢或步伐加快，并且记下你当时在想什么，有何感受。留意行为的变化（松开拳头或放慢脚步）如何转变你的情绪，如从攻击状态转为平静、轻松的状态。

7. 如果有人注意到你的表情，说你看上去很生气、不安或难过，不要对他们的评论置之不理。他们从旁观者的角度看到了你无意发出的信号，因而可能对你的想法看得更清楚。你应该认真反思他们的话。他们说得对吗？你感觉如何？表现在行为上有什么标志？

如果注意到你的是你非常熟悉、关系亲近的人，你可以这样问他："你怎么知道我生气（不安、难过）了？"认真考虑他们说的话。他们说得对吗？你感觉如何？表现在行为上有什么标志？

如果说这话的是你的朋友，你也可以问他："你是怎么知道的？我有什么表现吗？"然后认真思考他的回答。这对你来说会是非常有用的信息，让你更了解自己的情绪，以及它对你的行为和周围人产生的影响。

8. 当你经过一面镜子时，观察一下自己的面部表情。如果别人看见这样的表情，会以为你的情绪是什么？想想看，那是否正确地反映你真实的情绪？

* * *

熟悉这些练习和评价之后，你可以尝试以坦诚的态度对待来自内心世界的信息，还有外部世界的家人、爱人、朋友和同事。这样，你才能在记事本的帮助下，越来越了解外界的事情是如何转化为情绪的，而情绪又是如何理解和管理的。

你还可以学到如何运用冥想或放松练习（在第 16 章中有描述），它们会帮助你更好地专注自己的内心情感。

第4章 自我肯定

没有你的允许，没人能让你自卑。

——埃莉诺·罗斯福，1937年《我的故事》

定义：自我肯定是尊重和接受自己的能力——基本上是喜欢自己本来的状态。健康的自我肯定是既欣赏自己积极的一面和优点，又接受自己消极的一面和缺点，而且仍然对自己感觉良好。也就是说，了解自己的优点和缺点，喜欢自己，“包容所有缺点”。这种情商能力与通常的安全感、内心力量、满足感、自信、个人适应力有关。接受自我的人，了解自己的优缺点、懂得自我肯定；对自己感觉良好的人，在犯了错误时、做错事情时或不知道答案时，他们都会采取坦率、适当的方式。对自己有把握，依靠的是自重和自尊，都是建立在很好的自我认同的基础上的。拥有自我肯定的人对自己感到满足和满意。与此相反的，是对自己缺乏信心和自卑。

玛西经常担心自己在会议中没有给别人留下良好的印象：“我是不是穿得不够得体”或者“我说得太多了，耽误了时间”。旁观者可能不这么认为，但玛西对自己的交际要求非常高，几乎不可能达到她对自己的期望。因此，她不会意识到自己的优点——既穿着得体又擅长交际。

还有另一个例子。伊斯梅尔无法原谅自己所谓的失败：“这次测验我才得了85分，本来可以得95分。我是怎么了？居然因为愚蠢的错误丢了10分。天哪，我真是个笨蛋。”伊斯梅尔的自言自语反映出，他因为不够完美而苛责自己，对犯错误缺乏承受能力。他不能接受自己的“缺憾”。

自我肯定不是自尊

你应该喜欢和尊重自己，但真正重要的是，你要了解自己身上的优点和缺点。正如我们所知，自尊已经成为学校和工作场所中的流行短语，更别说那已成了数十亿美元的行业了。有一大堆书、音像资料、软件和网站旨在帮助人们提升自尊，只是其中有些错得离谱。

我们当然不是尽量减少对自己感觉良好的想法。问题是过分地强调自尊会让自己盲目地兴奋。告诉自己你多伟大，可能不会成为修复残缺自我的一种有效方式，但它本身不是目的。因此，教育学家和心理学家开始重新审视已经在青少年中延续了 30 年的关于自尊的教育，这种教育原本是为了解决有攻击倾向和其他感情问题的。

缺乏自尊的人可能真的会行为失常，但人为的过度自尊也会造成问题。这会给知道“我很特别”但又没有培养必要生活技能的孩子造成巨大的伤害。如果没有确定孩子是否取得了值得表扬的成绩就盲目夸奖，那么当世界上没有人为他没有取得的成功而喝彩时，对孩子来说就是毁灭性的打击。真正的自尊是通过取得真正的成就而逐步建立的自豪感，并不是因为别人制造的美好假象而得来的。

至于自尊能解决攻击性和其他问题的观点，我们必须指出，世界顶尖的精神病专家罗伯特·哈尔博士曾经对全球多名连环杀手和其他因多次暴力犯罪而被捕的犯人进行了精神评估。其中很多人都声称享受极度自尊的感觉（哈尔称为“夸大”行为），认为自己是绝对优秀的人——他们的母亲爱他们，女朋友崇拜他们。很明显，天下恩宠集一身。

喜欢自己，包容一切

你当然不要把注意力放在缺点上，这就如同拒绝承认缺点（因为害怕这些缺点会掩盖你的优点，不管那些优点有多么突出）一样不正常。你也不要过分显示自己的优点或总是担心它们不够突出。你应该爱自己的全部，有时要爱相互矛盾的全部自己。

此外，自尊的基础往往是不牢固的。让我们回想第 2 章中的机场案例，在那个案例中山姆侮辱了地勤人员。他的开场白就是告诉地勤人员自己有多重要。这会帮他达到目的，即登上可以替补的航班？他真的以为地勤人员会因为他的自我吹嘘而印象深刻或担惊受怕？他夸耀自己的唯一结果就是让她感到厌恶。山姆还有其他问题，他对自身的价值估计过高。尤其是在处于困境、需要他人帮助时，告诉别人你多富有、多有名、多有权，只会适得其反。

山姆的行为还传递出一个强烈的信号，他一点都不关心地勤人员的难处，这当然会让地勤人员产生疏远的感觉，从而失去搭乘下次航班的机会。山姆的所作所为让他看上去像个傻瓜，在讨价还价中失去优势。这种行为实际上往往是非常缺乏安全感的一种表现。山姆很可能在其他场合也自吹自擂。反过来讲，如果他具备很强的自我肯定能力，那么他就会像约翰那样，以礼貌的态度对待地勤人员，然后搭乘下一班飞机，到达自己的目的地。总而言之，自我肯定意味着你对自己感觉很好，不需要用华丽的头衔或其他言过其实的名目四处炫耀（通常达不到目的）。如果真的卓越优秀，你是不用自吹自擂的。

不要妄想一口吞大象

有成千上万名想要成功的企业家为自己设定了许多不切实际的目标，他们宣称将成为“下一个比尔·盖茨”。他们这么说，不仅是想以自己的方式，还要凭一己之力取得成功。他们必然会失败，因为他们意识不到自己的盲点和短板，而这些都需要他人的帮助。即使他们真的成立公司并运作了起来，也不会授权或协作，因为他们从本质上是缺乏安全感的。

他们实际上并没有搞清楚比尔·盖茨为什么如此成功。比尔·盖茨也许是世界上最有钱的自力更生的亿万富翁。他精力充沛，并不总是积极向上，但没人能够否认他白手起家建立了最成功的企业，成为个人计算机变革中的领头羊。他对于信息和沟通时代的贡献不可估量，也许在今后的很多年中还不能得到应有的赞誉，作为 20 世纪企业的标志，他已经足以与亨利·福特相媲美了。

像盖茨这样才华横溢的成功人士必然热衷于自己的想法、极其自负而且自以为是。无论什么人能在那么短的时间内赚那么多钱，会理所当然地觉得自己出类拔萃。盖茨的自我一定无限膨胀，犹如月亮那么大。

但事实恰恰相反。盖茨像大多数真正的成功人士那样，跟前面所说的那些一点儿也不沾边。那些了解他的人说，他总是乘坐经济舱，而不是公务舱或头等舱。因为他觉得不必那么大张旗鼓，他不认为自己有多伟大。还有，他觉得自己太瘦了，不需要那么宽敞的坐椅。

与盖茨私交甚好的迈克·萨克斯曾对一家商业报纸说，盖茨“有时表现得很骄傲，但他还没有自大到不相信他人在有些事情上比自己懂得更多的程度，所以他聪明地让自己身边聚集了众多科技、商业、营销人才”。我们猜测，如果让盖茨参与 EQ-i 测试，则他在自我肯定方面的得分一定相当高。

在办公室里营造充满信任的氛围是非常重要，也许是相当重要的。但这其中有个微妙的差别，自以为无所不知的人在遭遇挫折时会更脆弱。他们觉得自己能够掌控一切，便会使自己管得过多。他们越冒险进入自己不熟悉的领域，就越容易显得脆弱。所以说，明白自己不懂什么，并知道谁懂得这方面的事情并且加以利用，这把已经成功的和本应成功的、应该成功的和几乎成功的人区分开来了。

在商务环境中，我们经常会看到一些企业领导者因为自我肯定的问题而遇到挫折。他们的自我肯定缺乏牢固的基础，也就是说，他们无法忍受自己的缺点，当然也不可能将自己的缺点暴露于众。他们从来不承认自己做错了，他们将自己的过错推给别人，拼命展示自己的优点，好让别人忽略自己的缺点，以此来掩饰不堪一击的自尊。他们的周围需要有一群唯唯诺诺的人，以此来显示他们无所不知。他们无法忍受任何批评，宁可让别人替自己承担责任，也不愿意为自己的错误负责。

实际运用

为什么自我肯定对于人生的成功如此重要？我们在研究中发现，很多对自己的生活和成就感到满意的人在自我肯定上都得了高分。我们需要再次声明，这并不代表他们自以为是，而是说明他们对自己的优点和缺点有了正确的了解。我们用名为 EQ-i 2.0 360 度评估的工具对此加以验证，即将本人自我评估与熟悉他的人（如上司、同事、下属、配偶）对他的评估加以比较。

你对自己的优点越了解，投入得越多，你在短期和长期的人际交往中就会越自信。充分了解自己的优点，会帮助你把优点发挥得更好。假设你发现自己擅长数学，处理数字对你来说不费吹灰之力，并且你乐于解决数学难题，那么你会在这方面多加练习，尝试很多难题之后，你的数学水平就会更高。许多数学高手都非常喜欢跟数字打交道，他们还知道自己最擅长解决哪类难题。对于你的情商能力来说也是一样的。知道自己的优势所在，并进一步提高它们，你便会成为出类拔萃的人才。

我们经常会看到有些人以为自己无所不能但在某些事情上失败了。他们高估了自己的能力。真正成功的人知道自己哪些事情做得不好，于是选择或提高这方面的能力，或者与能够弥补自己不足的人共事。想想你认识的最幸福的夫妻，他们或许兴趣相同、品位相近，但他们的能力是否互补？是否其中一个人在压力面前更为沉着、冷静，而另一个人更擅长理财？是否一个人会管孩子，另一个人则性格外向、交友甚广？成功的关键在于，了解自己的缺点，知道如何去弥补，而这就需要一定水平的情绪自觉。

自我评估

1. 你有多喜欢自己？
2. 你最大的优点是什么？（如忠诚、幽默、善于谈判、有亲和力或诚实。）
3. 你最大的缺点是什么？（如脾气暴躁、做事拖拉或不善于理财。）

4. 你如何看待自己最大的优点？

5. 这个优点对你的生活有什么帮助？

6. 你是如何强化这个优点的？

7. 你是如何充分发挥这个优点来达到更多工作、生活或人际交往的目标的？

8. 你如何看待自己最大的缺点？

9. 这个缺点曾给你带来怎样的伤害？

10. 你是否尝试克服这个缺点？如果是，结果如何？

11. 提高这方面能力对你的工作、生活、人际交往有什么帮助？

12. 你最希望改变自己的哪一点？

13. 你如何在这方面改变自己？

自我练习

1. 查看自我评估问题 1 的答案，设定一个目标来改善你的自我感觉。把目标写到你的记事本上，再记下对自己感觉良好有哪些好处（你会更加自信，别人会更尊重你等）。

2. 现在再看自我评估问题 4 的答案，在记事本上另起一页，在最上面的位置写出你最大的优点。用一周的时间，每天晚上记录这个优点在哪天的哪些时候帮助了你。同时记录下可以如何提高或优化这个优点。制订一个行动计划来提高这个能力。

3. 和你周围的人交流，询问他们你有哪些优点。找出他们选择这些优点的原因，为什么他们认为你在这方面比较擅长。再问问他们你有哪些缺点，他们认为你该如何改善这些缺点。自我肯定主要是“觉察的”能力。更加客观、诚实地看待自己是进行任何自我提升的重要步骤。

4. 按照表 4-1 的示例，在记事本上做表格，写出你能想到的所有缺点。认清缺点，设定目标，然后制定实现目标的行动方案。

表 4-1　填写示例

缺　点	目　标	方　案
无法与同事进行私下交流	加深彼此的了解	在工作之余与同事来往 询问他们的家庭情况 询问他们的兴趣爱好，并与他们分享你的兴趣爱好
对女儿不够有耐心	培养更多耐心	确定你在什么情况下缺乏耐心 分析是什么原因导致你在这些情况下失去耐心的 如果你的父母对你这样没有耐心，你会做何反应 和你的女儿讨论，她如何看待你缺乏耐心 询问她的想法，一起解决你缺乏耐心的问题

第 5 章　自我实现

一般人都很少去想自己是谁，要什么，自己的想法是什么。而做到自我实现的人则一般都非常清楚地知道自己的兴趣、愿望、想法和主观的反应。

——亚伯拉罕 · 马斯洛

定义：自我实现是意识到自身潜力的能力。这种情商能力会体现在你追求有意义、富足、充实的生活时。努力发挥自己的潜力包括参与令人愉快而且有意义的活动，用终生的努力和满腔热情去实现长远的目标。自我实现是一个持续的、动态的过程，其目的在于最大限度地发挥自己的能力和才干，坚持不懈地努力，从总体上提升自己。对自己的兴趣爱好的兴奋感促使你继续保持和发展这些兴趣爱好。自我实现与自我满足密切相关。自我实现能力强的人对自己在生活中所处的位置，以及相关的个人、职业、经济目标都感到满意。

鲍勃和丹是一对老朋友，他们是邻居，从小一起长大，上了同一所高中和大学。毕业后，他们都做了销售，只不过不是在同一家公司。鲍勃销售的是液压泵，丹销售的是农业机械。8 年之后，他们仍然留在各自的公司，但他们两人的相似之处也就到此为止了。

丹每周工作 60 ~ 70 小时。一般他每年都能完成自己的指标，偶尔也会不达标。他一般早上 7 点就开始工作，晚上 8 点才下班。他工作时都忙于给客户打电话，审查销售报告，制定预算，学习新产品资料。除了拜访客户，他很少离开办公室。午饭也经常是在办公桌上解决的，他说自己太忙了，没时间去饭馆。他周末的时间都用来恢复疲惫不堪的身体。丹时时刻刻都离不开工作，他的妻子骂他是工作狂。

鲍勃的生活截然不同。他的工作时间相对较短，每周平均不超过 40 小时。从他的谈话内容就可以知道他的兴趣爱好有多广泛：他最近参加了高尔夫球比赛，上个周末他和家人一起滑雪度假，他做了退休后的投资计划，他做了健身计划，他为慈善事业捐款，他有摄影课程，他有爵士乐收藏品，有几项体育赛事的最新排名。他的工作是否因为他参加了这么多活动而受影响呢？完全没有。有趣的是，他通常都是大幅度超额完成任务。

这是否意味着销售农业机械比销售液压泵的难度大？丹是否应该考虑（实际上他确实这么想过）换家公司？对第一个问题的答案是“不”，第二个问题的答案也是“不”。对于丹狭窄且被动的生活圈子，以及他在工作中平庸的表现，即使他换了工作也不一定会有所改观。而且，他极有可能把问题继续带到新的工作中去。我们给人做 EQ-i 2.0 测评时，经常发现，那些最成功的销售人员往往在自我实现上面获得高分。这是有原因的。如果你爱好广泛，乐于参加各种活动，就有可能接触到各式各样的客户。你工作起来便会得心应手，在自己的岗位上取得更辉煌的成绩。

设定以行动为导向的目标

我们承认，自我实现听起来有些像心理学术语，但是这个概念实际上是与人的健康紧密相关的。20 世纪 40 年代，亚伯拉罕·马斯洛将自我实现作为需求层次理论的一部分，首次提出这个术语。他认为，如果人们要生存，必须满足 5 个基本需求，然后才能感觉幸福，对生活感到完全满足。

人们必须满足基本生理需求：可供呼吸的空气、可供饮用的水、可吃的食物、适宜的温度。然后人们必须获得安全感，这样才不会遭遇痛苦或危险。这之后是情感和归属的需求——被朋友、亲戚、家人所需要和照顾。第 4 个基本需求是尊重需求——获得自我肯定，为自己取得的成就而自豪，知道自己的成就为他人所认可。还有就是自我实现的需求，马斯洛是这样定义的：“一个人必须做他能做的事。”

我们在需求层次理论的基础上，制作了生活地图（见图 5-1），它能够帮助你规划自我实现的轨迹。自我实现包括对自己在人生中所处的位置感到满意，即对自己在工作、休闲、人际关系上所取得的所有成就感到满意。自我实现是为了在构成人生的各种活动之间寻求合理的平衡。举例来说，你在维系关系上花了多少时间？从家庭幸福区走到旅游镇、健身路口或退休市有多快？你多久才会想起去一次休闲村？你个人的生活地图还会反映出其他兴趣爱好：海滨小屋或蒂娜的网球中心。你在每个地方度过的时光是否美好？每个问题都是重要而有意义的。现在花点时间想一想，你的这张生活地图绘制得如何。在花费了时间和精力之后，你在每个地方想要达到的目标是什么？你希望每周或每月花费多少时间来实现这些目标？

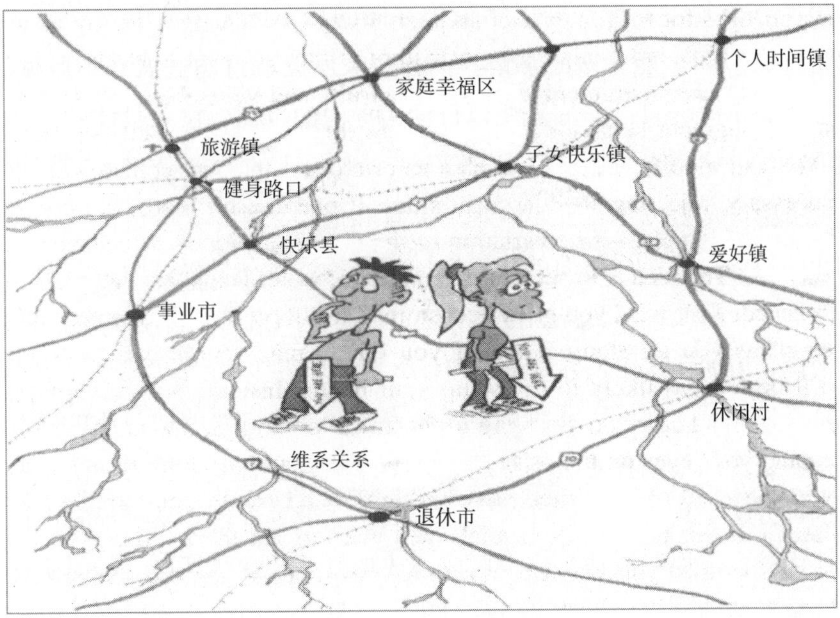

图 5-1　生活地图

每个人都有自己的目标，这个目标也许简单直接：减轻 5 千克、戒烟、找份工资更高的工作、能够从大学毕业。也许有些模糊：变得苗条、赚钱、遇见完美的伴侣。很多人（虽然失败过许多次）都会继续许下新年的心愿。但是人们有多少次能够坚持自己的许诺？对于大多数人来说，答案都不那么乐观：很少。

如何设定有意义、可以达到的目标呢？最好先了解以结果为导向的目标和以行动为导向的目标之间的区别，这是与许多美国奥运选手一起工作过的运动心理学家谢恩·墨菲提出来的。

以结果为导向的目标即使看上去很合理又很具体，也很容易使你失败，因为距离目标的实现太遥远了。其实目标是终点，而你应该注意的是达到目标的过程。如果你没能很快达到目标会怎样？你会非常失落，又退回到老路上去。你想减轻 5 千克？听上去很合理，但这取决于你如何去做。你想在今后 5 年中赚大钱，或者让你的爱情生活更幸福，或者买一幢大房子，或者搬到城里的其他地方？像这样以结果为导向的目标比愿望清单要复杂一些，它们是你有时间才能去做的事情，而你每天所能取得的进展并不可见。

想要真正改变自己，你需要以行动为导向的目标，按照具体的、易于管理的步骤获得你希望的结果。让我们来谈谈那恼人的 5 千克吧。减轻重量并且保持下去的最好办法，就是合理的饮食和运动，把每天分成许多个寻求细微转变的机会。尝试用正面的积极性词汇来描述行动目标，而不要用负面的拒绝性词汇。因此，不要告诫自己少吃，而是叮嘱自己“多吃水果和蔬菜”。一般来说，增加什么比想方设法减掉什么要简单得多。

只要你愿意，你可以随时调整实施方案。如果必要的话，还可以考虑放弃某些方法。如果某种方法不管用，并不意味着会有多大损失。换一种方法或把这种方法变化一下，也许就能取得成功。设置许多容易实现的小目标。这样，你就会习惯于成功，你也可以在成功路上经常恭喜自己。即使在争取某些特定目标的过程中失败了，你也不会轻易认输而放弃，反而从中吸取教训，继续前行。执着于所谓的结果，或者“双眼只盯着奖赏”是不可能获得长期成功的。如果你把时间都花在想象最后的结果上，就无法专心完成取得最后结果过程中的各个具体目标。你会就此停滞不前，因为你不愿意尝试新的方式，寻找新的解决办法。

做你喜欢做的事

职业顾问经常感到惋惜，太多想通过咨询来寻找生活目标的人一开始（后来也不断提到）就大谈特谈他们在某个职位上能挣多少钱。他们可能觉得自己在某些方面与众不同，却避而不谈自己的喜好，因为他们的爱好并不能让他们自己获取更多经济收益。他们也许不想整天守着计算机；他们无法坐在那儿一小时一动不动。但是，他们认为在这个职位上才有未来。因为经济上的需要，这个未来也就成了他们的未来。因此，他们学了计算机知识，基本上能找到工作。他们也会变得非常的不快乐，也就不可能像那些自然而然被计算机的神奇所吸引的人那样成功。

事业的成功极少建立在事业胁迫（认为自己不得不以此为生）的基础上。这并不是值得炫耀的事情。你心不甘情不愿从事的职业也许薪水不菲，但并不是你想做（应该做）的事情。我们不认为比尔·盖茨原来的理想是成为世界上最富有的白手起家的商业巨头。他只是投身于他所喜爱的计算机行业，而且是全身心投入。后来所发生的一切都源自这个明智的决定。

再说戴尔计算机的创始人迈克尔·戴尔。他的家人本想让他成为一名内科医生。当时戴尔正在修得克萨斯大学的医学预科生课程，但他把大部分时间都用来销售自己组装的计算机上，因而荒废了学业。正如我们所知道的，他后来明智地选择了自己的兴趣，也是他真正从事的职业。由于戴尔采用了全新的销售模式，他的公司跻身于世界最大的计算机制造商之列（2001 年，在全球市场占据了首位），公司收益达到了 611 亿美元（2009 年年度数据）。

高科技领域的新宠马克·扎克伯格是脸谱网的创始人，他的故事被写进了电影《社交网络》中。扎克伯格最为人所知的是，他是世界上最年轻的亿万富翁（据《福布斯》的统计，他的身价为 69 亿美元）。虽然对于影片的描写是否准确还存在争议，但是大家一致认为，扎克伯格不是为了钱而成功的。像影片中所表现的那样，他在相当长的一段时间里都拒绝将脸谱网商业化。

还在十几岁时，他就设计出了名为突触的计算机程序，可以按照用户的收听习惯将音乐分门别类推荐给用户。当美国在线和微软提出购买这个软件时，他拒绝了他们。

扎克伯格对社交网络的潜力表现了极大的兴趣。他希望越来越多的人能够敞开心扉，在网络上与他人交流。2005 年，MTV 提出以 7 500 万美元的价格收购脸谱网，遭到扎克伯格的拒绝。2006 年，扎克伯格又拒绝了雅虎 10 亿美元的收购建议。想想看，10 亿美元啊！扎克伯格是这个世界上少数几个拒绝 10 亿美元的人之一。

在接受《纽约客》杂志的采访时，记者和扎克伯格谈到了收购的事情。让当时的雅虎 CEO 特里·塞梅尔惊讶的是，扎克伯格这样回答："这不是价格问题。脸谱网是我的孩子，我要继续管理它，让它继续健康成长。"塞梅尔震惊不已。

我们再来看看那些完全不同的行业。杰瑞·宋飞彻底地改变了电视情景喜剧，他的成功有许多东西可以证明——几百万美元的合同、满满一车库的保时捷。在他还是个无名小卒时，是否想到过这些？也许想过，但当时它们都是遥不可及的。有朋友写道，都说过宋飞在现实生活中有一个坚定的平易近人、脚踏实地的个性和很强的价值观。他热爱喜剧，表演单口喜剧多年，经常要面对昏昏欲睡或满怀敌意的听众。他让乏味的演出变得精彩，同时认真地向其他演员取经，随时把自己的体验和观察到的东西记录下来。和盖茨、戴尔、扎克伯格一样，宋飞成功的原因有很多。他们 4 个人都多才多艺，还有那么点幸运，在正确的时间选择了正确的位置。最重要的是，他们做了自己真正喜欢做的事，而且从心底里知道，这是自己擅长的事。正因为这样，他们 4 个人所取得的成就都远远超出了他们当初为自己设定的长期目标。

很多女士询问我们，为什么在本书的前几版中只列举了男士的例子。为了公平起见，我们想说奥普拉·温弗瑞的成功也是个很好的例子。

让你心中的灯亮起来

自我实现可以与情绪自觉结合起来，这种捕捉直接、短期情绪的能力能够帮助人们发现生活中更重要的信号。把它想象成每个人心中都拥有的一盏灯。有些人会觉察到这盏灯的存在，这让它显得更亮。另一些人忽略了他们心中的灯，追求他人眼中的所谓“好工作”、金钱或某种生活方式。他们辛勤工作，并且取得了成功，但是让所有人都感到惊讶的是，他们最后并不快乐。

罗杰总想成为音乐家。他喜欢写曲、编曲和演出，高中时就和自己的乐队一起四处登台表演挣钱。他的父母却一直希望他成为牙科医生。在他们看来，牙科医生是罗杰唯一的就业选择。幸运的是，罗杰是个好学生。他虽然无意终身和人的口腔打交道，但觉得自己应该完成父母的心愿。他被一所牙科学校录取，尽管大多数课程都让他觉得非常枯燥乏味，他还是强迫自己认真学习。周末的时间他都与音乐为伴，继续随乐队在酒吧和俱乐部演出。罗杰很难想象自己整天摆弄牙齿。毕业后，罗杰没有自己开诊所，而是在几家牙医诊所里做兼职。他的生活重心仍然是音乐。

当罗杰在追求自己对音乐的爱好时，他心中的灯变得很明亮；当罗杰跟牙齿打交道时，它就变得黯淡无光。所幸罗杰既想办法让父母满意，又继续追寻自己的梦想。不是每个人都能像罗杰这样做到两者兼顾而且两全其美的。现在罗杰每周只有两天时间当牙医，但他心中的灯是闪闪发光的，因为他其余的时间都用在了音乐上。

让生活变得充实

设定目标应该是一生都要做的事情，并不会因为人们变老而减少。苏珊看上去万事如意——深爱她的丈夫、3 个孩子都上了大学而且品学兼优、她非常喜欢她的工作。在她 40 多岁时，问题出现了，她发现自己又成了“母亲”——这次是照料自己的父母。

除了每周一次的大采购，苏珊的父母很少离开家。他们整天坐在电视机前，等着看新闻节目来证实自己的观点。他们无法忍受移民、有色人种、开放的政策、奇怪的新技术、国际恐怖分子、自负的年轻人、受教育过多的知识分子，以及其他任何与他们的世界观相悖的事物。

苏珊的父母很健康，身体和精神上都没有问题，但他们整天沉浸在自己的世界里。他们臆想出各种各样的状况，虽然他们也有车和驾照，苏珊还是焦虑万分地自己开车带着他们找了一个又一个专家。

苏珊多次试着让他们去参与各种活动——志愿工作、结识新朋友、尝试新鲜事物。她越这么做，老两口越强调他们只需要她。到了快 70 岁时，两位老人的生活实际上已停滞不前了。

苏珊的邻居贝思的生活则完全不同。她 80 多岁了，几年前失去了丈夫。她为丈夫的去世而难过，但是因为有很多朋友的鼓励，她开始认真安排自己的余生。贝思退休前一直是护士，对健康有非常明确的认识。即使一只眼睛看不见了，她仍然坚持锻炼。她参加了当地的基督教青年会，每天早上都去游泳。她还跟很多年龄经历相仿的女士做了朋友。她每天必须出去散步，每年还要和朋友一起去野营一周。

为了让自己的头脑像身体一样灵活，贝思从公共图书馆借来很多书，大量阅读各类书籍。她热心参加附近大学开办的各种老年班，学习所有自己感兴趣的知识。她一向支持有意义的慈善事业，不仅是捐款，还参与募捐活动。旅行时，她会特意住在“银发旅馆”（目前全球最大的老年教育及旅游机构。——译者注）的连锁店，以便结识来自国内外的新朋友。回家以后她还继续与这些新朋友保持联系。她犹豫了很久，终于还是给自己买了一台二手计算机。让她高兴的是，互联网并不像有些人说的那样可怕。实际上，互联网把全世界都带到了她的家里，正如她怀着好奇心所期待的那样，她才不会惊恐不安地拒绝它。

那么，你认为谁在自我实现方面做得更好呢？贝思的生活显然比故步自封的苏珊的父母要好得多。无论你的年纪多大，都可以选择让自己变得年轻，这取决于你愿意为此付出多少努力。

父母的遭遇对苏珊也有警示作用。她的生活严重失衡，已经阻碍了她，并且情况会越变越糟。苏珊爱父母，希望能够帮助他们，但她用于照顾他们的时间和精力与最后的结果相比是得不偿失的。她必须采取果断的措施，找到既符合父母的要求又更健康的生活方式，这样她才能拥有自己的生活，满足自己的需求。也只有这样，她才能像贝思一样快乐、充实地生活。

保持平衡

生活得充实对于日常生活来说意味着两件事情。自我实现是热爱工作、全身心投入你所做的事情的能力。如果你符合了这一条，就是非常幸运的了。即使得不到金钱的回报，你也会始终表现出众，因为工作已经成为一种乐趣、一种事业。

在与冰球运动员或其他职业选手工作时，我们发现有些年轻人只是想赚钱而进入他们的体育项目的。他们往往要么是在冰上死命地忙乎但没有什么成功或认可，要么是被送出去硬撞有时是往死里撞对方球员的。大多数只是打了一两个赛季，就回到了自己原来的地方。我们也看到了像韦恩·格雷茨基（世界最著名冰球运动员）这样的运动员，他现在挣的钱（还在挣的钱）比其他队员的总和还要多。为什么呢？因为除了他的天赋能力，格雷茨基热爱冰球运动。冰球运动既是永远的乐趣，对他的技术而言也是持续的挑战，令他在职业生涯中不断超越自我。他所挣的钱都是他的努力得来的——从来没有人因需要高薪引诱他去付出额外的努力。

但是工作并不是你所做的唯一事情，因此要真正做到自我实现还需要在各方面都很成熟，要学会在你所做的所有事情之间保持平衡。如今，有越来越多的企业家意识到这个问题。他们不希望员工高度紧张到整天加班到半夜，而是希望员工能够按时下班回家，拥有自己的兴趣爱好。记住，自我实现意味着找到自己希望达到的目标，无论是工作中还是个人生活的方方面面。

实际运用

自我实现与你在生活中取得的成功有什么关系吗？大有关系。那些既成功又快乐的人都善于协调周遭的事物。他们都有愿意为之付出全部精力的目标或感兴趣的事情。第一件要做的事情就是认清哪些事情你愿意花时间去做，哪些人你愿意与之共事。接下来就是用你忙碌的一生去做这些事情，把它们变成你的首要任务。

自我评估

1. 你每周工作多少小时？每周有多少时间与家人相处？有多少时间与朋友在一起？有多少时间一个人待着？

2. 自我实现要求你在每件事情上充分利用时间。你对自己用在工作上的时间感到满意吗（选择范围从非常满意到一点儿也不满意）？和家人相处的时间呢？与朋友一起的时间呢？独处的时间呢？

3. 在这些事情中，花在哪件事情上的时间你最希望能够充分利用？

4. 你在工作中最喜欢什么？在家里呢？和朋友在一起时呢？自己待着时呢？

5. 你在工作中最不喜欢什么？在家里呢？和朋友在一起时呢？自己待着时呢？

6. 你在每件事情上的长期目标是什么？

7. 你在每件事情上的短期目标（2~6 个月）是什么？采取哪些措施能够帮助你达到目标？

8. 你的兴趣爱好是什么？

9. 你更偏向于哪个兴趣爱好？

10. 你还希望培养哪些新的兴趣爱好？

11. 你的兴趣广泛吗？或者你更愿意把时间用在几件感兴趣的事情上？在

自我实现方面做得好的人会有两种。第一种人找到一两个能够激发他们热情的爱好，全身心地投入其中。第二种人的爱好也是他们喜欢的，但他们对任何引起他们兴趣的事物都想探究一番。他们可能最终只选择一两个主要的活动，但是他们还是对任何新的东西抱开放性态度。当然，不能说哪种方式更好，这都取决于个人的选择。

自我练习

1. 写下两个你能在以下各个事情中充分利用时间的方法：工作中、与家人相处时、与朋友相聚时、独处时。

2. 观察生活中让你感到愉快的事情。这件事情持续了多久？你是如何让自己心情愉悦的？

3. 互联网是开阔眼界的最好方法。先输入你感兴趣的关键词，看看有多少相关的网站。然后再搜索其他类似的关键词。你也许知道，这样做是值得的，但难免会花费不少时间，所以做好思想准备吧。你可能找到许多与选择的关键词相吻合的书。大城市里的大型书店或实体书店的网店一定包罗万象。顺着书架或网页检索，看看哪些书你愿意更仔细地阅读。

第 3 部分

自我表达维度

第 6 章　情绪表达

情绪表达必须经由沟通才能得以实现。

——赛珍珠（美国作家，诺贝尔文学奖获得者）

定义：情绪表达是将情绪直接用语言或非语言的方式表达出来。在你与他人的接触中，不管是否有意识，你都在不断传递着情绪信息。这些信息可以通过你使用的语句及其含义、语气、说话的声音、面部表情或身体语言表达出来。他人接收到你发出的情绪信息，也会有意识或无意识地做出相应的反应，再传递给你。擅长情绪表达的人在向他人传递情感信息时是开放和一致的。

简以前做过很多次销售演讲。她对产品了解透彻，训练有素，经验丰富。这次演讲对她来说是一个很好的机会，如果拿下这个订单，这家公司将成为她最大的客户，也将是公司最大的客户之一。

做准备演讲的过程中，她得到了制作部门的帮助。主任会计师帮她恰到好处地调整了数据。她将竞争对手及其产品的情况了解得一清二楚。她坚信自己公司的产品无论在质量还是价格上都独占鳌头。只要销售演讲成功，就能大获全胜。

一切都进行得很顺利。会议室里，客户的公司来了 5 位听众，分别代表不同的部门。幻灯片准备就绪，所有人都注视着简。也许是因为有些激动，简在演讲时带着一丝傻笑，就像在开什么玩笑似的。她的音调变得有些高，在谈到自己公司相对于竞争对手的优势时，她的语速也加快了。

决策者们认为简的演讲非常全面，他们想要了解的所有细节她都讲到了。他们忍不住议论起她的举止来：她觉得什么事这么好笑？或者她看不起他们？难道她不知道这是一次很严肃的投标吗？遗憾的是，在回顾简的演讲时，对其态度的困惑占据了上风。最后，决策者们认为，简的竞争对手虽然在报价上不占优势，但在表达与他们合作的愿望时更为严肃，在以后的长期合作中会认真考虑他们的想法。他们需要能够理解他们的要求并且愿意满足这些要求的合作伙伴。在他们看来，简有点儿一根筋，急于销售自己的产品，而不是建立使双方受益的合作关系。

人们经常过于看重得到他人理解的重要性。根据艾伯特·梅拉比安所做的一系列研究，人们接收到的信息有 7%来自谈话的内容，38%来自说话的语气，55%来自身体语言。

这似乎让人难以置信，但可以用一个例子来证明。你也许还记得或在历史课上学过，关于约翰·F.肯尼迪参加美国总统竞选的事。当时的两位候选人——约翰·F.肯尼迪和理查德·尼克松之间的竞争异常激烈，尼克松和他代表的共和党在双方辩论之前略占优势。第一次电视转播的总统候选人辩论，引发了选举的历史性高潮。

总统候选人辩论同时在电台和电视台播放，因此吸引了大量的观众。在辩论中，两位候选人按照电视台的惯例谈到了具体问题。辩论结束后，对电台听众预测谁将获胜的民意调查显示，大部分听众认为尼克松获胜的机会要大于肯尼迪。但是对电视观众的调查结果则完全不同，赞成肯尼迪是这场辩论中的“赢家”的比率是 2∶1。

为什么会有这么大的差别？原因主要出在身体语言上：尼克松面色苍白，留着小胡子，一直在出汗，看上去似乎生病了，甚至憔悴不堪，还不时出现忧郁和愤怒的状态。而肯尼迪则恰恰相反：从容淡定，精力充沛，举止适度。尼克松把注意力集中在自己与肯尼迪的辩论上，肯尼迪却通过镜头直接面对美国民众侃侃而谈。

许多年前，当本书作者之一的史蒂文还是个心理学系的大学生时，学界对身体语言的魅力及其对他人产生的影响这方面有很多研究。有 3 位心理学家是这个研究领域的领军人物，他们是艾伦・波斯切特博士、伊莱恩・沃斯特博士和凯伦・迪昂博士。

一直有研究表明，老师在收到带照片的学生论文时，对于同样的论文如果所附的照片是一个漂亮的男生或女生，得分就会高些；如果所附照片是一个相貌平平的男生或女生，得分便会低一些。维基・瑞特思博士和她在南伊利诺伊大学的同事已经公布的研究成果可以证明，老师通常认为外表出众的学生在很多方面都出类拔萃，包括智力、学术潜力、成绩和社交能力。

老师看到漂亮的学生就会不知不觉地给高分，而对相貌普通的学生则会下意识地压低分数。在这两种情况中，老师都没有意识到，自己对学生外貌的态度已经影响到本应客观、公平的评分。

你也许会问，因为外貌而被区别对待，是否同样也会影响到你对待他人的方式呢？多年前史蒂文在完成他的大学毕业论文时就关注到了这个问题。在导师凯伦・迪昂博士的指导下，史蒂文协助完成并公布了一项具有划时代意义的研究项目。这项研究表明，魅力是五六年级的学生在同年龄的孩子中拥有说服力的一个重要因素。

你对待他人的态度会在很大程度上影响到他们对你的态度。当然，也有不少人似乎并不在意别人怎么看待他们。人们都听说过一些古怪、不合群或对他人漠不关心的人。从临床医学的角度来说，人们知道有自闭倾向的人，尤其是阿斯伯格综合征患者，在如何对待他人方面毫不在意。

近来，作者们在MHS公司与心理学家萨姆・戈尔兹坦博士、杰克・纳格利尔里博士一起工作。他们进行了一项迄今为止最大的验证试验，对比儿童和青少年中的自闭症患者和已痊愈的患者，收集并分析了超过2 500个样本。在确认患有自闭症的主要特征中，有两个典型特征将患病群体与普通人区别开来：在社交沟通和情绪交流上存在障碍。具体来说，自闭症患者在与他人沟通时，极少表现出自己的情绪；不会将谈话继续下去；几乎不与他人分享自己的快乐；对别人漠不关心；从不主动与人交谈；谈话时从不看对方的眼睛。

有趣的是，在很多上班族身上也看到了某些相同的特点，尽管可能没有自闭症患者那么极端。想想你周围的同事，是否有人在你跟他说话时，宁可看计算机也不看着你？你是否见过对你几乎没有兴趣的人？是否有人从不与人分享他的喜悦或快乐？

如何在公众面前发挥情绪自觉的作用

在 1982 年的秋天，当时生产商都没有在药瓶顶部加密封层，有人把有毒物质放进一部分泰诺药瓶中，引发了数例死亡事件。在一次电视采访中，强生公司的发言人不仅谴责了在药物中放毒的犯罪行为，还满含情绪（眼含热泪）地谈到了死亡的悲剧。随后他解释道，强生公司正在回收所有的泰诺药品，务必保证在每个药瓶上都有一个保护层。

发言人毫不掩饰他的悲伤和沉痛。他的话、语气和眼泪都真实地反映出他的情绪。公众理解了他自然流露的情感，也接受了悲剧绝不会重演的承诺，继续将泰诺视为重要的药品，没有对强生公司置之不理。在死亡事件发生时，泰诺的市场份额从 35%猛跌到 10%，但第二年就重新站稳了脚跟，并最终成为全美国最常用的药品。

观看电视访谈时，可以很清楚地看出发言人对情绪的把握和表达。举止和情绪的统一说明他的情绪是自然流露的。强生公司回收所有泰诺药品的行为，是将公众的安全置于公司利益之上，也与他们的发言人在电视中传递出的信息是一致的。

我们再来看看英国石油公司的 CEO 托尼·海沃德是如何应对 2010 年 4 月 20 日发生的深海漏油事故的。这次事故导致了钻井平台上的 11 人死亡，每天有多达 10 万桶原油从海底溢出。虽然海沃德先生最初表示，愿意为这起事故承担全部责任，但是他看上去完全不在意，他的表现就像一个刚刚入行的新手，对因这次泄漏事故而造成的经济、生态、生命的损失漠不关心，反而更担心事故给他的个人生活带来的不便。

我们可以举出不少例子。例如，他在对原油泄漏事故进行总结时说“前一阵我们犯了几个小错误”；他对摄影记者出言不逊，让他“滚开”；他在公开声明中说“我们为原油泄漏事故破坏了他们的正常生活感到抱歉”，随后又加了一句："没人比我更希望这件事情快点过去……我想让我的生活回到正轨！"公众更能够看出他是一个只关心自己的人，对别人的损失丝毫不为所动。

在处理事件期间，他还抽出时间出席了游艇比赛，因为有他和别人共同拥有的一艘游艇参赛。墨西哥湾的原油在持续泄漏，他却在炫耀自己的名流身份。在他的生活中，他更关心自己的兴趣爱好，而不是原油泄漏事故造成的对经济、生态的破坏。

最终，海沃德丢掉了他的 CEO 职位，部分原因是他忽略或没有注意自己的公众形象。他本应作为企业的领导者出现，看上去却更像暴君尼禄在罗马城燃起熊熊大火时仍在醉生梦死一样，而不是作为一名有道德感和责任心的企业家，发自内心地关心他人的幸福，就像强生公司的发言人那样。

真实、言行一致的情绪表达

看到强生公司的发言人在谈话中流露出担心和难过之情，以及强生公司立刻召回全部泰诺产品的行为，电视观众对强生公司应对泰诺事件的做法留下了深刻的印象。这个例子并没有直接强调情绪自觉的重要性，但是显示出真实、言行一致的情感信息（发言人的话语和伤感）对公众产生的巨大影响。

言行不一的情绪表达

你是否记得这样的事：某天你跟同事或上司在一起聊天，他嘴上说对你谈到的问题有兴趣或表示关心，但说话间在盯着自己的黑莓手机或 iPhone？你对此有何感想？你觉得他的情绪自觉如何？你很可能因为同事并不看重你和你的问题而生气。行动胜于言语，尤其是当两者不一致时。你会觉得没有得到应有的尊重，而是遭到了别人的冷遇。

言行一致的重要性正如一位 CEO 对全体员工所说的那样："从今以后，我们的企业将具有同理心，为所有顾客着想——满足他们的内在需求或外在需求。无论哪一级员工如果不具备同理心，将被自动解雇。"

实际运用

1. 你的情绪自觉水平如何？按 1（偶尔）到 10（几乎一直）来评级。

2. 回忆并记下你和一起工作的同事没能像你预想的那样沟通顺畅的情况。认真回想当时的情景，想想你说过什么，你想用这些话表达什么意思，你的语气、语速、面部表情或其他身体语言都有什么含义？想过这些问题之后，认真思考你的表达方式是否导致了事情没有顺利进行。

3. 询问一个可靠的朋友、同事或配偶，你在说话时表现如何，尤其是遇到关键的事情或情况时。你的表现包括说话的语气、语速、企图打断别人或不听别人说话、留意别人对你的口头或非语言方式的表达所做出的反应。

4. 选择一个电视剧、情景喜剧或真人秀，注意某个角色，他是如何用语言或非语言的方式表达感情的？他所说的话是否与其身体语言一致？他的表达收到了什么样的反应？这个角色对这样的反应有何感想？他是否达到了自己的目的？如果没有达到目的，原因何在？为了更好地达到目的，他应该做些什么？

5. 选择另一个电视剧，关掉声音，只留意某个角色的非语言沟通方式。问自己 4 中提到的问题。

6. 经过 3、4、5 的练习，你是否知道了一些你以前从未意识到的问题？如果是这样，写下一两个你与人沟通顺利的场景，然后与你情绪表达得不太好的情况进行比较。在那些沟通不顺畅的经历中，你应该采用哪些不同的表达方式？

7

第7章 独立

受过良好教育的标志是，即使不同意某个观点，也会包容它。

——亚里士多德（古希腊哲学家、科学家）

定义： 独立是一种能力，它使你自我决定、自我控制自己的思想和行为，并使你不受情绪的控制。独立的人能依靠自己做计划和做出重要的决策。他们有自己独立的人格。当然，在做最后的决策之前，他们也会寻求和考虑其他人的意见，但这并不表明是一种依赖性。独立的人会自觉地采取行动——他们不会依赖他人来满足自己的情感需求。这种独立能力的基础是一个人的自信和内心力量的强大，愿意满足他人的期望和完成自己的责任但又不受制于这些期望和责任。

山姆非常有人缘。他刚上大学二年级，已经认识了很多人。他不去上课，一直依靠他人的笔记，同时还要想办法通过考试。只要他想让谁帮他通过一门课的考试，他就跟那个人特别亲近。他根本没有办法独自学习。但不知道为什么，山姆总能利用他人得到笔记，让他人帮自己做作业，辅导自己的论文。居然还有人帮他梳理过一遍测验和考试所必需的资料。

山姆是依附他人生存的最佳案例。他完全依靠他人帮他完成学业。在高中时，他的父母还请很多辅导员一直辅导他学习，帮他做作业。没有人把学习的方法传授给山姆或让他为自己的成绩负责，导致他现在连最简单的作业都无法独自完成。

山姆走上工作岗位以后该如何生存下去？他是否有能力找到工作？怎样才能让山姆更独立一些？让他能够为自己负责？除非走投无路，否则像山姆这样的人是很难有改观的。

最终负责人

我们不妨将独立定义为自力更生（这就是为什么将它和自信联系在一起）并承认你是最终负责人的能力。独立意味着你要对自己的生活负责，对自己负责，寻找自己的生活方向。不顾一切渴望得到他人认可又极其害怕犯哪怕是一丁点儿错误的人，在独立方面会有相当大的困难。你必须选择一个行动方案，先在自己头脑中认同这个方案是正确的，再去处理可能与他人产生的分歧。你还必须尊重他人对于独立的需求，给予他们同样长的救命绳子。

独立显然有一定的风险，有时你会做错事或说错话。从失败中学习经验，原谅自己所犯的错误，不要让它们以后阻碍你。通常情况下，即使当时不相信，你也并没有损失太多。认真思考，认清每个决定的好处，然后考虑它可能带来的坏处——最坏的可能。你会惊讶地发现，就算你没有百分之百地做对，世界也不会土崩瓦解。

这就是问题所在，在这个世界上没人能百分之百地正确。如果一个棒球手打的 10 个球里能打中 3 个，那他就是个英雄。历史上一些功绩卓著、声名显赫的人都曾犯过严重的、似乎无法挽回的错误，或者在实现目标的过程中无数次地走入误区。托马斯·爱迪生有一次承认，他设计过 3 000 种电灯的连接模型，只有一个成功了，但这成功的一个也就抵消了那失败的 3 000 个。有许多曾遭遇严重挫折（有时甚至是名誉扫地）的世界著名领导人和杰出人士，重新振作后又取得了令人瞩目的成就。众所周知，犯错是人之常情，没有什么人一辈子记住你的失误，人们反而会对你的成就大加赞赏。

决策果断

雪莉从高中到大学一帆风顺，各科成绩都名列前茅，但她仍然缺乏安全感，对自己的能力从来没有信心。跟她交往的朋友不多。虽然她很有魅力也很时髦，但仔细观察，她并没有自己的风格，而只是在随大溜。

获得学士学位后，雪莉申请了一所知名的法律学校，并且被那所学校录取。还没开始上课，雪莉就越来越对研究生的学业失去了兴趣。她决定先工作一年，希望能够以此来确定将来的方向。厘清自己的财务后，她再来决定是回学校继续学法律还是找一份新的职业。同时，她在一家邮购公司得到了一份客户服务代表的工作。

两个月后，雪莉对公司产品的了解超过了那些工作几年的同事。她举止大方，已经有足够的准备应对客户的问题和投诉。但雪莉仍然存在问题：她没办法做出最后的决定。她对公司关于返修和保修服务的规定了如指掌，可是即使掌握了所有问题的答案，她仍然要与其他人商量之后才敢处理顾客的投诉。雪莉有时会跟见到的所有人讨论处理方法，结果搞得办公室里气氛紧张。同事们认为她并不相信他们，于是就慢慢地不太热心帮助她了。

造成这样尴尬的局面一方面是因为雪莉缺乏自信，另一方面是因为一旦做错，她就可以让自己免受批评。其结果是，许多失去耐心的顾客把她投诉到了她上司那里，她的上司不得不一个一个地处理投诉。上司一批评雪莉，她立刻就为自己辩解。雪莉私下对朋友说，这份工作与她不相称。她的理由总是一个：她曾经被名牌法律学校录取，而她的那些同事不过是些小职员，没有什么权力批评或质疑她。

雪莉的经历是情商不够、即使有高智商也达不到目标的典型案例。独立能力不仅会影响你的个人生活，还会影响你对一个雇主的价值。越少需要监管的员工，他的工作效率会越高。

寻找新的兴趣点

独立还与自我肯定有关：你的自我感觉越好，别人就会越发尊重你。做出决定，采取相应的行动，认真应对后续的事情，这些对于成功都是非常重要的。你这样做得越多，就会做得越好，于是你会越来越自信。

希拉是个漂亮而又有些腼腆的 16 岁女孩，她认识的人虽多，但好朋友很少。像其他许多学校一样，她所在的学校里满是团体。有一些团体和小组的主要兴趣是体育或者时尚，另一些小组似乎倾向于把其他人说成一文不值，还有的团体或小组被大家公认为失败者。

希拉一直犹豫不决。坦白地说，她的社交生活是一张白纸。没人真正讨厌她，但也没人愿意邀请她加入他们的小组。像身为客户服务代表的雪莉一样，希拉也不愿意做决定。一到周四晚上，她就为自己的周末安排感到特别焦虑。希拉没有收到任何人的聚会邀请，她也不知道如何让别人邀请她。

虽然人们认为希拉腼腆或内向，但她实际需要的是情感上的转变。一旦开始跟别人谈话，她都可以毫不费力地继续下去。她很有幽默感，对朋友以诚相待，但她始终是一个跟随者，从来不主动发起什么事情。连她的朋友们也意识到了这一点。

当希拉有恳求时，她几乎无法在电话里讲清楚，这就使她的所有计划经常无果而终。她最终只能待在家里，因为如果没有人拉她一起出去，她就哪儿也不愿意去。

一天，她的妈妈态度温和但很坚持地跟她谈起了这个问题。她鼓励希拉不要再坐在那里等电话，也不要再等朋友们陪她一起出去，而是应该主动去做她想做的事。为了避免产生焦虑的情绪，她先不要跟任何人说。于是希拉开始照做，先是自己去了一趟购物中心。她发现在人群中有种陌生的释放的感觉，不用在意她的朋友怎么想。这样出去几次之后，希拉意识到她开始观察周围的事物了——流行的新衣、有趣的人，她的朋友们不知为何竟然忽略了这些。之后也跟朋友们谈了，但他们不知道自己错过了什么。

有了这样一个好的开始，希拉随后又去了电影院、博物馆、画廊、农贸市场、书店和二手服装店。让希拉惊讶的是，她的这些尝试让朋友们感到很新鲜，他们开始经常给她打电话，问她去了哪里，做了什么。希拉一五一十地把经过告诉了他们，又问他们是否愿意一起去。他们感兴趣吗？当然了。希拉逐渐成为一个更加独立也更加有意思的人。

但是要记住，真正的独立并不意味着忽视他人，闷头走自己的路。从不寻求他人的帮助和总是寻求别人的帮助一样糟糕。如果你必须用傲慢地拒绝合理的建议来证明自己的独立，那么你有麻烦了。明智的选择是，广泛地听取大家的意见，认真权衡利弊，并做出让自己满意的决定。

将你的决定付诸实施

作为地区市场部的负责人，亚历克斯似乎有很强的独立解决问题的能力。他清楚问题所在，会找出并落实解决方案，跟踪事情的进展和结果。他和直属上司莎莉合作得非常好也非常亲密。任职 5 年，他了解莎莉希望如何将问题归类并加以解决，以及她所期望的解决办法。尽管在前两年时，他还时常需要向莎莉寻求帮助，但是从第 3 年开始，他似乎已经可以独立进行操作了。

莎莉被提拔为另一个地区的高级副总裁，亚历克斯成为副总裁的不二人选，他顺利地得到了这个职位。但是升职以后，亚历克斯似乎在做决定时非常犹豫不决，尤其是对完成部门的目标构成阻碍时。他举棋不定，无法果断抉择。看上去他是在寻求他人的建议，但实际上他真正需要的是他人替他做决定。别说是将问题归类逐步解决了，亚历克斯已经越来越拿不定主意了，也开始对自己的能力产生了怀疑。最后，他选择了辞职。

这到底是怎么回事？问题在于亚历克斯的上司没有关注他独立管理的能力。他们忽略了这样一个事实——亚历克斯足足用了两年时间才适应了市场部的工作并且不再需要莎莉的指导。他们也没有注意到一个微妙的信号——在亚历克斯工作的第 3、第 4、第 5 个年头，他仍然有意无意地依赖莎莉做决定。这说明，他能够胜任这个职位并不是因为他真的很独立——尽管从表面上看是这样，而是因为他“牢记”了莎莉解决问题的方法。从头脑风暴、寻求解决办法到实施，这一系列的步骤并非出自亚历克斯的想法，而是来自莎莉。亚历克斯只是按部就班模仿了莎莉的方式，纯粹是照猫画虎，并不是他经过深思熟虑，从中找出他认为最好或便于实施的解决方式。

一旦升职成为副总裁，面对新的挑战、完全不同的问题、不熟悉的解决方式、各种应对措施，又没有莎莉给他示范，亚历克斯隐藏的依赖性就完全暴露了出来。他无法自力更生，担心犯错，对自己的能力缺乏信心。亚历克斯越来越感到焦虑和手足无措。他所学习的辅导课程里面缺少了重要一点：领导者们没有意识到或帮助他解决他内在的依赖性。

这个案例告诉人们，有些人只要身边有人让他们有安全感，他们就会看上去很独立，但是当知道自己需要独立、需要负责、最后的决定取决于他们时，他们的本性——潜在的强烈依赖性就会显现。这个案例还提示高层管理者需要注意并且审查某个人是否真正独立，或者只是在某些特殊的情况下才能独立。如果亚历克斯的上司留意到了他适应市场部的职位所用的时间、他和莎莉之间非常亲密或有过于亲密的关系，进一步观察他表面上独立处理事务的能力是否源于对莎莉的模仿，他们也许不会那么快就把亚历克斯提拔到那样一个需要独立的职位，因为亚历克斯其实无法真正独立。

实际运用

独立——能够在思想和行动上指导、控制自己，是另一个取得成功不可或缺的能力。其核心在于，独立反映了内心深处的自主意识：按照自己的想法、追求自己设定的目标的能力。如果你还不能确定自己想要什么，不知道或不确定如何达到目标，那么你就会在追求成功的道路上遇到阻碍。无法独立的人都会依赖于他人，总是寻求别人的保护和支持，因为他们不具备明确自己想要什么并且有足够的信心实现目标的能力。

自我评估

1. 在接下来的一周中，记下你要求别人帮你做决定的情况。然后认真思考自己是在寻求帮助（寻找对你做决定有用的信息），还是想让那个人负责，代替你做出决定。

2. 根据你的回答，你觉得自己属于从独立到不独立的哪个阶段？

3. 在此期间，你多久就会寻求朋友、同事或其他人的帮助，而其实你本可以自己做主？

4. 根据这种行为的频繁程度，你觉得自己更倾向于不独立还是独立？

5. 问题 2 和问题 4 的答案是否差不多？如果是，那么你的独立能力就有了一个公正的说法。如果存在明显的差异，就需要查明原因，让两个答案取得统一。

6. 如果你发现自己比较有依赖性，你对这个结论有何想法？你对自己，以及他人可能怎样看待你有什么想法？若感觉不太好，就列出一个清单，列举依赖他人的危害性。

自我练习

回顾第 2 章中有关 ABCDE 表格的内容。

经常向别人求助的行为部分源于内心对话的反作用。人们产生依赖性是因为害怕——担心犯错，不敢承担后果，害怕被人嘲笑或遭人拒绝，担忧会比以前感觉更糟，更觉得自己没用。但是所谓的解决办法——经常向他人求助只会越来越感觉自己能力不足、缺乏主见、需要依靠他人。

1. 每天结束后，在你的记事本上记录所有依赖他人的事情，并且描述当时影响和阻止你自主处理问题的内心对话。通常，你会这样对自己说："如果我做错了怎么办？那会让我显得很蠢，让我丢脸。我肯定受不了这样的尴尬。"

2. 如果你的内心对话陷入这种有害的思维模式中，就把不这样做的理由写下来——采用前面所述的自我辩论的方式。

3. 内心对话有时源于童年，以“旧磁带”的形式出现，与父母在做决定时的言行有关。“爸爸知道得最多”“来，我帮你做，我都懂的”“我可不能花一整天等你下决心”之类的话仍然会影响你成年以后的生活。提醒自己，当时是当时，现在是现在。对于父母来说，为孩子们常见的错误批评你，比鼓励你做出真正的决定要容易得多。他们的态度是否表明只有他们的决定才是正确的？你是否认为他们保护你有些过分了？

如果你感到自己很难独立做出决定，那就问问自己，你遇上的麻烦是否来自记忆中的“旧磁带”。确定以后就要与过去的回忆抗争，消除不良影响。

4. 在下一周中，控制自己不要习惯性地向他人求助，寻找机会做出自己的决定。如果决定是正确的，当然很好；如果做错了，那就承担后果（不会像你担心的那样惊天动地），并且运用你的辩论能力与来自内心的自责做斗争。

5. 无法独立的行为也可能是因为缺乏自我肯定，由此而导致不能接受错误，内心对话也更加具有破坏性。如果是这种情况，在尝试加强独立能力时就需要按照第 8 章所描述的那样提升自我肯定的能力。

第8章　坚定直率

赢的争论越多，你的朋友就越少。

——作者不详但非常精辟的格言

定义：坚定直率这个能力由3个基本内容组成：一是表达情绪的能力（如接受和表达愤怒、热情和性别方面的情绪）；二是公开表达信念和观点的能力（能够说出自己的想法、不同意见，立场鲜明，即使在感情上很难接受，即使这样做会让你有所失）；三是维护个人权利的能力（不让他人影响或利用你）。坚定直率的人不会畏缩不前或腼腆胆怯，他们能够表达自己的情绪、观点（有时非常直截了当），而且不会具有攻击性或恶语相向。

胡安妮塔是个聪明的销售助理，就职于一家大型广告公司。从高中到大学，她各门功课都很优秀，一直排在前10名。她注重细节，非常机智。但是在这家有名的纽约广告公司工作的第一年中，她并没有在极少几个得到快速提拔的人之列，胡安妮塔崩溃了。虽然她工作勤奋，完成质量高，但他人总是觉得她是幕后人物。

胡安妮塔不是很外向，她喜欢干净利落、安静高效地把工作做完。她视谦虚为美德，从不炫耀自己的成就。开会时，胡安妮塔认真倾听他人的发言，但不积极参与讨论。即使有了好的想法，她也不声张，而是静静地思索，然后把这些想法存进计算机里。她留意到，那些在会上积极发言的人，无论他们的建议和想法是否有充分的依据，都能够很快得到公司的重用。当她终于意识到内向的性格影响了自己的发展时，胡安妮塔决定参加一个坚定直率培训班。

胡安妮塔开始培养在团队面前表达意见所需的坚定直率。首先要解决的是她的焦虑感。她尝试着先深呼吸几次，让自己能够集中注意力。为了能够顺利发言，她设想了各种情况，尽可能多地掌握了不同的解决办法，以应对各种局面。

上完培训班几周后，胡安妮塔参加了一个战略会议，是为了确定他们为最大的一家客户制作的、尚在审查中的、电视广告方案是否向消费者传达了客户的关键信息。胡安妮塔立刻明白，这个方案并不适合客户作为目标受众的年轻人。

在讨论中恰如其分地等待了一段时间之后，胡安妮塔插话了："我们是不是应该倒回去看看？如果你们不介意的话，我想说说客户在第一次进度会议中提出的问题。他们需要一个直接与年轻人对话的活动，但是这个方案并没有针对关键受众。"

胡安妮塔举了两个具体的例子，以证明他们如何忽略了目标群体。有些人表示了异议，但胡安妮塔早就预料到会有反对意见，她有理有据地提出了自己深思熟虑的建议，向整个团队证明她是正确的。随后，她又告诉大家，只有具备了哪些因素，才能满足客户的要求。

在工作的团队中发言对于胡安妮塔来说并不容易。之前没有这样做，结果她的能力得不到大家的认可，在工作了一年半之后的现在，大家终于注意到了她。胡安妮塔开始受到应有的重视，很快就实现了她梦寐以求的升职愿望。培养起来的坚定直率在她事业成功的道路上起到了非常大的作用。而且，在生活的其他方面，胡安妮塔也能很好地运用她在团队中获得的经验。

坚定直率意味着什么

坚定直率往往会遭到误解。这是有点儿讽刺意味的反话，因为坚定直率包含着清楚、明确、不令人产生歧义地与人沟通，同时又能在特定情况下注意到他人的需求和反应的能力。

我们在 1999 年做过一项非常有意思的研究，受到媒体的高度关注。在对 4 000 人做过 EQ-i 测试后，我们发现，美国人在情商的许多因素上的得分要明显高于加拿大人，尤其是现实判断、快乐、乐观和坚定直率方面。关于坚定直率，我们以为参加测试的加拿大人都比较寡言少语，喜欢以过于彬彬有礼的态度待人，不太愿意直截了当地说他们想要什么和这样做的原因，但是人们的意见出人意料。当我们接受电台和电视台脱口秀的采访时，很多主持人和绝大多数打电话参与活动的人都批评我们，说我们建议加拿大人应该“更像”住在我们南边的邻居。他们说加拿大人最不希望的就是像他们印象中的美国人那样嘈杂、莽撞。

当然，这不是我们所说的坚定直率。我们的研究发现，加拿大人比较被动，在人际交往中采用不直接的（这是个关键词）方式。美国人则更喜欢直截了当，没有废话。但是这种区别只是程度的不同，而不是性质不同。实际上，坚定直率并不是只有一种表现方式，每个人都有自己的风格，或幽默或严肃，或沉默寡言或能言善辩。我们各不相同，情商的概念并不是要把美国人、加拿大人或其他任何人变成复制品。

想拥有适当的坚定直率需要经过 3 个步骤。第一，你必须有足够的自我意识，能够在表达情绪前先认清这些情绪；第二，你必须有足够的冲动控制和情绪表达能力，在表示反对甚至生气（如果在一定程度上需要发脾气的）时不会变得怒气冲冲，用适当的方式、适当的态度表达自己的想法；第三，也是最后一点，你必须维护自己的权利、依据，坚持自己的观点。这就是说，在反对他人的意见时，不会情绪激动或另寻借口，能够把握分寸，既坚持自己的意见，又尊重他人的观点，明白他们需要什么。

这样做的结果经常是获得建设性的妥协，也就是“双赢”。这是因为双方的关系会有所深化，双方都展示出对彼此的关心，以及在双方离开时至少有一部分的需求被满足了。

顺便提一下，我们在开发 EQ-i 2.0 的过程中，重新对比了美国人和加拿大人在情商上的差异。这一次的研究依据的是 2010 年对 6 000 多人进行测试的结果，与 1997 年的数据相比发生了一些变化。加拿大人与他们的美国邻居非常相近，只有几处细微的差别。美国人在冲动控制方面稍强于加拿大人，但加拿大人更具灵活能力，在压力管理方面也略占优势。

坚定直率不等于攻击人

普遍存在的错误认识是将坚定直率的表现与攻击他人的行为混为一谈。实际上，这就是为什么有些人羞于表现出坚定直率。对他们来讲，坚定直率就相当于攻击，他们担心伤害别人，那样他们看上去就没那么可爱了。事实并非如此——坚定直率的特点在于，在明确表达自己的观点和情绪的同时，也考虑到他人的想法和情绪。如果不顾及他人，坚定直率当然具有攻击性。

艾伦希望与新同事马文搞好关系。他了解到马文 3 周前刚搬家，在这里认识的人不多，于是想邀请马文来吃晚餐。但是，他知道妻子丽塔可能无法在那么短的时间里做好招待客人的准备，便打电话回家。

艾伦：丽塔，我刚跟马文一起喝了点啤酒。他是新来的同事，才搬来这里几周，几乎谁都不认识。我想，请他来吃晚餐应该很不错，今晚行吗？

丽塔：这……5 点吗？时间实在太紧了，为什么不约他改天过来？

艾伦：我想应该可以换个时间请他，不过好像他今晚有点无所事事。我知道跟你说这事挺晚的，但是我们的冰箱里有牛排，我可以在回家路上买点沙拉和甜点。我们还可以在这儿多待一小时，打一局桌球什么的。我可以控制到 7 点甚至 8 点到家。你有 2~3 小时休息和准备晚餐，你觉得怎样？

丽塔：3 小时应该够了，我要做的就是摆桌子和把牛排解冻。

艾伦：太好了！那么 8 点钟见。

这个例子是对坚定直率非常好的说明。艾伦清楚地知道自己想要什么：邀请马文回家吃晚餐。他解释了临时通知丽塔的理由——马文刚来不久，无事可做。他明白丽塔需要休息，不应该额外地给她添麻烦，而且她想好好招待客人，让自己引以为傲。艾伦还体贴地解决了丽塔所有的担心——帮她买沙拉和甜点；让她有充分的时间准备晚餐。

但是重新来设想一下这个例子，如果艾伦采取的是具有攻击性而不是坚定直率的方式，其结果会如何。坚定直率的人会明确地表达和维护自己的愿望或想法，与此同时，他们也会考虑他人的立场，理解他人的情绪。后一点将坚定直率与攻击区别开来。喜欢攻击别人的人既不尊重他人的想法，也不会顾虑他人的需求或情绪。他们将自己的观点或愿望以威胁、恐吓和控制的方式强加于人。攻击意味着不允许妥协，而且是单方面的——只是那个具有攻击性的人不断地表达自己的愿望，同时迫使他人勉强接受。

有时攻击性很容易识别，那个作恶之人会不顾一切地往前推进。但是有时那些冒犯者会很巧妙地间接表达他们的愿望，好像他们只是在公开说出自己的愿望之前了解一下情况，这经常会让他人觉得他们说话有暗藏的目的。你知道他们很粗鲁、令人厌恶、跋扈，却不能确定他们到底想要什么。

无论属于哪种情况，具有攻击性的人在他们隐藏或公开的愿望得到满足后极少或根本不回报他人。久而久之，你会感到疑惑和气愤，暗中使绊儿或想方设法报复那些坏人。或者，更常见的是，你只是对他们敬而远之，避免跟他们有更多的接触。结果那些攻击他人的人发现自己被大家孤立、疏远了，没人愿意跟他们一起，甚至得不到出于礼貌的帮助，所有这些又加剧了他们的攻击行为或让他们做出更为失常的举动。

如果艾伦具有攻击性，那么他与丽塔的对话就会是另一个样子。

艾伦：你好，亲爱的，今天怎样？

丽塔：还行。

艾伦：我就是想给你打个电话，了解一下情况，看看你在干什么。

丽塔：你真是太好了。

艾伦：是这样，我们这儿来了个新同事，我想今晚邀请他来吃晚餐应该是个好主意。他才来这里几周，还不认识什么人，这样会帮我跟他建立关系。

丽塔：天哪，这太突然了！

艾伦：不用担心，你今天不是没什么事吗，冰箱里还有牛排呢。

丽塔：是，不过我想得先收拾一下家里，把自己打扮得像样一点，艾伦。

艾伦：你总是很漂亮，而且咱们家也不用担心，挺好的呀。你一直都把地板擦得那么干净，就跟要坐在上面吃饭似的。放心吧。

丽塔：艾伦，我真觉得你不讲理。

艾伦：我当然讲道理了。你说我不讲理是什么意思？你才不讲理呢。我跟平常一样，一整天都忙得团团转，你倒是过得挺舒服。你打扮妥当，房间也很好，你只是操心太多。你要做的不过就是把牛排解冻而已，我来烤牛排。如果你觉得这是那么的不公平，那你为何不出来上班，我在家打扫房间，把自己打扮得漂漂亮亮的？

艾伦最终用威吓的方式达到了目的，但是完全没有尊重丽塔的情绪。他让丽塔陷入一种固定的思维模式中——让丽塔觉得自己过得很悠闲，这样他就可以巩固自己的地位。然后他单方面做出决定，邀请马文来吃晚餐，同时反驳和贬低丽塔所有的担心。最后，他利用她作为主妇可能感到的内疚伤害她的自尊心，同时把自己定位为长年吃苦受累的家庭经济支柱。虽然在这次争论中他取得了胜利，但是艾伦注定会失败，因为他持续不断、冷酷无情的威吓，以及对妻子需求的轻视终究会让丽塔情绪低落，越来越疏远，并且让他们之间的感情逐渐变得淡漠。

在工作中保持坚定直率

攻击他人在工作中十分常见，也极具破坏力。仔细阅读下面的例子，它发生在副总裁丹尼尔和新近被任命为部门负责人的玛拉之间，玛拉的部门属于直接向丹尼尔汇报的两个部门之一。

丹尼尔：玛拉，我刚从上司那儿收到一封邮件，他要求在明天之前看到我们会谈的资料，是周五，不是周一。也就是说，你今晚就得把那些数据整理出来，我们才能交给他。

玛拉：今晚！我结婚十周年纪念日！我们已经准备了几周，打算出去享用晚餐，然后去看演出，我刚刚……

丹尼尔：玛拉，你没听清吗，必须完成。我要求你完成。我为你的结婚周年纪念感到遗憾，有时生活就是这么不公平。

玛拉：但不是还有其他……

丹尼尔：别跟我说还有其他办法。没别的办法。明天之前必须完成，就是说你今天晚上要赶出来。

玛拉：可是……

丹尼尔：别跟我说“可是”！你在这儿工作多久了？两个月？我已经在这儿工作5年了。我再提醒你一下，我是老板，你是下属。我让你把工作做完，你就应该取消计划，改天再庆祝，今晚把数据整理好，听明白了吗？

玛拉照做了，但被狠狠批评了一顿之后，她变得沉默寡言。丹尼尔说她不听话、威胁她，这都给玛拉留下了痛苦的痕迹。虽然表面上似乎很听从丹尼尔的指示，但是她经常不把重要的信息报告给他，也不会额外地努力为他工作，并慢慢地让丹尼尔在他的上司那不好过。丹尼尔具有攻击性的行为让他在与另一个部门的负责人斯蒂夫打交道时失去了一个重要助手——玛拉。玛拉把丹尼尔贬低他人的做法告诉了斯蒂夫，他们都会在不起眼但是重要的事情上损害丹尼尔。

让我们看看如果丹尼尔以坚定直率来取代攻击，事情会怎样发展。

丹尼尔：玛拉，我刚从上司那儿收到一封邮件，他要求在明天之前看到我们会谈的资料，是周五，不是周一。也就是说，你今晚就得把那些数据整理出来，我们才能交给他。

玛拉：今晚！我结婚十周年纪念日！我们已经准备了几周，打算出去享用晚餐，然后去看演出，我刚刚……

丹尼尔：天哪，我看这个任务来得不是时候。

玛拉：就是，几周以来我们一直在筹备这件事，都在盼着这一天呢。

丹尼尔：但是我们必须在周五之前准备好，周一的话就太晚了，因为和我们谈判的客户周一就要用这份资料。那么，先不说这些，你觉得我们该怎么办？

玛拉：我不知道。等一下，你说你是从上司那儿收到一封邮件，如果你当面跟他谈是不是好一点？也许有回旋的余地，如果客户能等到周二，那么他周一看到也可以。你能试试吗？

丹尼尔：这是个好主意。当然，我会去试试，如果可以，那就皆大欢喜了。不过玛拉，我们还需要有个后备方案。如果最后还是要明天交上去，这不是没有可能，你打算怎么办？你打算怎么跟你丈夫说，他很可能也会失望吧？

玛拉：我不知道……对了，我们的纪念日实际上是在周日，但是我们计划的是在今晚庆祝。我想，我们没准可以改一下预订餐厅的时间，但是演出票是不可能再买到了。

丹尼尔：如果你能想办法修改餐厅的预订时间，我就去想办法给你找票。我们手头一直有一些很热门的演出票。要是我搞不到周六的票，就找最近几个周末的票。

玛拉：多谢你这么善解人意。我知道完成这个工作对你来说很重要，对我也很重要。

在这个例子中，丹尼尔仍然坚持了他的立场，但是他很理解玛拉的失望之情，跟她一起想方设法解决问题，并且接受了她的建议，而且很客观地指出这个建议有可能行不通，他们还是需要完成工作。玛拉这才想到改天庆祝，丹尼尔于是也跟着帮忙找票。

这次谈话让玛拉感觉很好，尽管她可能仍然需要在周四时把数据整理出来。让她感觉良好的原因是，丹尼尔虽然把完成工作的重要性说得很明确，但他还是听了玛拉的意见，让她觉得有人听她讲话、理解她、跟她有同感、尊重她。丹尼尔并没有威胁或命令她，而是和她一起想办法，从没有利用职权胁迫或贬低她。

克服被动和被动—攻击性行为

坚定直率有时介于被动与攻击的中间。被动的人很难向他人表达自己的情绪，有什么事都憋在心里，避免应对不自在的情况；他们等着其他人来找他们，把一切都准备就绪（但是因为他们不会或不能告诉其他人他们想要什么，其他人很可能不太会准备或帮他们准备）。因此这些人常常在生活中错失良机，这也是其他人会利用他们的原因。有时他们觉得自己像受气包，总是被人欺负。有人对此逆来顺受，他们并不介意让这些事情成为常态。

但其他人就是我们所说的被动—攻击，看上去他们似乎默默承受，但是内心反对他人经常利用他们的善良这一事实或仅仅是怀疑他人利用他们这一点，就让他们心里满怀怨恨。他们并不诚实地说出来或面对，而是强压怒火，不过持续不了多久，往往是最不应该时，他们就会爆发，有时是下意识地爆发。

被动—攻击行为有多种表现。有时仅仅是对他人的问题或要求没有反应，就像丈夫听见妻子让他去倒垃圾，他用如同自动称重机的声音一样说“广告完了以后”。当然，垃圾车来了又走了，丈夫仍然坐在电视机前一动不动，接受了妻子不停的唠叨。

被动和被动—攻击显然都属于长期的行为模式，很难改变。回想 20 世纪 50 年代，阿尔伯特 · 艾利斯博士在创立理性情绪行为疗法时曾希望改变这些行为模式，详见第 2 章。几年前，作者之一史蒂文有幸参与了艾利斯博士在纽约主持的联合奖学金项目。其中一项任务包括一个设计好的练习，帮助人们克服因缺乏坚定直率而导致的被动或被动—攻击行为。

每个参加者都按要求说出他害怕在大庭广众之下做的事情，唯一的要求是这些事情不能是非法的、不道德的或会造成伤害或危险的。实际上，大多数害怕做的事情都源于没有证据的恐惧——以为如果做了这些事，其他人会觉得自己很傻。练习要求每个人都真正去尝试一下。有位女士害怕坐地铁，觉得其他人都会看她。她得到的任务是搭乘一列火车，并且在车进站时大声喊出站名。到了练习结束时，她已经完全有资格当一名售票员了。

另一位参加者是位年轻的先生（我们称他为斯坦利），他的体重至少有 300 磅（约 136 千克），身高足有 6.5 英尺（约 1.98 米）。斯坦利是个成功的心理学家，但他也有暗自害怕的事情。准确地说，如果餐馆给他上的菜做得不对，他不敢跟服务员说。他宁可吃生的或烤得焦烂得一塌糊涂的食物，也不愿意让服务员把菜端回去。你很容易猜出他的任务是什么。

一个周日下午，我们几个人陪着斯坦利去附近的一家中餐馆吃饭。服务员有 5 英尺高（约 1.5 米），大约重 125 磅（约 57 千克），但是斯坦利几乎不敢看他。汤上来了，斯坦利开始狼吞虎咽，希望能在服务员回来之前吃完。不过很不走运，事与愿违。斯坦利显然很痛苦，他的脸涨得通红，双手颤抖。我们快要以他真实的焦虑来打趣了，最后，斯坦利鼓足所有的勇气，用勉强比耳语稍大的声音，以“太凉”为理由，让服务员把那碗酸辣汤端回去。可想而知，服务员刚刚彬彬有礼地把汤端走，斯坦利的身体就立刻松懈下来，看上去（他自己也承认）他似乎卸下了千斤重担。

斯坦利的经历告诉我们，不管你的外表多么强壮或在某个社交活动上有多少权力，让自己做到坚定直率的能力是一种心理状态，也是一种可以通过练习来进行调整的技能。

间接性坚定直率

有时，毫无顾忌地说出自己的想法可能对交流的对方产生不好的影响，这时就需要把坚定直率变成无声的。维多利亚受到邀请去一个不太熟悉的人家里参加晚宴，她坐在一个叫查尔斯的人旁边。此人能言善辩，通常是个令人愉快的同伴。查尔斯口若悬河，给同桌的人讲他作为软件公司的销售经理去全国各地出差的趣事。但是查尔斯也有让人不太愉快的一面，他的笑话越来越针对黑色人种、犹太人和亚洲人。

维多利亚感到非常不自在，她认为用种族来开玩笑很粗鲁而且很侮辱人，但她只是别人家的客人，而这家的主人似乎很享受这些笑话。

维多利亚考虑不理会查尔斯，盼着他能够转换话题，但很快就知道这显然不现实。如果他们单独在一起或他们周围都是陌生人，她就会明确告诉他："我不喜欢种族笑话，请不要再讲了。"不过，她是受邀来参加宴会的客人，跟主人也不是太熟悉，不想让他们或他们的客人们感到尴尬。她强大的现实判断能力使她能够充分了解情况的复杂性。

维多利亚决定把自己的想法说出来，但是用一种间接的方式，以免在宴会上造成不必要的尴尬或紧张气氛。

"查尔斯，"她打趣道，"你知道好的律师或销售员笑话吗？我想拿他们来当笑料。"在座的每个人都笑了，而查尔斯似乎也明白了，他随后讲了一个无伤大雅的拿自己做笑料的一个销售员笑话。

宴会继续进行，维多利亚对自己刚才的态度感到很满意。她知道，如果没有把心里话说出来，回去以后她会感到自责的。她庆幸自己在可能冒犯主人的明显的坚定直率与被动沉默之间找到了一种折中的方式。

近来，坊间有很多关于坚持自己的立场、保持自尊、不让他人践踏自己正当情绪的说法。这些都没有错，但是我们说出这种新的自信的方式经常会给我们的人际关系带来麻烦。明确表达自己的观点或实现自己的愿望，只是事情的一个方面。仅仅关注这些就会导致攻击，既关心他人的想法又用正当的方式尽量满足自己的愿望就是坚定直率。

坚定直率的好处

被动几乎一无是处。被动的人无法表达自己的想法，或者他们曾经尝试过，遮遮掩掩地用一种含混不清、模棱两可的方式。他们对他人的想法让步、屈服、默许，其结果是经常感到不快乐和沮丧。

被动—攻击行为也好不到哪儿去。就像锅炉房里那堆油油的破布，迟早会酿成大祸。有这种趋势的人看似唯唯诺诺，但很容易郁郁寡欢，自然而然地在酝酿延期良久的报复。然后他们会突然爆发，因为压抑得太久，其程度也会大大出乎人们的意料，而且他们的发作与眼前的事情没有什么关系。

攻击他人没什么好结果，不会一直赢下去。其一，攻击性和易怒的个性都是由不断的内心冲突产生的压力引发的，这是心理和生理都不太良好的状态，往往是耗精损神的事，因为随时准备着与人争论，随时准备与人交战。其二，你不知道什么时候会遇到比你个子高、声音大、更固执的人。更糟的是，你不知道这种好斗的脾气会伴随你多久。最近有几个评论说，敌意、愤怒、攻击性在预测冠心病方面比压力、胆固醇水平、营养、运动，以及其他因素的作用都大。

然而，坚定直率却好处多多。它是真正的情绪释放，就像很多曾是被动性格的人感受到的那样。坚定直率让生活有了更多的可能性，真的能够帮助你“结交朋友和对他人产生影响”，使你与周围的人之间的关系更加亲密、坦诚。这是坚定直率和攻击的重要区别之一。坚定直率时，即使在不太愉快或艰难的情况下，别人也会感受到尊重和理解，而不是被贬低。具有攻击性的人，防范意识强，暴躁易怒，设法陷害你以便得到一些无关紧要的好处，或者让你满腹心事、气恼地离开。坚定直率则意味着你要在心里包容他人和他人的想法。眼神的接触、肢体语言、说话的音调、词语的选择，这些都十分重要，熟练掌握以后再加上一些策略，就能让你在短时间内达到外交水平。

实际运用

成功意味着达到你原先设定的目标。坚定直率的人能够实现自己的目标，部分是因为他们在清楚、明确告诉别人自己想要什么，他们相信什么，或者他们的感觉的同时，也考虑和尊重他人的想法。在遭到他人反对时，他们能够坚持自己的立场。讲明自己的需要和立场，同时尊重他人的需求，所有这些加起来，让他们实现理想的概率也大大提升。

成功不会青睐被动的人，因为他们经常不明白自己的想法，不知道自己想要什么，当然也无法清楚、明确地把自己的想法或需要告诉他人。那么，他人如何能实现他们的愿望或帮助他们达到自己的目标呢？被动的人还容易让步，改变想法，或者稍有反对就不敢坚持。

具有攻击性的人无法达到自己的目标是因为，虽然他们可能明确地表达了自己的想法和立场，却是以不尊重、不考虑别人或贬低别人的方式提出的。其结果是，周围的人认为他们专搞破坏、以自我为中心、自私自利或暴躁易怒，或者对他们敬而远之，或者虽迫于压力跟他们在一起，但终究不会支持他们，反而可能报复他们。

如果你知道自己想要什么，相信什么，或者你的感觉如何，就不要拐弯抹角，那么他人也就会给你想要的东西或帮助你得到它。

自我评估

在做下列练习时，请注意被动、坚定直率、攻击这几种类型。

1. 14 岁的肖莎娜走进家门时，她的姐姐丽萨已经一动不动地看了 3 小时电视。肖莎娜想看她最喜欢的电视节目，节目 5 分钟后就要开始了。于是，她有了以下行为。

a）知道丽萨一有机会就抱着电视不放，于是决定上楼回自己的房间听 CD。

b）态度强硬地说："你总是看电视，我都看不着了。这不公平，我也想看电视。该轮到我了。走开，不然我告诉爸爸去。"

c）轻声说："丽萨，我知道你想继续看电视，但我想看的节目 5 分钟后就开始了，我很想看。节目只有 1 小时，之后你又可以接着看。两天前我就是这样做的，记得吗？"

在看答案之前，你是否能够确定上述选项中哪个是坚定直率，哪个属于攻击，哪个是被动呢?

选项 a）是被动：肖莎娜让步了。选项 b）属于攻击：肖莎娜的态度太强硬，语气太严厉，在威胁丽萨时一点也没有顾及她的感受。选项 c）是坚定直率：肖莎娜让丽萨清楚地知道自己想要什么，也考虑到了丽萨的需求，明确告诉丽萨自己只看 1 小时，还找出了以前的例子。

2. 在你的记事本上记下过去一周中你觉得自己被动的情况。然后在下面写出当时让你无法坚定直率的想法。回忆一下，如果表现得坚定直率一些，你觉得会发生什么事情？你期待他人有什么样的反应?

3. 写下过去一周中你有明显攻击性的行为。在同一栏中写出你当时的想法和感受。别人有何反应?

4. 写下过去一周中你表现得很坚定直率的情况。你感到坚定直率时的想法和感受是什么?他人有什么反应?

自我练习

回顾在第 2 章中你是如何填写 ABCDE 表格的。

从练习中你可以得知,你经常会因为内心对话而表现出不够坚定直率和被动。一般来说,内心对话与担心他人生你的气、看不起你或嘲笑你有关。有些人还有家人留下的内心对话的痕迹,让他们害怕坚定直率会伤害或羞辱别人。

对于那些以攻击来取代坚定直率的人来说,内心对话通常与他们受到压抑的念头或情绪有关,如他人对自己的不尊重或控制。

注意: 也许读者们会认为这些练习太多太麻烦。我们相信,练习确实需要花费些功夫,正如提高任何能力都需要付出努力一样。在第 2 章我们曾指出,通过练习来获得新能力(如坚定直率),与通过练习学习新的高尔夫击球方法(如曲线击球)有异曲同工之处。这样努力所得到的好处是提高了能力:不断练习击球,你会很高兴地看到你的球飞得有多直;而做了这些练习,你将同样高兴地看到自己在工作和生活中越来越成功。

1. 回顾你在自我评估第 2、3、4 道题中写下的场景,想清楚留在你记忆中的是哪种内心对话。

2. 在接下来的两周中,继续记录你坚定直率、被动和有攻击性行为的情况,并写下每种情况发生时的内心对话。

3. 处于被动的状态时,与影响坚定直率的内心进行对话争辩。

4. 处于攻击的状态时,与让你做出过激行为的内心进行对话争辩。

5. 当你发现自己试图退缩,不敢说出自己的想法,放弃自己的立场时,应尽量保持清醒。与那些阻止你变得坚定直率的内心进行对话争辩。

6. 在通常不那么坚定直率的场合，尽量表现得坚定直率一些，让别人了解你的想法或愿望，同时确保你也考虑到了他人。记下他人的反应。

7. 坚定直率的一个重要内容是，认清和说出事实与想法的不同。事实源于清楚的、不容置疑的证据，既可以是正面的，也可以是反面的。想法只是个人的偏好、信念和观点。举例来说，佛罗里达州比明尼苏达州热是事实，而摇滚比古典音乐或爵士乐更好就是想法。写下最近几周你遇到的事实和想法的例子。

8. 如果某些事实只是伪装成事实的想法，你该如何应对？你的回答有效果吗？如果不行，当类似的情况再发生时，你该怎么做？例如，你可能选择说“你似乎很坚持自己的看法。我的想法是……”之类的话。如果有人坚持认为自己的想法是建立在事实的基础上的，你就有权要求他拿出证明。现在认真想出 3 句话，在遇到与你观点对立的讨论对象时可以派上用场。

9. 在两周时间的最后，写下有多少次你表现得坚定直率、被动和有攻击性的。留意这段时间你的表现是否在向好的方向转变。如果没有，则重复做上述练习。

第 4 部分 人际维度

情商的这一维度与人们所知的与人交际的能力有关。在这一维度强的人比较有责任感而且可靠。在许多情况下，他们都能理解他人，跟他人沟通，并且与人相处融洽。他们能激发信任感，他们是个很好的团队成员。

9

第9章 人际关系

想想这些：我们人类是社会人；我们因他人的行为来到这个世界；我们依靠他人而生存。无论我们是否愿意，我们几乎时刻都在从他人的活动中受益。因此，绝大多数快乐都源于我们与他人的关系，就不是什么令人惊讶的事情了。

定义：人际关系是指建立并保持令双方满意的关系的能力，其特点为双方在交往中都有“给予”和“索取”，信任和热诚都直接通过言语或行动来表达。双方满意包括能够得到回报和快乐的、真正意义上的交往，以平等交换为特征。人际关系能力较强的人善于关心他人。情商的这项能力不仅包含和他人建立友好关系的愿望，还包含在人际关系中感到轻松自如，以及在社交中保持积极心态的能力。

罗杰和加里两个年轻人在到牙科学校的第一周就认识了，看上去就像老朋友一样。罗杰是个典型的性格外向的人。他生活的两大乐趣就是吃美食和玩乐，所以他每天晚上都玩到半夜才回来，而且体重超标。他认真学习，但是到快毕业时，成了班里的差生。不过他并不介意。有一年，罗杰被选为班长，可把他高兴坏了。现在罗杰已经相当胖了，而且严重谢顶，但是他很爱大家，而大家也很爱他。

再说加里，他的身材适中，几近完美。加里学习既刻苦又认真，而他的勤奋也得到了回报，分数总是高人一等。和喜欢热闹的罗杰恰恰相反，加里只是跟一些志趣相投的同学待在一起。其他同学在学习时遇到问题，都会想到加里，认为只有他才能解答难题。他也被公认为最有可能取得成功的人。

罗杰和加里都打算在毕业后从事专项研究，罗杰主攻牙髓学，加里则钻研牙周学。罗杰知道自己成绩平平，甚至连普通学校都可能不接受。但是有一位教授相信罗杰的能力，和自己在哈佛大学讲课的朋友谈起了罗杰，于是罗杰被哈佛大学的研究生院录取，继续在那里深造。至于加里，他向很多名牌大学提出了申请，这些学校都很愿意接收他。他最终选择了华盛顿大学，开始更加勤奋地学习。

他们两个人都在毕业之后结了婚，整天忙于生计，但工作的方式和他们的性格一样大相径庭。罗杰喜欢参加各种专业聚会，和同行交谈，就像他喜欢和遇到的每个人聊天一样。于是，他拥有了一个庞大、实用的人际关系网，结果他的诊所一开门就门庭若市。病人们觉得罗杰是他们见过的最好的牙医，非常乐于向其他人推荐他。最后，罗杰被选为一个主要的牙科协会的主席，从此过上了幸福的生活。

加里就不一样了，他还在努力让他的诊所走上正轨。他才不相信推销自己这回事——实际上他在说这话时还轻蔑地笑了一下。他讨厌同行聚会，也不跟其他牙医来往。加里知道自己的水平很高，但不愿意到处宣传。有其他牙医把病人转到他这里，他就给人家寄去冗长、详尽的报告批评他们的工作。他尽量避免他所谓的“闲聊”，说话简短，都不用坐下来谈。加里也不像罗杰那样，能够跟人和睦相处。

正如罗杰所想的那样，人各有所长。他非常愿意从他们那里学习，记住他们的生活细节。他的兴趣爱好都是开朗而有感染力的，人们觉得和他在一起感觉很好。正是这些因素造成了罗杰的成功和加里的失败。

罗杰与他人建立稳定关系的能力，加上他对人的关心和了解，对于他的成功来说，远比他的专业技术能力更重要。而加里尽管拥有高学历和无懈可击的技术，但他的孤僻和苛刻让相关的人（如病人），都对他敬而远之。

建立良好关系的关键能力

对一些职业来说，人际关系广、人缘好是必要的且有助于前途发展的。这是与工作的岗位描述相关的。很难想象推销员、政客、牧师、社会工作者或教师有很差的人际关系。但我们的研究证明，社交能力对于那些不会让人马上联想起“与人打交道”的职业也是有益的，如计算机程序员、工程师、技工、会计、科学家和管道工，如果他们的情商较高，则成功的概率也较大。原因很简单。如果某一领域的大部分人专业技能都相差无几，那么为什么其中一些人能够脱颖而出？书读到这里，你应该明白，答案就是情商。

建立和保持良好人际关系的秘诀是什么呢？与情商的各项能力一样，它也包括一些具体的技能——又是一个好消息，这些技能都可以学会，这是经过著名的心理学家塞缪尔·特纳博士和德博拉·贝德尔博士证明的。他们开发了一个叫社会效能训练的项目，旨在帮助那些患有一定程度社交焦虑症的人。通过了解有些人在社交环境中怎样游刃有余而另一些人如何有社交障碍，他们发现了几项关键能力。这些能力如经过练习，就会让人有明显的进步。

也许你会觉得这些能力属于非常基础的那一类，几乎算得上是太简单了，但我们发现即使最成熟和成功的人也经常不清楚这些基本原理。当我们和他们一起坐下来，用我们的方式和他们进行某种交流，证明某些方式是对他们不利时，他们往往很吃惊。

特纳—贝德尔的项目基本分为 3 个部分。第 1 部分是了解你的社交环境，让你知道在何时、何地、为何开始和结束各种交流。第 2 部分是提升人际能力包括语言和非语言的交流：如何做一个好的倾听者，如何转换话题等。第 3 部分的重点是演讲能力，如果你能面对一群人侃侃而谈，那么你就更有机会建立有价值的关系，结交真正意义上的长久朋友。

让我们来进一步了解这些能力吧。如果你想很自然地开始交谈，就必须留意周围的环境。例如，你要向一个每天在车站遇见的陌生人介绍自己，或者在其他场合（如商场或剧院）碰到同事时需要打招呼。环境也可能是有些目的性和规则性，如家长会或健身运动课；也可能是像电梯这样“强制禁闭”的情况。

在这些情况下，你如何与人交流？首先，你应该保证让他们注意到你。他们是在忙着什么事，还是意识到你的出现并且报以微笑？

如果是后者，那么最简单的打破僵局的办法就是回报以微笑，然后做自我介绍。你可以谈论你们相同的事物（乘同一辆公交车、你们都看过或准备看同一部电影）。

选择话题更为重要。有 3 个方面的话题通常被认为比较“安全”：时事、职业和共同的爱好。想要交谈的话，大多数人都能就世界上正在发生的事情、工作中的事或兴趣爱好发表意见。

如果你提到的是一些实物，如某人的车、他在办公室摆放的饰品，那么谈话会进行得更加顺利。对于不熟悉的人，最好就具体的事物用提问的方式引他们说话。一开始提出的问题要具体一些（如他们到你所在的地方有多久了），然后转为更加开放式问题（如他们还去过哪些地方）。

你可以在脑子里设想一个典型的场景：你在社区的商店里等候付款，看到前面的那位男士是你以前见过的。他看到你时笑了——这是他愿意一起打发时间的信号。你如何打开话匣呢？想象你可以提出的几个话题，如果谈话开始变得平淡了，你又如何转换话题。看看你能将这场假想对话进行多久，最后再想办法让它得体地结束。

在假想对话的过程中，为了让谈话进行得更顺利，一定要留意对方，清楚地记住他说了什么。人们在跟他人交流时，有时会过分注意自己——自己的外表如何，给人留下的第一印象如何，是否说对了话，结果谈话变成了自说自话，并没有建立和增进双方的感情。

但你可以试着去留意对方，就像你在锻炼情商的其他能力时所做的那样。实际上，这项能力与同理心（见第 10 章）紧密相连。回想你最近遇到的几个人，给你留下最深印象的是什么？你是否发现做一些简略的笔记帮助你回忆重要的细节？你会惊讶地发现，在这个繁忙、冷漠的世界上，如果你能记住他们的情况，对于他们来说有很重要的意义。这说明你重视他们，上次的会面给你留下了良好的印象。

另一个重要的交谈技能是轻松自如、恰如其分转换话题的能力。但得注意看换话题的信号。比较简单的转换话题的方式有“这让我想起……”或“这提醒了我……”都可以达到目的。但要注意的是，只要双方都对某一话题感兴趣，就可以一直聊下去。那些天南地北乱侃一气的人有时会让人觉得浅薄肤浅。

给予和索取是建立良好关系的关键。只知道给予的人常被人视为缺乏自我肯定，而且过于顺从。这类人很可能在坚定直率方面存在障碍，促使他们“过分付出”。那些在人际关系中只知道索取的人则会被别人看成自私或蛮不讲礼的人。他们同样有坚定直率方面的问题，将坚定直率和攻击混为一谈（详见第 8 章）。这两类人——给予过多的人和索取过多的人，通常都不可能与人保持稳定的关系。

擅长交际的人从心里明白，关系是建立在双方依存的基础上的，即互相“给予和索取”。关系不好通常是因为缺少双向作用：双方中的一方让关系冷淡下来，因为他总是索取，从不给予，或者总是给予，不问收获。

在前一种情形中，关系遭到破坏，是因为其中一方就像掠夺者、寄生虫、投机者一样，一直在利用他人。而在后一种情形中，总是给予、不问收获的那一方就像感情饥渴的人，不相信自己能够得到他人的友谊，于是一味地想要通过“收买”得到友谊。这类人的行为会让他人感到内疚、有负担或受到轻视，这些感受都与保持稳固的关系背道而驰。

公司中取得成就的各级员工（从一线工人到 CEO）都知道关系是建立在互相给予和索取的基础上的。他们还知道建立稳定关系的另一个关键因素：他们听多于说，他们认真而且专心地听别人对他们说的话。对于这样的人，别人会想：“他真的很看重我……我感到自己像这间屋子里唯一让他感兴趣的人……在那 5 分钟里，我觉得自己受到了重视、欣赏、认真对待，是他关注的中心。”

为什么有这样的反应？因为真诚、积极、认真地倾听有助于建立良好的关系。用这种态度倾听他人的谈话，对方会觉得受到重视、关注和喜爱。人们常常以为，要想搞好关系就得多说话，给人家留下深刻印象，让全世界都知道自己过去取得的成就和将来的梦想。其实不然。大谈特谈自己如何，很可能被他人视为吹牛，只关心自己。就像一位 CEO 开玩笑时说的那样："上帝给了我们两只耳朵和一张嘴，是为了让我们听的东西至少是说的东西的两倍!"

结交朋友和保持友谊

周围有能够帮助你的好朋友是生活最好的回报。朋友是你在快乐和痛苦时都会去找的人，或者只是为了发发牢骚。这种死党关系中的给予和索取从短期来看少之又少，几乎觉察不到，但久而久之就会收到丰厚的回报。

在哪儿结交新朋友？如何建立一段崭新而又有趣的关系？结交朋友的场所随处可见——教堂或犹太教会堂（显然有共同的精神纽带）或者成人教育班（能够找到志趣相投的人）都是开始友谊的好地方。健身对身体和精神都非常有益，因此健身俱乐部和赛场聚集了各行各业不同年龄段的男男女女。你还可以接触某个团体和学校社团，或者为某个党派工作。当然，孩子是仅次于宠物的打破僵局的利器。你的孩子加入了篮球队、棒球队、舞蹈队或戏剧小组吗？很多友谊都是在为孩子加油助威时开始的。

但是，知道在哪儿能够遇到别人只是第一步。你还要在确定对方也乐意发展关系时再开始接触。交谈之后可以发出邀请，可以从小规模的、不带特殊含义的活动开始（先是喝咖啡，然后是午餐，再是晚餐）。在邀请对方时要先试探他是否有兴趣，提出你打算"某个时间"做什么事。如果对方反应热烈，你就可以继续下去；如果对方模棱两可，你就另外找个时间再发邀请。

一旦与某个人建立了联系，下一步就是通过电话或邮件保持联系。这非常重要，因为这样做双方才会知道对方没有失去兴趣。保持联系才能让新的友谊有机会继续发展下去。

实际运用

与世隔绝的成功人士寥寥无几。成功的一部分原因就是具备与他人形成和保持有意义关系的能力。亲密的关系能够为你的生活增光添彩，在需要时让你得到帮助。事实证明，社会援助在帮助人们与病魔做斗争方面是非常有用的。

自我评估

1. 一般来说，你喜欢与人相处还是一个人待着？什么情况下你愿意一个人？什么情况下你愿意跟别人一起？

2. 大家喜欢你什么？

3. 大家不喜欢你什么？

4. 以下哪些活动会让你感到不自在：和不认识的人见面；参加舞会；在团队里发言；向陌生人提问；加深对某个人的了解；与某人进行严肃的谈话；教身边的人学习新事物；与某人亲近？

5. 以上活动或你选择的其他活动中，最让你感到不自在的是哪些？为什么你会有这样的感觉？

6. 简单描述上述活动中你最近一次感觉不自在的情况。你有什么感受？你是否了解相关人的感受？当时你的心里有什么想法？你如何能够更好地处理类似情况？

自我练习

1. 设想你需要向陌生人做自我介绍的 5 种情况（例如，新职员上班，新邻居搬家过来），在每种情况中列出你做自我介绍的 5 种方式（例如，“你好，我叫约翰 · 史密斯，我们以前没见过吧”或“欢迎新邻居，我是简 · 道尔”）。

2. 在接下来的一周中，把自己介绍给陌生人，并且和他交谈。使用开放式的问题，以及你在第 10 章中学到的关于同理心的技能。将情况记录在你的记事本中，包括那个人的姓名、你们的话题、对方的反应，以及你对这次谈话的感受。

3. 想象你遇到了一个你希望更进一步了解的人。根据你对他的第一印象，写下可以用来打开话题的问题，让谈话持续一段时间，然后转换话题，或者得体地结束谈话，找机会再谈。

4. 对别人感兴趣就意味着要问他们私人问题。很多人都不好意思这么做，因为他们觉得这是对别人的打扰，其实大谬不然——人们喜欢谈论自己。大多数时候，你对他们是什么人、他们在说什么感兴趣，他们会觉得很高兴。认真倾听并且提出问题，他们还会告诉你更多事情。

你提出的问题取决于你和对方之间关系的性质。在记事本上记下你为了更多地了解同事、伙伴或配偶、朋友而可能提出的问题。

5. 邀请你认识的人参加一个活动（喝咖啡、看电影等）。在记事本上记录对方对你的邀请有何反应，你们一致同意参加哪些活动，以及这次交流是否成功。

6. 将你每周接触的人列出一个名单——熟人、朋友和亲属。你对你们之间的关系感到满意吗？你们多久见一次面？他们是你愿意亲近的人吗？有你感到不满意的关系吗？对于不太令人满意的关系，你打算如何改变？

10

第 10 章　同理心

用他的眼睛去看，用他的耳朵去听，用他的心去感受。

——阿尔弗雷德·阿德勒（奥地利心理学家及医学博士，个体心理学派创始人）

定义：同理心是认识、理解、意识到他人的情绪和想法的能力。同理心是对他人有什么感受、有怎样的感受、为什么有这样的感受能够“感同身受”，并且用他们的方式思考问题。具有同理心意味着能够从“情感上理解”他人。具有同理心的人关心、在意、担心他人。同理心是将你对世上其他人想法的理解，用语言表达出来，即使你并不认可，甚至觉得那些想法荒谬可笑。具有同理心，是将敌对的关系转变为合作的关系。同理心不是对他人“和蔼可亲”，而是一种让你从他人的角度看待和感受世界的能力。将这种理解用语言表达出来，能够巩固你和对方的关系，并且化敌为友。

今天，他们有个重要的销售推广活动，但今天一早埃德蒙还没有把主讲人罗克珊做演示所需要的数据准备好。因为他的女儿前一天晚上生病了，他一直在急诊室病房里看护她。罗克珊得知埃德蒙还没有完成他那部分工作，非常生气。她冲口而出：“我讨厌你不完成自己分内的工作。如果我早知道指望不上你，我就会跟乔安娜合作了。现在好了，我不得不用这个上午剩下的时间来做你的那份。而我本打算为这次演示做其他准备工作。你有没有想过你这么做对我有什么影响？”

埃德蒙原本可以简单地回答：“我女儿病了，我一直守在医院。我没有办法。”

但是埃德蒙说："很抱歉，我没有把数据整理好。你肯定觉得我没把这儿当回事，也会因为我没有完成你交给我的工作而失望。"

罗克珊答道："没错，这正是我的想法。那么，到底发生了什么？你为什么没有把数据整理出来？"

埃德蒙入情入理的话——将罗克珊的气愤和失望说出来，让罗克珊平静了下来，将濒临对抗边缘的关系变得和谐。正是这种和睦的氛围，让罗克珊愿意听埃德蒙解释他为什么没有完成工作，而不是将他的解释当成借口。当罗克珊听说埃德蒙的女儿生病了时，她的一腔怒火顿时烟消云散："那太糟了。对不起，我刚才冲你发火了，你知道我有多讨厌计划被延误。"

哪些不是同理心

同理心的关键在于，从他人的角度看待世界，就是以他人所想所感去对待问题的能力，无论这种看法与你自己的看法有多么不同。它是人际关系中极为强大的工具。即使在紧张或有敌对关系时，一句富有同理心的话，能帮助你扭转局势。剑拔弩张也会变为合作关系。

一旦成为有效的合作关系，你就能够最大限度地从对方那里得到你想要的东西。毕竟，无论是谁如果觉得受到了误解或攻击，都不会让你称心如意。在那种情况下，你能得到的只能是不信任或愤怒。相反地，如果对方觉得你是站在他们的角度考虑问题，他们获得了认可，你们之间的感情纽带会更加牢固，对方也会更愿意与你合作，而不是站在你的对立面。

但是，作为这样强大的工具，同理心没有得到充分利用。对于同理心，主要存在 3 种误解，让许多人望而却步。

第一，时常将同理心与待人友好相混淆，只说些客套的、让人高兴的话。这并不是同理心的意义所在。举例来说，我们在第 2 章中描述的机场案例中，约翰对地勤人员莎莉说，对付那些愚蠢、恶语相向的顾客一定很头疼。约翰恰如其分地把他对于莎莉的想法和情绪的理解表达了出来，并不是说他多么和蔼可亲。地勤人员不知道，也不需要知道，约翰是否对每个人都这么好。

他可能一贯如此，也可能偶尔为之，这对于他们的交流来说并不重要。因为有约翰这句有同理心的话，让莎莉觉得他们之间有某种意义上的连接，所以愿意尽她所能帮约翰搭上飞机。

第二，许多人将同理心与同情混为一谈，但实际上它们完全不同。同情基本上是将说话的一方放在首位，然后再说出对对方处境的反应和感受。在机场的案例中，约翰对于莎莉不得不应付那些麻烦的乘客表示遗憾，最终表达了他对莎莉的同情。但是如果一开始就这么说，那么他就犯了个不小的错误。不过约翰明智地将莎莉的想法和感受放在了前面。同理心通常会用“你”作为开始，例如“你一定觉得或认为……”；同情一般用“我”或“我的”开头，以此来反映说话一方的看法。例如，你在安慰某个失去亲人的人时，可能说“我很遗憾地听说”或者“我对你和你的家人表示慰问”，这些话都适度地表达了情感，对于当时的场合是完全适合的。但是这些并不是同理心，对于改变人际关系没有什么作用。

第三，有些人认为，如果谈话中具有同理心，就有可能被视为同意或赞成对方，而他们实际上持反对意见。实际并非如此。同理心仅仅是承认对方所持的意见。在表达同理心时，你只是承认这种意见的存在，而不是判断它的合理与否。

遗憾的是，同理心经常被半途消失，因为在人们最需要它时，也就是在人们有压力、误会、愤怒或自我保护时，往往最不愿意用到它。在这样的时候，人们说出的话会自然而然地反映出自己的想法。人们会马上为自己的观点辩护，为自己的行为找理由，攻击对方的立场。而对方也会以同样的方式做出反应。其结果是在攻守之间导致矛盾升级，最终与所有人的目标背道而驰。

控制情绪

如果你的性子有些急躁（我们都会有这样的情况），为什么不学着在情绪到达最高点之前测量下自己的情绪温度？你可以把这视为某种形式的雷达或预警系统，引导你与他人的沟通，并顺利地在自己的环境中运作。

想象一下，你的儿子从篮球比赛的赛场上回来，他们队输掉了比赛。他对你说话时粗声粗气，很不礼貌。你的第一个反应就是好好教训他一顿。毕竟，在你的印象中，你从没有这样对待过你的父母。也许，你采用了下面这样的错误方式：“你们又输了一场。”这会引起他的反感，他会爆炸的。

如果说“你看上去很难过，是吗”，就是一种同理心的态度，道出了你认为他可能有的情绪——其中之一就是难过。像这样的同理心陈述会让听者觉得自己得到了理解，它们增强了双方在一起的感受。

同理心陈述的另一个结果是，让对方有机会说出更多真正困扰他的事情。接着上面的例子，儿子会说：“我当然难过了！我们在半决赛中被踢出局了。”那么，紧接着具有同理心的回答应该是：“那可太糟糕了。你们的队员都很努力，大家肯定很失望也很生气。”

不要反应过快，慢下来。先停一下。孩子这样做并不是为了让你难过，对于你来说，明智的选择是“开启雷达”。你的怒火就好像红灯。他在为什么事烦恼，在弄清缘由之前，控制自己是很重要的事情。你观察到他并没有冲你发火，而是因为自己和球队的失利而生气。他不是恨你，而是恨另一支赢的球队，恨自己和自己的球队没有打好球。这时你应该去理解他，缓和紧张气氛，而不要让自己的怒气发泄出来，使矛盾激化。

在这里你面临两个挑战：一是运用情绪自觉及时感知矛盾的加剧，克制自己的冲动，在挑衅面前保持理智；二是将心比心，以便理解他人的想法。

这就是第 2 章中的乘客约翰做得很成功而充满敌意的山姆失败的事情。山姆所说的话完全是从他自己的角度出发——强调他有多重要，取消航班给他带来的不便，并且发誓要报复。约翰控制住自己的情绪，把自己所想到的地勤人员的感受告诉她。地勤人员莎莉得到了安慰、认可和理解，于是约翰顺利地到达了目的地。

刨根问底

同理心（或者其他的情商能力）不是魔杖，有时一方表示出同理心并不能立即使局势扭转。实际上，另一方可能怒气更盛。知道别人明白她的想法，她会更痛快地把不愉快或受伤的情绪宣泄出来。同时，两人之间的长期关系也会把事情弄复杂、混淆，让人不知如何用或用什么样的同理心的语句来表达。但是假设双方互不信任或地位不平等，尤其是在工作中，那么同理心就会很难发挥出来。

人们很容易以为，如果自己非常了解一个人，记得他以前在类似情况时的想法和感受，就能相当准确地猜出他现在的感受。但是，对任何人想当然都是错误的，无论是陌生人还是朋友。这就是将刨根问底视为表达同理心必不可少的序幕的原因。

刨根问底有助于你了解事情的真相。通过要求他人提供更多关于他自己的信息来了解其内心深处的想法，能够让你及时准备你的回应。这些问题是不能用“是”或“否”就能回答的，应该是关于个人的开放式问题，尽管从表面上看往往显得有些泛泛：你对这个或那个有何感受（或怎么想）？你原本希望怎样？

要表达同理心，你需要探究并且特别注意两类信息：对方在描述想法和感受时所用的词语，以及在描述愿望和期待时所用的词语。

看看 16 岁的格瑞格在遇到麻烦时是如何和他的父亲霍华德交谈的。

格瑞格：我真不相信这是周一，明天就要考试了。我本打算每晚复习 3 小时的，可是那不可能。但愿我已经准备好了。

霍华德：如果你能合理安排时间，少看点电视，就不至于这么恼火了。

格瑞格：是，你说得很对。在考试的前一天教训我一顿，正是我想听的。你怎么知道我看了多长时间电视？你根本就没在这儿待几分钟。

你觉得格瑞格在这种情况下会怎么想——得到了理解和安慰？他和父亲

之间的关系如何——和睦还是对立？显而易见，霍华德说话时从他自己的角度出发，完全是批评的口吻，触怒了格瑞格，引来了他不理智的回答。

现在把对话的内容稍微做一些改动，看看效果如何。

格瑞格： 都周一了，我还没准备好明天的考试呢。我本打算晚上学 3 小时的，可是没实现。

霍华德： 别担心了，反正也没什么用。现在已经太晚了，你做什么都无济于事。

在这个例子中，你认为格瑞格感到被关心了还是被漠视了？他是否认为父亲了解或关心他的感受？你是否预测到他们将来的关系会非常融洽？让我们再对这段对话做些改动。这一次在格瑞格表达了自己的不安之后，霍华德设身处地地考虑了儿子的感受和情绪，运用了同理心。

霍华德： 嗯，那真是太糟了。听起来你挺担心这事的。你觉得考试能及格吗？

格瑞格： 我不知道。我会尽力，但希望不大。我本该抓紧时间。

霍华德： 我能做什么吗？从现在到明天，有什么我们可以商量着帮你渡过难关？

格瑞格： 好，既然你这么说……

这次霍华德表示了关心和对儿子处境的理解（“听起来你挺担心这事的”），而这正是格瑞格的想法。格瑞格觉得父亲理解自己的难处，变得更加坦白，也愿意倾听父亲的意见。霍华德等儿子答复之后才提出建议（不是强迫）——一个可行的解决办法。即使临时抱佛脚不管用，父子关系也会更好。

关注他人想法

为什么有的人能够自然而然地有同理心，而有的人却不会？其中一个原因，就是刨根问底的能力，不是流于表面的关心，而是认真去了解对方的想法，尤其是对方与自己意见相左时。正如史蒂芬·柯维在他的《高效能人士的七个习惯》一书中所说的那样："用同理心去聆听很有力量，因为它能为你提供准确的信息。不是自说自话，想当然地把自己的自述传给对方，臆测他的想法、感受、动机和解释，而是与他人头脑和内心中的真实想法打交道。"

这在一段纠结而又持久的关系中显得尤为困难，就像另一对父子——厄尔和韦恩那样。

韦恩：我没被选进学校的冰球队。

厄尔：天啊，那太糟了。

韦恩：（闷闷不乐了一阵子）你不知道那种感觉。

厄尔：肯定很糟糕。我知道你一心想进去。

韦恩：你知道什么？你跟我说过，你曾是镇上唯一一个不会滑冰的孩子。

厄尔：好吧，但我也有过太多的失望。

韦恩：我没跟你说失望，我在说冰球队。

厄尔：是，我知道，不过……

韦恩：不，你不知道。你不会明白，也不会理解。

厄尔是怎么做的呢？乍一看，他是在尽力把事情做好。他提到了韦恩会有多么失望，他深有同感。事实也确实如此，但这还远远不够。韦恩的回答表明，厄尔并没有理解他的想法和感受。

然后厄尔错上加错，说起了他自己和生活中其他不如意的事，那些对于韦恩来说都不值一提，于是他和儿子越来越说不到一起了。

让我们把这段对话继续下去，让它有个更为完满的结果。此时，厄尔强压自己的怒火，试图从韦恩的立场考虑问题。他的尝试起了一些作用，起码他大致知道，作为一个以冰球为生的孩子想跟一个连第三节和第六局都分不清的父亲谈自己的苦恼，有多么困难。

厄尔：我想，跟我谈这事恐怕很难。你说了，我根本不了解冰球，而冰球对于你却是一切。

韦恩：是，嗯……

厄尔：说不定对于那些有父亲懂冰球，还带他们去比赛的孩子来说，也不会太容易。

韦恩：就算你去看比赛，为我加油，我们也说不到一起去，对吗？我们都不谈冰球的。我觉得你理解不了冰球对我有多重要。

话说到这里，厄尔也许又开始有些生气了。他完全了解韦恩每周去参加 5 次冰球训练，他还不至于傻到连这都不知道。他还知道他为了韦恩的训练和冰球用具付了钱。这些都是客观事实，却不是谈话的重点。在这方面，厄尔在同理心上得分不多，因为同理心与客观事实几乎没有关系，它倒是与别人眼中的主观事实有密切联系。在这个例子中，就是厄尔应该深入了解韦恩对于没有入选球队的感受，以及韦恩对自己父亲没有抓住事情重点的感受。厄尔不应该从成年人、花钱的角度去考虑这个问题，而关键点是 17 岁的孩子与父亲相处的经验，他的父亲是否明白冰球对于他的意义。这才是厄尔需要关注的，因此他变了方法。

厄尔：好吧，我们来谈谈这事。也许我不明白冰球对于你有多重要，那么其他孩子的父亲在刚才那种情况下会做些什么或说些什么，好让他们的孩子知道他们有多关心呢？

韦恩：嗯，我们这样说还是有帮助的。你是很在意地与我谈吧？这就是在帮我了。

厄尔：我觉得还不够。不过我答应我还会去看你打冰球。没准咱们什么时候可以一起去看里夫斯队的比赛。我们以前从没有这么做过，但我很愿意试试。你觉得怎样？

韦恩：当然，我觉得不错。

也许你会想，如果厄尔在谈话之初韦恩非常难过时提出这个建议，那情况将怎样？那样成功的可能性不大，韦恩会知道这是在安慰他、讨好他，而他需要的是理解，希望他的父亲至少能尝试从他的角度考虑问题。这就是为什么厄尔的同理心如此至关重要——厄尔必须修补好他们之间的关系，韦恩才会接受任何的建议。

实际运用

同理心的力量在于，如果你能理解别人所想和所感（即使与你自己的想法大相径庭），并且将你的理解用话说出来，别人就会觉得得到了理解。这个办法能够缓和你们之间的任何紧张气氛，建立稳固的合作关系，帮助你达到目的，即解决问题和建立良好的个人关系。

自我评估

你是否花时间去倾听他人对你说的话？你是否在回答之前正确地理解了他们的意思？记住，在这个时候当一会中性的“录音机”非常重要。你不应把自己对他人所说的意思的理解强加于人或一下子跳起来说出你的情感、想法和意见。以下是 3 个不同的人所说的 3 段话，找出回答中哪些有同理心，哪些没有。在查看答案之前，将选择的理由写在你所选择的回答下面。

1. 希娜是位 26 岁的单身女性，以下是她讲述的发生在她和两位姐妹之间的事情：“她们真是太、太好了。昨天是我的生日，她们出人意料地把我带到一家非常棒的餐厅吃午餐。我简直不敢相信！她们给了我这么多礼物！”

你的回答是：

a）“看样子你该好好谢谢她们，让她们知道你对她们所做的事情有多感激。”

b）“听起来你过得非常愉快。”

c）“看来她们想让你记住这个日子。”

d）“你对她们的体贴周到很惊讶呀！”

回答 b）、c）、d）都具有同理心。为什么呢？因为从希娜的话里可以听出来，她为姐妹们的贴心举动而惊喜，当然她有些扬扬自得，觉得姐妹们希望她记住这个生日。

回答 a）揭示了比事实更多的内容，在希娜的语气或话语里都没有表明她觉得应该感谢姐妹们的意思。

2. 狄龙总是搞不定一个程序，他第 3 次向你求助。他说："我还是不知道怎么操作这个该死的程序。可是你却用得这么顺手!"

你答道：

a)"你学什么东西都这么慢吗？"

b)"你会搞明白的。我一开始时也遇到过这样的麻烦。"

c)"这些程序真是让人崩溃，让你觉得根本不可能掌握它们，但是慢慢会好的。"

d)"学习这些程序时真让人想一拳砸到显示器上，不过会好起来的。"

e)"我明白无法马上掌握要领的那种感觉。开始时我也很泄气。"

回答 c) 和 d) 具有同理心，它们理解了狄龙正在经历的那种挫败感。

回答 a) 说出了你对狄龙反复求助于你的感受是判断性的评论，而不是捕捉到狄龙的感受、想法或心态。回答 b) 也没有同理心，它更倾向于同情、安慰。回答 e) 虽然方向正确，但还是在安慰。它是说话者的想法，而不是狄龙的想法，也是更接近于同情而不是同理心。

3. 你的配偶五点半到家时，对着你叹气道："我没能升职，升职的是拉尔夫。我在回家的路上因为超速领了张罚单，而且我头疼得厉害。"

你回答说：

a)"没升职？！ 我们还指望这个呢。我们曾一起算了工资能涨多少。出什么岔子了？"

b)"别担心。你很聪明，我一直都相信你。以后还有机会。"

c)"你就该升不成。拉尔夫多能干呀，他跟每个人都好，而且经验也比你丰富。"

d)"噢，瞧瞧你这一天过的。你肯定想过没有比这更糟的了。"

e)"嗯……你肯定觉得好像失去了一切。"

f)"天哪，你一定觉得倒霉透顶了。过来，我给你来个背部按摩。"

g)"哦，亲爱的，听起来真糟，不过别人可能遇到比这更糟的事。还记得菲利吗？他上个月失业了，他的妻子 4 天后就离开了他。"

回答 d) 具有同理心。你把配偶通过话语和行为告诉你的内心感受，用语言表达了出来。回答 e）和 f）也是具有同理心的。你理解了配偶的内心感受和想法：什么事都不顺利，还自然而然地表示出了你的支持态度——给对方做背部按摩。

回答 g）虽然以具有同理心的话“哦，亲爱的，听起来真糟”开始的，但很快就转了方向，指出其他人的情况可能更差。这也许是事实，却不具有同理心。它没有让你的配偶觉得你理解并且支持他，他反而会认为自己的遭遇和麻烦对你来说不值一提。

回答 a）也没有同理心。这是从你个人的角度发出的评论。回答 b）是安慰的话，它也许会让你的配偶好受一些，却不具有同理心。回答 c）也是你自己的评论，没有同理心。更糟的是，它听上去更像批评（拉尔夫经验更丰富）和奚落（拉尔夫多能干）。

我们把对话继续下去，假设你的回答是 g)，即指出情况有可能更糟。你的配偶对此做出的反应是：“我告诉你这些事对我来说有多糟糕，而你所做的却是跟我说有可能更糟！”

假定你已经掌握了这些例子，那你的回答应该是什么呢？

a）“对不起。你说得很对，你告诉我这一天有多倒霉，我却举了个愚蠢的例子，说了一堆废话。”

b）“哦，我是想让你高兴起来！”

c）“又来了，我又错了！在你眼里我好像什么事情都做不对。”

具有同理心的回答是 a)，因为你说出了他的想法。

自我练习

1. 询问你熟悉的人，他对某个问题有什么想法——类似于最近上映的电影或你们都参与的某件事情这样简单的问题。持续交谈几分钟，然后告诉他你认为他的想法和感受是什么。你也许会很惊讶地发现，说得婉转些，其实并不是这样。

2. 习惯自己少说，多听别人说话。如果某人的感受和想法对你来说很有意义，那么就查验一下你对他的理解到底有多准确。

3. 记录你对别人情绪和想法的正确（说中）和不正确（没说中）的印象。不正确时，记下你认为自己出现偏差的原因。

4. 在同某个对你来说很重要的人见面之前，先认真思考你对那个人有什么期望，并且做好这些期望落空的准备。你希望通过见面达到什么目的？你希望更多地了解那个人的哪些方面？

5. 与人见面时，要关注对方。除了保持眼神接触，还要多加注意面部表情和身体语言。用“你是说……”之类的问题来确认你对正在发生的事情的理解是否正确。

6. 见面之后对结果做一下回顾。你对这个人有哪些了解？对于你认为重要的事情，他有什么想法？如何将你学到的东西运用到未来的关系中？你怎样让他人知道你是如何看待他的？

11

第 11 章　社会责任

如果一个自由的社会不能帮助属于多数的穷人，那它也将无法拯救少数的富人。

——约翰 · F.肯尼迪（美国第 35 任总统），1961 年

定义：社会责任包含为社会、你的社会团体和他人的幸福而奉献的愿望和能力。这种情商能力包括：即使你个人无法从中受益，仍以负责任的方式为了他人并且和他人一起奉献，接纳他人，做事有道德，同时维护社会准则。

具有社会责任能力的人有社会良心并关心他人，具体彰显在能够承担社会责任方面。他们对人际关系很敏感，能够接纳他人，并且为了集体而不仅仅是个人的利益，贡献他们的力量。在社会责任方面有欠缺的人可能对社会持敌对态度，有攻击他人的倾向，还可能利用他人。社会责任是为团队、部门、组织或整个社会做贡献，而你自己并不会直接获益。

在一个由大型社会服务机构主办的活动中，我们做了一次关于情商的演讲。会后，我们认识了当地的一位拉比（犹太教法师）。他的反应不同于常人，我们以前从未遇到过这样的情形。话一开头，他就提到了情商内在的道德观。我们请他解释他指的是什么。“智商与道德无关，”他说，“任何人都可以拥有高智商，那是运气。杀人犯、罪犯、纳粹都可能拥有高智商，但是从他们的行为来看，他们不可能拥有高情商。因此，情商包含了道德观。我喜欢这点。”

我们也很喜欢。从定义上讲，情商包括了社会责任——对他人幸福的关心，献身于全社会的能力，让自己的人力和物力拥有更广泛用途的愿望。当今社会上轰轰烈烈的个人成长运动，在本质上与马基雅维里主义相差无几（马基雅维里是意大利政治家和历史学家，以主张为达目的可以不择手段而著称于世，马基雅维里主义也因之成为权术和谋略的代名词。——译者注），因为它号召去达到特别的、往往是只为自己服务、只关注自己的目的。与之鲜明不同的是，情商号召（实际上也是要求）全面的、外向的生活。

爱心王妃

威尔士的王妃黛安娜，即使在她去世后仍然让全世界为之倾倒。她做了什么让全世界都为她的离去而陷入悲痛之中？为什么人们会在她死去时悲伤，在她活着时热爱她？是什么令她在一众名人中脱颖而出？

黛安娜现象无法用她的王室地位来解释。除了人人喜爱的已故女王妃，也许还有黛安娜的儿子威廉王子，很少有人真正关心温莎王室的其他人。黛安娜的美貌当然是其中一部分原因。如果她相貌平平，像埃莉诺·罗斯福那样，人们也许不会那么狂热地追随她。但是其他许多同样美丽的女人和英俊的男人都没有她那样的影响力。

黛安娜的财富也不是她声名远播的原因。其他富可敌国的人也没有因为他们的资产而受人关注。对黛安娜的吸引也并不是像某些人所说的那样，完全来自她的社会责任。是的，她孜孜不倦地投身于社会福利事业，但特蕾莎修女也是这样的，她几乎和黛安娜同时去世。世界各地的人都曾哀悼特蕾莎修女，不过没有那么深切的悲哀。实际上，特蕾莎修女比同时代的任何公众人物都更多地献身于她所选择的事业中，她将自己的整个生命都奉献给了世界上底层的人群。

黛安娜有什么与众不同之处？我们相信那是社会责任与同理心的强有力结合。她用心包容一切，远远超出了人们对她的期望或她的顾问们为她所做的规划。这在她与人们交谈的方式和推动公益事业的方式中表现得非常明显，她由衷地关心那些她试图去帮助的人。这种献身精神极为罕见，尤其是在富人和名人之中。黛安娜可能为了尽其义务，将自己的名字借给了多家慈善机构。这样做当然是有好处的，媒体会予以关注。但她所做的还不止这些，她的言行举止都是情感的真实流露。

这种事情无法长期作假。黛安娜是宴会的常客，但她会留意让大家的关注点放在那些需要关注的人身上。那些和她有过直接接触的人都喜欢她，甚至爱上了她。见识过她与其他人交流的人也很仰慕她。她可以和老人、孩子、病人、艾滋病晚期病人融洽相处。她毫无惧色地接触他们，或者安慰那些被地雷炸伤了肢体的人。她会看着他们的眼睛，倾听他们说话，和他们聊天。她也会露出脆弱的一面，那是每个人都会有的。无论多么受人赞誉，黛安娜都无法从不幸的婚姻、神经性厌食症、英国媒体令人窒息的关注中解脱出来。真情和社会道德感让她如愿成为爱心王妃。

当然，不只是黛安娜一个人在推行慈善事业，著名的电影明星如伊丽莎白·泰勒、简·方达、芭芭拉·史翠珊都利用自己的影响力回报社会。还有些商人成立了基金，捐资助学等。还有很多善举是在不为人知的情况下进行的，但社会仍然需要更多的人献出爱心。

我们对职业体育界的某些不同寻常的现象略有所知。我们曾与冰球队员一起工作，其中有些人才 20 多岁就能一个赛季挣 40 万 ~ 1 000 万美元。如果所有的职业运动员都能投身于慈善事业中——资助一所儿童医院，资助绝症或萎缩病的研究，那该是怎样的壮举。需要社会捐助的慈善事业很多：让老人和残疾人、刚来的难民或单亲家庭受益的项目。捐出他收入的一部分，以及出席慈善活动，会让运动员赢得人们的尊重。用普通人做不到的方式回馈社会，他们便能成为人们为之骄傲的楷模和榜样。

企业的社会责任

直到最近，社会责任提不到企业的董事局会议议程上。但是今天，人们看到造纸企业重视保护森林；石油公司对必须保护原始海洋及如何减少对矿物燃料的依赖进行大力宣传；啤酒厂商号召大家饮酒有度，在朋友试图酒后驾驶时应予以劝阻。

社会责任总是有积极的意义，但是近来才开始有了商业意义。如今，人们看到商业道德课程在各大商业院校随处可见。我们的研究见证了这一变革中的分水岭。事情始于英国一家名为美体小铺的化妆品连锁商店。其创始人是已故的安妮塔·罗迪克，她在推出产品时广而告之，她的所有产品都没有进行过动物试验，并且声称，她的企业致力于改变社会和环境。当时，大多数人都不知道，动物试验仍在进行中。但是这次由企业发起的运动很成功。从那以后，各个行业都有许多公司加入了这个行列。

罗迪克女士是热衷于保护动物，还是仅仅想将此作为广告业人士所谓的独特卖点？从某种意义上说，这些都无关紧要。美体小铺做得很好，令它所有的竞争对手都不得不采取更加人道的措施。

类似的例子俯拾皆是。有位叫克里斯汀·玛吉的女士，她拥有并且经营着一家名为加拿大睡城的床上用品连锁商店。她的商店一直把顾客换下来但还可用的旧床垫免费送到相应的慈善机构。

当然，我们并不认为企业的社会责任只有经商的女士才具备。多年前，作者之一史蒂文在科德角举办的一次人力资源会议上发表演讲。在他之前有一场关于如何留住员工的报告，主讲人是位名叫杰弗瑞·斯沃兹的 CEO。他介绍了自己在天伯伦的经历，那是一家生产长靴、鞋和户外服饰的公司。在谈到他在这个家族企业中升任 CEO 时，他的报告方向发生了些变化。一开始他只是一个“被宠坏的富家子弟”，后来因为一次在波士顿向无家可归的人捐鞋的经历，他有了彻底的转变。其结果是，他重新调整了公司的目标，将社会责任作为其中的一个重点。

他的公司被《商业道德》杂志评选为美国百佳企业公民，文中写道：

> “名单中令人印象最深刻的企业之一是天伯伦，它从去年的第 74 名跃居今年的第 6 名。天伯伦拥有全美最健全的员工志愿者计划，其十年如一日的‘服务之路’计划允许员工在上班时，抽出 40 小时

带薪工作时间服务于社会。如今，其位于新罕布尔什州斯特拉姆市的鞋袜和服饰公司，销售额已经达到16亿美元，更多地关注环境保护。在2006年年初，天伯伦宣布他们的新式鞋盒上贴了‘营养标签’，注明了产品的产地、生产过程及其对环境和社区的影响。‘考虑到人们非常仔细地阅读食品上的营养标签，为何不在我们的产品上也贴上营养标签？’天伯伦全球品牌高级经理戴夫·阿兹纳沃林这么说。”

你也许会奇怪，这和留住员工有什么关系？斯沃兹故事的亮点在于，将天伯伦转变为一家关心他人、承担社会责任的公司后，员工留任率有了很大的提高。员工认为他们自己是一家让世界变得美好的企业的一部分，而不仅仅是为一个制鞋厂工作。

我们在全球范围内推行EQ-i和EQ-i 2.0的过程中发现，女性在社会责任方面得分高于男性。但是，女士们正确地指出，女性的玻璃天花板依然存在，虽然已经取得了一些成功，但还有很多需要改进。女性在美国大型企业的老板中仅占2%，而（截止到写这本书时）《财富》500强公司中，女性CEO只有15个。其中包括雅虎的卡罗尔·巴茨、美国医疗保险公司WellPoint集团的安杰拉·布拉莉、施乐公司的乌苏拉·伯恩斯、美国石油公司的林恩·埃尔森汉斯、西联汇款公司的克里斯蒂娜·高尔德、美国杜邦集团的艾伦·库尔曼、美国卡夫食品公司的艾琳·罗森菲尔德，以及百事可乐公司的英德拉·诺伊。

大批年轻女孩走进科学课堂，因为她们知道杜邦集团（其广告语是“科学的奇迹”）是用科学来解决在农业、营养学、电子、通信、安全保障、交通和服装技术方面的难题的顶尖公司，而他们的CEO 也是位女性。施乐公司的口号是“为真正的生意做准备”，他们的 CEO 也是位女性。这些女性通过与最优秀、最聪明的男性直接竞争，赢得了她们的职位。但是我们相信，帮助她们取得成功的是她们的同理心和社会责任方面的情商能力。

帮助他人也是帮助自己

这些能力是一个平衡整体的一部分。人们逐渐认识到它们在当今的商业环境和日常生活中是必需的。关于社会责任，最好的消息是——因为它是直接对外的，所以它是最容易做出改变的情商能力。一旦社会责任发生变化，其他能力也会受到影响，变得秩序井然。

以下是一个典型的例子。有一位朋友，我们称他为亚历克斯，在离开家去上大学的第一年对一切冷漠、自身体力下降，还受到忧郁症的困扰。我们建议他去帮助一个没有父亲、母亲也管不了的男孩子。结果不仅是那个孩子的言行举止发生了令所有人都意外的转变，每周一次的外出也让亚历克斯自己走出了忧郁的困境。他的自我肯定提升了，能够更好地安排生活，以全新的热情投入校园生活。

承担社会责任有明显的优势：付出一定的努力就可以得到丰厚，有时甚至是意外的回报。通过帮助他人，你经常能够在自己的生活中收获得更多。关注别人面临的更为艰难的问题和抉择，你会对自己的生活产生新的认识。这本身就有心理治疗的作用。

承担社会责任也会以有形的方式得到回报。关于这一点我们是从一个非常规渠道得知的：两位分别在牛津大学和维也纳大学工作的教授打算找到人们互相合作的原因，他们创建了一个数学模型来确定其收益。如果我们赞成适者生存的观点，那么与我们的人类同伴友好相处就不符合科学理论了。我们极有可能包容我们的亲属（这就是所谓的血缘淘汰或自在基因）。如果两个人认为他们会再次见面，就会尽量让举止显得得体。问题在于，是什么让那些乐善好施的人（帮助别人而不奢求在未来的某个时候也得到别人的帮助）做出善举。答案似乎应该是那句“好事传千里”。别人会听说你所做的好事，认为你是一个善良无私的人，更愿意在适当的时候对你伸出援手。

这么说来，社会责任就像扔进水里的一把鹅卵石，涟漪会一圈圈荡漾开来。让我们来认识一下山姆和珍妮特。他们在同一家批发公司任业务经理，都很认真负责。不过山姆一心扑在工作上，加班到很晚，把大部分的业余时间都用来提升业绩。而珍妮特恰恰相反，她认为参加各类社会活动很重要，义务当“大姐姐”（辅导小女孩），并且任一家专为学龄前儿童服务的心理健康治疗中心的理事。

终于，山姆发现自己的工作停滞不前，虽然他越来越努力，但没有什么上升的空间。他认为自己为公司呕心沥血，但他的工资体现不出他所做的贡献。换句话说，他的付出从来没有得到应有的“回报”。

与此同时，珍妮特却有了巨大的收获。她觉得自己是在为让世界变得更美好而贡献力量。她也给慈善机构捐款，但亲力亲为让她有不同的感受，让她真正觉得非常充实。当工作和生活遇到麻烦时，如让鲍勃觉得烦恼的事情，珍妮特的想法也会不同。鲍勃的计划遇到一点小挫折，都会被他无限放大成一场大灾难。珍妮特看待问题的角度不同。她亲眼看到那些她帮助过的人们的生活，因此她知道什么才是真正的灾难。

珍妮特的社会活动也变得人人皆知。作为治疗中心的理事会成员，她接触的人非常多，这为她的工作和个人生活带来了相当大的帮助。很快珍妮特就为公司带来了新的客户。另一位拥有一家公关公司的理事会成员，帮助珍妮特说服上司，举办了一个颇具竞争力的营销活动，也包括公关活动，最终赢得了几万美元的新业务。珍妮特还遇到了各行各业的人，这些人在她决定换工作或寻找新的机遇时，都会在某个时候给予她极大的帮助。

除了做志愿者或参与慈善活动，社会责任在工作中还包括作为经理，你能够跟从团队或部门希望发展的方向（即使这个方向不是你的第一选择），为你的团队，或者部门奉献你的能力。它应该是你感觉良好并且愿意接受的目标，虽然不是首选。如果团队或部门所做的决定符合客观的决策标准，那么社会责任就是让你把个人偏好放在一边的能力，并且按照团队或部门确定的方向努力。这是因为当团队的决策是合理的时候，卓越的领导者都能进行妥协，放弃自己的偏爱。这样做会让团队变得更加团结，显示出你的灵活能力，表明好的领导者也是好的追随者。

宋飞与好撒玛利亚人

《新约》中好撒玛利亚人的故事（源自《圣经》的《路加福音》，后引申为仁慈心善的人。在中国，好撒玛利亚人就相当于“活雷锋”。——译者注）只是过时的圣经说教吗？不是的。人们在承担社会责任时都会有很大的收获，社会便将帮助他人视为共同生活所必需的能力。这既不是施舍，不是奢侈，也不是额外的贡献。

电视连续剧《宋飞正传》最后一集有一个很有意思的情节（对于一个纯粹搞笑的节目来说）：杰瑞·宋飞和他的朋友们看到一个人被一个拿枪的人抢劫了，他们却没有上前帮忙。按照虚构的《好撒玛利亚人法》，他们很快受到了指控。在审讯过程中，他们被迫观看自己在前几集的剧情中所做的种种不道德行为。

但是一个真实的《好撒玛利亚人法》于 1998 年在以色列通过。它的依据是《圣经·利未记》19：16 中的戒律，其重点在于：一个人有法律义务去帮助另一个身处险境或安全、健康面临巨大危险的人，只要这种帮助是在合理安全的条件下进行的。也就是说，你不必为了营救住户而硬着头皮冲进火光熊熊的大厦里，但是你必须通知消防队。人们以前就有这样的共识，这些为了公共利益的行为是将社会连接在一起的纽带，具有高度的社会责任意味着能够更好、更全面地运用情商。

实际运用

取得成功并不是个人行为。真正的成功来自你对社会群体的价值和贡献。无论贫富，都应该关心他人，与他人分享，这样才能让你的生活和成功具有实际意义。

自我评估

1. 你参加了哪个社团？

2. 你起到了什么积极的作用？

3. 你支持哪个团队？

4. 你在其中扮演什么角色？

5. 你是否参加慈善活动？如果是，把这些活动列出来，并描述你在其中的作用。

6. 你是否觉得你已经捐了足够的钱给慈善机构？

7. 你是否觉得你已经在慈善事业上花了足够多的时间？

8. 你如何尽力让朋友、家人和同事也更多地参与到慈善活动中来？

9. 你最近做过哪些事情帮助那些需要帮助的人？

10. 你最近做过哪些事情帮助那些需要帮助的陌生人？

11. 举出3个你觉得朋友、熟人或同事需要帮助的例子。每次你都做了什么？

12. 想出 3 个你没有遵从团队或部门决定的例子。再想出 3 个即使不是你的首选，你仍然遵从了团队或部门决定的例子。详细描述为什么在那些情况下你那样做了，为什么在那些情况下你没有那样做。理由是否与以下问题有关：所谓的标准；你的灵活能力；你的刻板；你屈服于群体的压力；你觉得自己总是正确的；你认可团队或部门做决定的过程；你接受团队或部门决定的能力。

自我练习

1. 在你的记事本上记录5件你力所能及而需要帮助的人会非常感激的事。

2. 现在想一件这周你能做的帮助他人的事情。

3. 记下3项你能想到的最值得去做的事情、善举或公益活动。每项都记录一件最重要的事情，不仅仅是捐款，而是你能够做的其他事情。然后从中选择一个去完成。

第 5 部分

决策维度

情商的这一维度，是关于你用最佳方式利用情绪，帮助自己解决问题并且做出最佳选择的能力。熟练掌握这些能力，意味着你能够明白问题所在，找到有效的解决办法，现实性地处理问题，掌控那些会妨碍你做出有效决定的冲动。

12

第12章 现实判断

所有的理论都暗淡无光，唯有金色的现实生活之树永远熠熠生辉。

——约翰·沃尔夫冈·冯·歌德（德国诗人和作家），1808年

有的人沉浸在梦想中，有的人面对现实，还有的人把梦想变为现实，或者把现实变成梦想。

——道格拉斯·H.艾弗瑞特

定义：现实判断是指评估自己的经历和客观存在之间对应之处的能力。现实判断就是“调频”到当前的现状。用一句话概括现实判断的定义就是，能客观地看待实际存在的事物，而不是希望它应该怎样或惧怕它会是怎样来看待事物的。判断主客观相应性包括，要有客观证据来确认、证明、支持你的感觉、知觉和想法。其重点在于让你的看法变得务实、客观、合适，你的观点和想法真实。这项能力的重要特点是，能够在评估和处理问题时全神贯注。

现实判断需要对外部世界保持关注，尤其是在面临不太愉快的情况时，不能像鸵鸟那样把头埋在沙里。它对即时的现状有清晰的认知和思考过程的能力。简单地说，现实判断是准确、清楚地判断现实的情况，而不是对实际存在的问题，或者视而不见，或者找个借口来否认它的存在。它也是阻止把现实问题“灾难化”的能力。换句话说，它不是小题大做，当问题出现时，

不会总是觉得它不可阻挡、难以解决。

在走廊上遇见时，黛娜向新的副总裁罗克珊笑了笑，但是罗克珊没有回以微笑。“哦，天哪，”黛娜想，“她不喜欢我，太不好了。我一定做过什么事惹着她了。怎么办？我可不希望别人不喜欢我。”

黛娜的现实判断被毫无根据的恐惧所破坏。她无法准确、客观地判断她与罗克珊的交流，相反地，她大惊小怪地把事情往最坏处想：她是别人都不喜欢的人。如果她能够更加理智，更加善于分析，少受那种不安全的感觉的困扰，那么她也许会明白，罗克珊并不是轻视她，而是沉浸在自己的思绪中。

保持客观

从任何一个角度来说，当警察都不是件轻松的事。他们面临的一个主要问题是：如果撞车现场有 3 个证人，就会有 3 份完全不同的证词，让警察不得不自己从一团乱麻中整理出到底发生了什么。

同样的事情也发生在人们的日常交流中。有句老话说得好：凡事都有三面——你的看法、我的看法，还有真相。人们在经历一件事时，如果不以害怕、希望、偏见和对抗的有色眼镜去看待它，那么离真相就会很近。现实判断的核心在于，把事情的本来面目和人们担心它会是怎样或希望它怎样区别开来。

你应该怎么来做这件必不可少的事情呢？需要收集客观的证据来确认、证明、支持你的想法和认知。还有，现实判断是正确“解读”情况，估量出实际状况。最为复杂的是要求你深入了解群体的情绪趋势、关系强度、游移不定的同盟关系和隐藏在内心的忠诚度。现实判断让你从更高并且正确的角度看待问题，而不是过于理想化或沉湎于幻想，同时根据情况做出反应。它让你集中精力处理发现的问题，控制住自己的情绪，不为你的错觉所左右。

现实判断能力较强的人会以客观、清醒的方式看待周围的世界，他们能很快看清问题所在，能够及时把握机会。现实判断能力较差的人遇到问题就把头埋在沙里逃避，或者只能看到（并且夸大）风险，其结果是错失良机。

不要害怕最坏的情况

让我们来看看现实判断是如何在下面的一两个场景中起作用的。鲍勃和尼尔在亚柯美公司的休息室聊天。鲍勃对新任 CEO 很有意见："这个人跟我们可不一样，他不知道这儿的情况。他们把他从费城空降过来。我不知道他是什么样的人，但我知道他动作太快。他来了只有两个月，已经把这儿搞得天翻地覆。他的所有的改变使我不快。我已经更新了我的简历，开始找工作了，不过我对这事很不爽。我喜欢这份工作，上帝知道我需要这工作。我有个超大的房贷，不知道谁能帮我。你怎么样？"

尼尔听了一大堆抱怨之后，回答道："我也不太了解新来的 CEO，不过我有朋友在费城，他们说他看起来似乎公平合理。我没那么担心，为什么要担心呢？我们部门效益不错，而且很有士气，那他有什么理由解散呢？我觉得我自己的绩效评估也不错，他怎么可能解雇我呢？不过什么事都有可能，也许他想把自己的人带过来。我在这儿工作有一段时间了，他们应该会给我不少遣散费，那样的话我就有时间找工作了。我在佛龙特尔待了 10 年，所以我知道，除了亚柯美我们还会有机会。我不是逃避问题，但是我知道在亚柯美我还有将来。我可不想整天惶恐不安，把事情搞得一团糟。我与其他人一样能处理好变革，这可吓不倒我，这看起来更像个机会。实际上，我觉得都挺好的，非常稳定。"

你觉得尼尔的现实判断能力如何？他想得很清楚、很有说服力，言而有据——他的部门和他本人的职位都没有危险。他愿意跟新的管理者一起工作，打算做一个好雇员，但是如果必要，他也可以在别的地方成功。他对将来发生的变化没有顾虑，还会像以前一样高效工作。

再来说鲍勃，他对未来忧心忡忡，已经开始毫无根据地胡思乱想，这只会令他压力倍增，从而影响他的工作效率，甚至可能因此而被解雇。

摘下有色眼镜

就鲍勃来说，毫无根据的担心影响了他认清形势的能力。不过，很多现实判断能力不强的人走向了另一个极端，他们始终抱着天真幻想的态度，不管有多少证据证明事实没有那么美好。

这种情况在恋爱中最为普遍。爱情是盲目的，许多人（尤其是在刚开始坠入爱河时）将自己的恋人想象成理想的样子，这在安娜对其新男友的描述中可以看到："我知道你觉得我很疯狂，但我真的很爱他。他变了，他真的变了。我相信他，我知道我的爱发挥了作用。好吧，他原来是跟些不三不四的人混在一起，但是被一次又一次领养以后，你还指望他做什么呢，后来就是毒品。可他只是拿了个包，又不知道里面有什么东西。现在他长大了。我知道其他女人全是怪物，就像那个怀孕的女人，不过那是很久以前了，后来……"为什么还要接着说？安娜的现实判断能力显然有待提高，把头埋到了沙里，拒绝看到真切的证据表明她的新男友是个大麻烦。

不管你是想建立新的关系，还是想改善恶劣的关系，判断问题的严重程度，或者评估机会带来的收益，成功的关键在于实事求是地看待现实。但是如果你误读了从周围收集来的信息，那么你从一开始就处在了不利的位置。

实际运用

清楚、客观地"解读"周围环境，能够引导你走向成功，因为它包含了识别、处理问题，认清、建立机遇的能力。良好的现实判断能力还能够让你在工作中了解团体的情绪状态及运作中的权力关系。它与情绪自觉相辅相成，后者让你了解"内心温度"，而现实判断让你了解的是"外部温度"。

自我评估

1. 尽管本章中的两个例子——一个是关于鲍勃的，另一个是关于安娜的，都是现实判断中的极端情况，但是你觉得哪个与你的风格更接近呢？你是否经常会对某种情形怀有莫名的恐惧？或者你更倾向于让真实变得理想化？

2. 用“极少”“偶尔”“经常”或“总是”来代表程度，回答以下问题：

a）总体来说，从他人那里得到的回馈是否让你觉得你对各种情况的判断是客观的？是理想化的？是全面的？是恰如其分的？是正确的？是清醒的？是准确无误的？

b）是否有人指出你忽视困难？对问题不够重视？小题大做？庸人自扰？把问题灾难化？

c）是否经常有人说你是在给自己壮胆？做白日梦？

问题 a）按答案给分如下：“极少”得–2 分，“偶尔”得–1 分，“经常”得 1 分，“总是”得 2 分。问题 b）和 c）依据答案给分：“极少”得 2 分，“偶尔”得 1 分，“经常”得–1 分，“总是”得–2 分。把所有得分加起来。正分表示你的现实判断能力不错，负分说明你的判断受到恐惧和妄想的干扰。

3. 在记事本上记下你能想到的所有与你关系密切的重要情况（在工作中做决定，一个是关于你的孩子或你关心的人，另一个是关于一群你不太熟悉的人）。回想当时的情景，你觉得你对当时情况的判断是明智而且正确的吗？也许你的判断过于消极或乐观？记住，我们并不是说结果对你是否有利，而是说你的想法和观点是否完全正确。

4. 如果有人了解这些情况，那么他们对于你的做事方式和判断依据有什么感想？

5. 在你的记事本上记录一个你记得或他人说的你对情况完全判断错误的场景。然后再写下你的错误是因为过分担心还是过于理想化。

6. 整理前几个问题中的信息，你的判断是否通常都是准确的？还是过于乐观？过于悲观？

自我练习

回顾在第 2 章中你是如何填写 ABCDE 表格的。

加强现实判断能力需要从两个能力着手：辨别影响你逻辑判断的非理性的自我对话；当这些内心自语出现时质疑它和辩驳它。

1. 看自我评估问题 5 中描述的场景，当时你的脑海中有什么不合理的内心自语？把它写下来，记住你可以怎样对抗干扰你的内心自语。

2. 在下一周里，当需要你对工作中的某件事情进行评估时（无论困难还是机遇），注意你当时思考问题的方式是让你觉得大难临头还是不愿正视现实。然后与将你引向极端的内心自语对抗。这么做时，你会从一种更为实际、更重视证据的角度看待问题。但是要注意一点：有些人不擅长现实判断是因为他们缺乏独立能力。虽然他们开始时能够认清形势，但因为他们缺乏由独立产生的坚定直率，结果只能请他人帮他们来做判断。如果他人也缺乏现实判断能力，那么他们就会受到错误观点的影响。

3. 下班回家以后，在记事本中记录工作的情况：你开始的想法，其间发生的争论、争执，以及你对情况的最终理解。

4. 重复上述练习，这一次将重点放在你和某个特定的人之间，可以是配偶、父母、孩子或密友。

第 13 章　问题解决

任何一个难题都是一个让你竭尽全力的机会。

——艾灵顿公爵（原名爱德华·甘乃迪·艾灵顿，爵士乐史上最杰出的人物之一）

定义： 问题解决是指，在遇到与情绪相关的问题时，找到解决办法并且理解情绪对决策产生影响的能力。问题解决包括在处理问题时保持认真负责、训练有素、有条不紊、条理清晰的态度。这项能力要求竭尽全力面对问题，而不是消极逃避。

苏珊是一位年轻的律师。每次接手一个新案子时，处理大批的文件对她来说往往很有难度，如果她能坚持做完，那么她能完成并能全面了解情况，但是往往尝试两三次的组织归纳之后，就变得垂头丧气。相反，文静而不太自信的同事丽兹更善于坚持。整理案卷时，丽兹会先界定问题，制定策略。如果事实和证据都不支持她的方法，她就会尝试一个新的方法。就这样一个接一个做下去。她将工作视为挑战，因此不轻易放弃。如果发现自己撞墙了而变得沮丧，她会做出另一个选择——寻求他人的帮助。丽兹有一份同事的名单，其中也有事务所的合伙人，可以与他们一起讨论案件，为她点明正确的方向。这样可以帮她厘清思路，确定案件的关键问题，从而让她较容易地进行下去。

再过 5 年，丽兹由于问题解决的能力强，将在公司里表现得更为出色。需要注意的是，她有一项能力是大多数情商较高的人都具备的，那就是保持积极性，即使在遇到困难时。无论遇到什么样的挑战，都能调动情绪激励自己，这是情商能力较强的人所具有的特点。

苏珊容易放弃，是因为她习惯于在遇到困境时很快就会变得无精打采、缺乏动力。她开始沮丧地对自己说："哦，这太麻烦了！看看我有多笨。我已试了两次，还是不行！我总是把事情搞砸！"

如果苏珊采用 ABCDE 表格（详见第 2 章）的方式与她的内心对话"争辩"，那么她渐渐地就会不那么贬低自己，不那么无精打采，就会有效地鼓励自己继续完成手上的工作。

另一个重要的情商能力是知道什么时候征求他人的建议和专业的意见。关键是不要一有困难就马上放弃，也不要让他人马上替你做，那样只会让你产生依赖性（有可能被解雇），而应该寻求各种人员的帮助让你得出自己的结论。

解决问题的 6 个步骤

解决问题的能力从来都没有像现在那么重要。在今天的工作场所，主管们都会让自己的员工不要仅仅提出问题，还得提出可以马上用的问题解决方案。充满竞争的经济社会要求你成为问题解决者，而不是问题报告者或问题收集者。如果你达到了这个要求，那么你就会更加独立。

作为解决社会问题的先锋人物，心理学家托马斯·德·祖瑞拉和阿瑟·纳组出版了几十份研究报告。报告显示，训练人们更好地解决问题，能够极大地提高他们解决生活中方方面面问题的能力：工作和事业、经济和理财、健康和行为、人际关系和家庭。

他们将问题定义为：有限时间内的单独事件，如误了飞机或得了急病；一连串相似或相关的事件，如对付暴躁的老板或屡次违反宵禁的女儿；更长期的事件，如承受长期的病痛、孤独或无聊。注意，大多数问题都存在于"人际关系"的范畴内，另一些则更具"技术性"。即使是技术性问题，也都包含着人际交往的因素。

让我们来说说爱德华。他的新工作是关于高级计算机之间的通信技术，一项他还需要掌握的技术。因为无法胜任这部分工作，他的进展缓慢，还犯了很多错误。那些依赖他来整理和接收信息的人开始时只是沮丧，后来慢慢地变得恼怒了。

他们越来越不耐心，开始催促爱德华抓紧时间整理和传送数据。在这样的压力之下，爱德华越来越焦虑，影响到他所有的技能，让他的工作效率越来越差。在这个案例中，开始是“技术性”的问题，但很快演变成“人际关系”问题。

下次遇到问题时，你要把它当成需要克服的挑战或需要抓住的机会。每次有机会解决问题，你都要抓住它，战胜它。记住下面这些步骤，经过训练之后你的水平就会越来越高。

- **陈述问题**。检查眼前的问题，尽可能准确真实地把它描述出来。尝试从他人的角度来考虑这个问题，以确保你的观点不至于过分狭隘。保持客观性的一部分是能够意识到情绪所产生的影响。你的情绪经常会影响到你对所遇到的问题的看法，但这并不意味着你要变得冷漠无情，相反，要了解自己的情绪及其带来的偏见。
- **列出各种方案**。想出尽可能多的解决办法。这是头脑风暴的阶段，有些想法可能经不起推敲，但你不必担心。这时，不要去评价你的想法，只是想出各种各样的方案。想想如果他人碰上同样的困境时，他们可能用的方法。
- **评估每个方案**。当你在脑海中牢牢记住了所有想法（在纸上写下来更好）时，仔细审阅每个想法，考虑它们可能产生的后果。把它们按照优劣程度排序。再进行一次直觉的审核。留意哪个方案对自己有吸引力。有时你拒绝某个方案，是因为对这方案总觉得哪儿不太对劲。你不需要解释原因，感觉本身就是重要的信息。如果感觉正确，就说明你也许找对了方向。
- **选择最佳方案**。此时就要做出你的选择，包括认清相应的风险。没人能百分之百准确地预测某个方案会成功或失败。应该对自己的决定有信心，因为你通过正确的方法收集了数据，又经过了合乎逻辑的分析来决定采取行动并承担相应的风险。

- **实施方案**。不要纠结于“如果……我们会怎样”“也许我们应该……”，加紧实施你的方案。也许你在这个过程中需要做些调整，但不要轻易回到原点。让你选择的方案有机会成功。记住，从其他方案中选定这一个是最难的一步，所以你应该犒劳一下自己，庆幸自己走出了犹豫不决的阶段。
- **评估结果**。评估你选定的方案是否解决了问题。如果是，那当然很好。如果不是，重复前面步骤。即使看似技术性的问题，也不要忽略从中显露出来的人际关系问题。

现在，我们来看看这些方法在实际生活中是如何运用的。琳达是位和气友好的年轻女士，即将获得护士资格，但她决定当陆军的医务工作者。虽然知道自己缺乏正规的培训，但琳达的兴趣广泛，有强烈的求知欲。她在部队里遇上了麻烦，因为她经常挑战这里的单调乏味和死板的流程。“为什么我们一天要清理三次被盖卷？”她感到奇怪，“清理一次，然后用塑料布包上，不是更好吗？我们就可以做其他事情了。”她的上司将这些合理建议视为有点儿不服从命令，结果琳达最终转到了海军陆战队。琳达发现这里规矩远比陆军的要少，也更对她的胃口。

在此期间，琳达和同为海军陆战队的杰克结婚了。琳达认为，杰克比普通海军陆战队员更加心胸开阔，这是千真万确的事。实际上，琳达对每天遇到的麻烦事有千奇百怪的点子，杰克对此很是欣赏，而且觉得她的谈判能力超强。从雷达系统升职到其他计算机控制部门时，杰克很愿意让琳达拿主意。

从海军陆战队退役后，他们开始了家庭生活，琳达不得不为他们急剧下降的收入而担忧。她没有直接告诉杰克，因为杰克在自己的岗位上表现非常出色。但是她开始劝说杰克考虑转业。他们住在加利福尼亚州的硅谷，琳达知道杰克如果在地方上找工作几乎不成问题。

第二个孩子出生以后，琳达开始在红十字会做兼职，在许多公司的总部建立了献血室。很快，她的脑子里就形成了一个计划。每到一家公司，她都会和员工聊天。可能的话，她会和公司高管聊，问他们她能想到的所有关于他们公司的问题。献血完成后，琳达就会在员工休息室待一阵，人们都愿意在那儿和一个有兴趣的拜访者谈天说地。当时，她已经调查了几十家计算机公司，而且私下给它们排了位。她还对各公司的内部情况有所了解，如她认为企业文化如何。

琳达知道问题所在——给杰克在地方上找一份好工作。她在工作时对这个问题进行了研究——调查周边各家公司的情况。她在每家公司都提出大量的问题，然后把获得的信息认真记录下来，作为日后的参考。下一步就是提出方案，选择一个实施，并且对结果进行追踪。

一天，杰克带琳达出去吃饭（他对琳达所做的事情并不知情），告诉琳达他已经考虑好了，改行对他应该是个明智之举。琳达恰如其分地拿出自己的记事本，两个人随后研究讨论了几个晚上。所幸琳达的人际沟通技巧不错，在做这些事情时没有损害丈夫的自尊。相反，杰克很高兴，他称赞琳达让他省掉了那么多调查、收集资料和挑选的麻烦。他们马上将选择范围缩小到了 3 家公司，这 3 家公司都适合杰克的个性和能力。杰克向 3 家公司提出了申请，最终得到了他和琳达梦寐以求的工作。

外在化、形象化和简单化

换一种稍有不同的方法，我们来看看《有效解决问题》一书的作者马文·勒维安提出的解决问题三原则——外在化、形象化和简单化。

外在化包括将整理好的信息展示出来。写下来或画张图，以便诠释更为复杂的关系。那样的话，所有的要素都一下子呈现在你面前了。

形象化是在实施之前想象自己经历解决问题的各个步骤，或者将解决方案的后果在脑中描绘出来。我们将这种方法稍做变化，用来帮助职业和奥运选手，其结果非常有效。我们让他们在脑海中想象他们在自己的体育项目中经常遇到的最有力的挑战，再想象自己处于最佳状态，甩掉了对手，射门、冲刺或触地得分。他们可以在任何地点任何时间展开这样的想象——坐球队的大巴去球场的路上或比赛前夜睡觉的时候。做好应对问题的准备，等它真的来临时你就会更好地处理它。

简单化是指将问题尽量拆分成最小份。如果你关注的是关系最紧密的信息，就让这些信息尽可能详细和具体，那么最令人费解的难题也会迎刃而解。

如何在实际中运用呢？我们来看看达琳的例子。达琳是个 32 岁的女士，她想要找一份有挑战性又充满乐趣的工作。当地报纸上的分类广告几乎帮不上她什么忙，于是她经历了外在化、形象化、简单化的过程。先是将问题外在化，她尽可能详细地写出她想要的工作，再从各个角度弄清问题——回顾她以前从事的工作，她喜欢什么或不喜欢什么。这让她明白了在过去的工作和生活中什么让她最满意。

在将问题外在化之后，她开始琢磨现在和以前的同事，还有她的朋友和熟人。有些人显然比其他人更满意自己的工作，她试着分析其中的原因。然后她又想到在前一份工作时他人说了（或者会说）她什么，她的印象和观点是否与他们所看到的相符，他们是否感到她快乐和满足。

达琳想象自己在做她喜欢的各类工作，涵盖的范围很广：包括经常要与人打交道的工作、独自工作、有技能要求的工作（她已经具备或可以学会的技能）、要求艺术天分的工作、在办公室和户外的工作，甚至是可以在家里完成的工作。她一边想象，一边留意自己的内心情感——由各种选择引发的情绪，以及与这些情绪相伴而生的可能影响其表现的内心对话。

达琳通过想象明白了，她最感兴趣和感情上最能接受的是创意性的工作，而不是那些技术性的工作。她喜欢与人共事，不愿意被固定在办公桌前或小格子间里。还有一个出人意料的细节：烹饪时她觉得最快乐而且心境最平和。

烹饪也算工作吗？当然，而且这一点还经得起分析。

达琳开始将这个想法外在化：将所有与食品、餐饮相关的工作都列了出来，并且加上详细说明。她想着自己的简历，想象自己在面试中如何表现，以及与每个职位相关的经历。权衡了每个工作的利弊之后，她选出了几个看上去比较有吸引力的职位：一家餐厅的见习副厨师长、一家食品工厂试验厨房的职员和一家餐饮公司的职员。达琳做了大量调研工作：到图书馆查阅各类商业杂志；给予这 3 个领域有关的熟人打电话了解情况；私下拜访潜在的雇主。结果，她的专业知识和热情得到了回报：她被当地一家餐厅雇用，很快就成为餐厅不可缺少的员工。

我们的建议是，要从达琳的经历中学会鼓足勇气。有问题是正常的事，是人们日常生活的一部分。每个人都会碰到问题，所以不要认为问题只是你个人的或针对你一个人的。成功解决问题的人，是把它们视为需要克服的挑战或从中吸取经验，因此而变得更加强大和成熟。开始时态度要积极，把你的关注点放在解决方法上，剩下的步骤就会更加简单、容易和有效。

实际运用

正如我们所看到的，解决问题与认真负责、训练有素、合理安排、有条不紊、条理清晰和坚持不懈有关。关键在于愿意在困难或逆境面前全力以赴——与其逃避问题，不如正视问题。

成功解决问题的人还有两种能力。一是直觉—— 一般是指预感或印象。其诀窍在于，不能盲目地听从直觉或太相信直觉，而应合理、实际地去运用它。其实，直觉可以是问题还没有完全暴露但即将出现时的预警。如果你能注意到这些潜意识的信号——务实、有条理地去研究，而不是轻视或忽视它们，那么你在问题来临时就会有所准备。

二是创新——对眼前存在的问题提出全新看法，并且找出备选方案。像直觉一样，创新同样需要权衡非常规方案所产生的风险。

总而言之，最擅长解决问题的人有明显的优势，因为他们可以认清那些在家庭、人际关系、工作中妨碍他们达到目的的绊脚石，然后凭借直觉和合理的方法清除障碍。那些不擅长解决问题的人往往要等到碰壁以后才会看到障碍，或者在困难面前惊惶失措、意志消沉。他们无法准确找出问题所在，直到问题把他们打败，而他们想达到目标的愿望也以失败告终。

自我评估

1. 在记事本上记下过去一周遇到的一个问题。

2. 详细描述这个问题：是技术性问题（预算达到警戒线，需要在两个保险中确定购买哪一个），还是人际关系问题（对家庭关系、工作关系或人际关系造成影响的事情）。

3. 解释你是如何解决这个问题的。

4. 结果是好还是不好？

5. 在刚才描述问题的文字旁边写下解决问题的步骤：感觉到问题的存在；有信心、有动力去很好地处理问题；收集相关信息，对问题给出明确的定义和诠释；经过头脑风暴和有创意的思考，得出多个解决方案；权衡每个方案的优劣，从中选择最佳方案，对这个方案进行完善并且评估结果。然后，记下你是否实施了每个步骤。如果确实如此，那么你具体做了什么。

6. 你是否为遗漏一个步骤而付出代价？或者结果还不错？记住，如果你在解决问题的过程中用到了直觉和创新，那么有可能看起来是漏了一步，而实际上你是在运用这些能力。

7. 你是如何尝试从一个全新的角度看待问题的？

8. 选择方案后，除了采取合乎逻辑、有序的步骤来产生解决方案，你是否还想到过其他方案，无论这些方案看上去是否合适或有效？

9. 作为问题或其解决方法的预兆，你是否留意过预感、直觉、好奇心或“第六感”？

10. 如果你留意过这些预兆，那么你如何用实际的评价方法来对它们进行评估？

11. 也许你的问题仅限于工作场景中，但它是否（往往如此）由于自己的个人因素而变得更复杂、更糟糕？

12. 如果答案是肯定的，那么你是如何应对的？结果是好还是不好？

13. 如果结果不太好，记下你当时应该如何运用你的同理心、坚定直率、独立和人际关系能力来成功地解决这些问题。

自我练习

1. 在以后两周中，当问题出现时要及时发现，并且使用你从自我评估中得到的信息更好地解决问题——记住，问题通常是技术性和人际关系的混合体。

2. 每天晚上都用以上自我评估的题目给自己处理问题的能力打分，并改进自己解决问题的方法。久而久之，你就能够越来越熟练地解决问题。

第 14 章　冲动控制

我能拒绝一切，除了诱惑。

——奥斯卡·王尔德，《温夫人的扇子》

（又译《温德密尔夫人的扇子》《少奶奶的扇子》）

定义：冲动控制是抗拒或延迟将冲动付诸行动的能力。冲动控制要求避免鲁莽的行为和仓促做出决定，保持镇静，能够控制愤怒、攻击、敌意和不负责的行为。冲动控制能力方面的问题表现为：挫折耐力较差、做事心血来潮、无法控制愤怒、辱骂他人、缺乏自我控制，以及爆发性的、出人意料的行为。缺乏冲动控制的人常被人形容为性情暴躁、头脑发热和“先做后想”的人。

在给一群企业领导者做了关于情商的报告后，几个听众找到我们继续讨论。有一个人迫不及待地想发言，他的身旁有位稍微年轻些的女士。轮到他说时，他先是认可了我们的许多观点，随后又对一个观点颇有异议。按照他的说法，我们对于冲动控制的看法大错特错。

他说他自己就非常冲动，而且一直如此。如果不是这样，他相信他就会一事无成。他暗示他已经挣了几百万美元，还提到了其他同样成功的企业家。控制冲动会拖累他们，让他们畏缩不前。果断地做决定就是他的生活，他就是以此而闻名的，才不会因此而向人道歉。他相信自己的直觉和判断。只要下定决心，他就会立刻采取行动，容不得任何人阻拦。如果他和他提到的那些人不那么冲动，就会违背他们的天性，让他们承受失败的折磨。

这是个很有趣的逻辑，听到的人似乎都留下了深刻的印象，我们得做一些补充。我们问他是否曾经因为自己的冲动而丢掉了生意。“当然，”他答道，“世道就这样，有所得就会有所失。”

于是，我们想知道——他是否结婚了？

“结过 3 次。”

“有孩子吗？”

“有，4 个。”

“你经常去看他们吗？”

“当然，一两个月去看一次。这有什么关系？不管怎么说，关于冲动……我想我已经跟你们说明白。”说完，他转身跟着人群走了出去。

他走了之后，他的同伴又待了几分钟。那位女士自我介绍是那个人在公司的助手。

“你知道吗，你说得很对。”她说，“我不得不跟他一起工作。他早上一到公司就教训他看到的每个人。这让他们很不安，还没开始工作就已经垂头丧气了。他要求他们加快速度——跟上他的速度。他完全凭直觉行事，没有人能够适应得了。很多时候，他是正确的，但是他一旦错了，就错得离谱。类似情况我见过一次又一次。为了应付他，我得转身去处理一些事情，不让他迫使其他员工就范或让他们对他的意图一无所知。他的个人生活是另一个故事，但今天就说到这儿吧。”

所有的事情都和我们猜想的相差无几，正如你在看到他对我们的回答时所猜到的那样。他和他的公司还算走运，这个急躁的商人明智或幸运地找了这么个理想的助手，她的职业目的就是弥补他的缺点。当那个人我行我素时，那位女士的耐心、镇定、深思熟虑和卓越的交际能力将整个公司凝聚在一起。这是个非常好的组合，如果能坚持下去——然而她对于如此沉重的负荷能承受多长时间是个未知数。想象一下，如果他能让自己不那么冲动，那他会在工作和人际关系上取得更大的成果。

三思而后行

注意，前面那个真实故事中的商人把自己的成功归功于自己的冲动行为，但是又说到相信并且按照自己的直觉做事，他把事情搞混了。没人说过有效的冲动控制需要贬低或忽视直觉的重要性。恰恰相反，三思而后行正是明智而冷静管理各种不稳定情绪状态和冲动的能力。

那些被他人形容为莽撞、头脑发热、缺乏耐心或（说得好听点）善变活泼的人，据我们所知，都存在冲动控制方面的问题。他们承受不了挫折；前一分钟还好好的，后一分钟就变得很难相处。他们在有压力时很难做出决定，还乱花钱。他们的爱情生活丰富多彩，却总是半途而废，因为他们不会维持关系。他们不是为了将自己的利益最大化而做事，他们往往会一时心血来潮。那个商人所谓的“直觉”其实通常是对事情的一连串下意识的反应。

相比之下，擅长控制冲动的人能够认真思考而不是条件反射。这让他们有空间去权衡利弊、评估风险，因此他们的行为和表达都是适宜的、经过深思熟虑的。其结果是，做出明智的选择和负责任的行为。经过全面考虑制订的计划，其成功的概率总是更大。谁会更容易达到既定的目标呢——是那些不愿意停下来思考，按照脑子里突然出现的念头或想法，立刻做出反应的人，还是冷静地调整好自己的言行，即使身处困境仍然镇定自若的人？谁更擅长改善不太融洽的关系，应付情绪不稳定的客户，以认真、尊重的态度倾听一个伤心的人说话？在这里没有比赛，对吗？能够很好地控制冲动的人——同时保持灵活性和自觉性，他们就不会夸夸其谈或顽固保守——在承受压力时仍然会保持冷静，任何时候都会高人一筹。

每次听说暴怒的行为，我们就知道我们面临的是严重的冲动失控（当然，酒精和其他毒品会破坏我们的自制力）。家庭暴力和约会强暴是冲动失控行为中比较严重的。大多数的失控行为不那么引人注目，但是它们每天都在发生，就出现在大多数人的生活中。

在任何关于冲动控制的讨论中，很容易把重点放在不能控制愤怒和攻击性行为上。毫无疑问，这些情感和行为是最容易惹麻烦的，但我们认为你会很容易联想到以下情况：你认识的某个人违反了公平商业竞争的原则，采用威胁和恐吓的手段；两性交往中太强势，屈服于自己的冲动欲望；或者购买不需要的东西（也许银行里的存款都不够）；或者在能力不足、结果不明的情况下进行无谓的冒险。只要先做了再想，就会冲动行事。

怎样才能防止自己一时冲动胡乱行事呢？回顾ABCDE表格中的ABC项：诱发事件（A）、信念（B）和结果（C）。所有人在头脑发热、情绪升温时都容易做出冲动的事。觉得自己受到了不公平的指责，就会猛烈反击；看到一个千载难逢的机会（很可能好得令人难以置信，但是并没有花时间去了解真相），就会不惜一切代价去抓住它。你需要的是立刻报复或马上满足，只要情况合适？你实际上是在做什么呢？你不仅是不假思索地采取行动，而且直接从 A 跳到了 C。情绪瞬息之间转化为行动。根本没有时间像第 2 章中所描述的那样去合理权衡，认真考虑，也没有理会其中的疑虑和影响。最终，你凭直觉，粗鲁、不恰当地疏远了本应亲近的人，其结果是让你很难顺利达到目的。

冲动之门

你还记得在第 2 章的机场案例中，最后山姆勃然大怒，还不得不逗留在机场，而约翰这个有头脑的年轻人，却能够在忍气吞声的机场地勤人员的帮助下，到达自己的目的地。山姆和其他像他这样冲动控制能力差的人，其情绪安全阀（我们称之为冲动之门）是有缺陷的。我们用 ABC 方法来解释它是如何运作的。

诱发事件（A）的结果（C）和产生的信念（B）既包括情绪也包括行为。也就是说，是情绪导致了行为。而这正是冲动之门起作用的时候。想象一扇在情绪和行为之间时开时关的小门。如果它运行正常，那么当感情的潮水从一边汹涌而来时，冲动之门就会把它们留住。你对它们有所察觉，但不马上采取行动。沮丧、敌意、攻击，以及其他一大堆潜在的害人的情绪被留在那儿听候发落。它们无处可去，它们过不了冲动之门，无法发挥威力。

如果冲动之门出了故障——被大敞着卡在那儿，不能开关，会发生什么事呢？所有这些情绪会像疯狂的购物者冲向举办特大减价的商场大门一样，浩浩荡荡通过冲动之门并且立即采取行动。没有时间考虑后果或为此而付出的代价。你认为或感觉，自己已经到达了短期目标（立即采取行动带来的紧张之后的释然），但你会承受长期的痛苦（错误地估计了由此带来的成本和收益）。

你能控制出了问题的冲动之门，给它的链条上点油，让它正常开关吗？是的，你能——只要有机会就利用 ABC 方法来行动。从 A 跳到 C 永远是错误的。这样做会让你失去平衡，因为你还没有检验信念的正确性，所以你无法通过获得想法和说服自己放弃本能的反应来影响结果。

你可以通过一次解决一种情绪的方法来改善。在本书的前面部分我们曾指出，情商不像智商，它可以被影响和改变，因为情绪不是不可变的。情绪来了又去，你可以把它们纳入合理的管理中，把它们转化为你的优势。只有在你不了解它们时，它们才会看上去很强大、很持久。

好了，这里有一个相当紧张的情绪在刹那间化为无形的例子。你在人满为患的电梯里，人们紧贴在一起像沙丁鱼一样。后面的人碰了你——不是一次，而是两次。这让人觉得犹如芒刺在背，讨厌得要死。哪个傻瓜会在这样的地方挤来挤去？理所当然的恼怒演变成了正义的怒火，你准备教训一下惹事的人——扭头瞪那个人，却看见一个拿着手杖的盲人。除了尴尬和惭愧，你现在还有其他什么情绪？如果你能费点劲转身过去看看究竟是什么情况，或者默数到 10，你就不会让自己看上去像个傻瓜。你最初的反应对吗？你的怒火去了哪里？它不是通过分析化解掉的，你也没有让它释放出来。因此，其他情绪也可以通过改变境况或你有意识的努力而得到更好的处理，让它们消失于无形或变为更合适的情绪。

棉花糖实验

所有的人作为理性的和有相当情绪自觉的成年人，可以练习控制冲动，即使这对于有些人来说，似乎有些晚了。记住，人类在婴儿期完全没有冲动控制的意识。婴儿的行为具有奇迹性但是非常直接。膀胱满了，他们就尿；觉得不高兴了，他们就叫。稍长一些，他们便开始观察和倾听最早的情绪教练——这是父母亲的一个更好听的别名。

有些时候父母的教诲是管用的，有些时候不行，这是有例可循的。斯坦福大学心理学家沃尔特·米歇尔在 20 世纪 60 年代主持了一个实验研究是冲动控制讨论中引用最多的实验之一——就是通常所说的棉花糖实验。

米歇尔的实验对象是一群 4 岁的孩子。每个孩子都要坐在一个房间里，里面有一把椅子、一张桌子和一块棉花糖。研究者告诉孩子，他要出去办点事，然后提出了一个让孩子可能拒绝（也可能不拒绝）的交换。如果孩子想马上吃掉这块棉花糖，那当然没有问题；但是如果孩子能等到大人回来，他就可以得到另一块棉花糖的奖励。

孩子们做出了选择，米歇尔把结果都记录下来，这些结果本身就很有意思。有 2/3 的孩子都想方设法坚持等待，获得了第 2 块棉花糖。1/3 的孩子做不到。但实验并没有结束，因为这些孩子大多是斯坦福大学教授、毕业生、员工的孩子，所以米歇尔能够在 12 ~ 14 年后找到他们，当时他们也快中学毕业了。米歇尔拿到了他们的成绩单，并且询问他们的父母，他们觉得自己的孩子在校内和校外的表现如何。你猜，他发现了什么？

那些很快就吃完一块棉花糖的孩子都有一两个问题。他们不擅长与人交往，脾气比较倔强而且优柔寡断。他们很容易成为沮丧和诱惑的手下败将。那些能够推迟享受的孩子——这样做他们得到了两块棉花糖，快乐也加倍——则比较成功：他们更擅长社交，表现出非凡的解决问题的能力，一般会成为优胜者。这些都反映在他们的成绩上。一句话，他们是好学生，他们的 SAT 成绩也高出许多。这听起来让人难以置信——在 4 岁时等待第 2 块棉花糖的能力可以预测这个孩子未来的 SAT 分数，比智商预测的准确度高出两倍。

最近的一项研究能够更好地说明这一点。我们现在知道，如果在做决定时缺乏冲动控制，将给人的一生留下多么严重的影响。一项新西兰的研究追踪了 1 000 名儿童，从 3 岁开始一直追踪到 32 岁。他们从 3 岁开始就参与一系列自制力实验——通过观察、自述报告、父母和老师的报告等——经过儿童时期、青少年时期直到成人阶段。

研究的重要发现是，自制力差的孩子在健康、理财或犯罪等方面出现问题的概率是其他人的 3 倍。有数据为证：自制力强的孩子中只有 13%在 32 岁之前被定罪，而这个比例在自制力差的孩子中超过了 40%；27%自制力差的孩子有多种健康问题，只有 11%自制力强的孩子有类似问题。这个研究排除了智力、社会地位和少年时犯的错误等因素，只是看自我控制的影响。

研究提出了几个关键点或“陷阱”，如果那些自制力差的孩子们在青少年时期遇到这些，会增加他们产生不良后果的可能性。例如，自制力差的孩子更容易从 15 岁就开始吸烟、退学或成为少年父母。

杜克大学心理学家泰瑞·莫菲特作为研究的主持人之一，很好地概括了自制力的作用：“自制力是一项极其重要的技能。它能让人评估自身所处的环境，为可能发生在自己身上的事情做好准备，设想好未来的各种可能性，计划好你想达到的目标，在失意时控制好自己的情绪……人们每天都在和自制力打交道，只是有些人比其他人更擅长使用它。”研究者建议：实行能够帮助儿童和青少年提高自制力的干预机制，防止他们在以后的生活中出现太多问题。

实际运用

有效控制冲动、三思而后行的人，能够抵抗和延迟下意识的反应。很难控制和延迟冲动的人挫折耐力较低，抗压能力较差，行事武断，凡事不经大脑。他们无法控制自己的怒火，经常头脑发热、暴躁易怒，常有辱骂他人、大发脾气或突发的、出乎意料的行为。

让我们来描述一个冲动控制能力强的人和一个冲动控制能力弱的人。正如前面所述，一有念头、想法或冲动就立即行事的人；不花时间去考虑事实或研究情况的人；一遇到挫折就爆发的人都不会在生活中尝到成功的滋味。在行动之前先审时度势的人；计划在前、行动在后的人；权衡利弊的人；在困境之中仍然保持镇定和平静的人都会成功。他们可以化干戈为玉帛，应对要求多、情绪化的顾客，认真倾听生活伴侣的倾诉。

不要将冲动控制和死板混淆在一起。冲动控制能力强的人仍然可以保持灵活性和自主性。如果一个冲动控制能力很强的人看起来固执己见、死板，这是灵活能力上有劣势。

自我评估

1. 以下哪种情况与你相符？（在你的记事本上以“从不”“极少”“很少”“经常”或“总是”回答。）

- 我先做了再想。
- 我很容易不耐烦。
- 他人下决心时似乎太慢了。
- 我经常为做决定之前欠考虑而后悔。
- 我常会冲动购买。
- 别人跟我说，我有点头脑发热。
- 如果其他司机抢了我的道，我会紧追不舍，然后对他们做下流手势。

如果你的大部分答案都是经常或总是，那么你的冲动控制能力显然存在一定问题。

2. 用是或否回答下列陈述。

- 在过去的3年中，我曾经因为生气而打人。
- 在过去的3年中，我曾经因为沮丧而摔东西。
- 在过去的3年中，我曾经因为仓促做决定而后悔。

如果你对任何一句陈述的回答是肯定的，那么你就在冲动控制上有些问题。

3. 在你的记事本中描述过去几周中发生的一件事，你希望当时在采取行动之前能够停下来仔细考虑一下。不一定是生气、暴躁的行为，可能仅仅是做决定时太匆忙或做了不够明智的决定。

4. 写下你将如何处理下列问题，你的想法、你可能采取的行动，以及在实施过程中可能发生的情况。

- 在电影院前面排队等候入场，你前面的那个人遇见了几个朋友，让他们过来插队。
- 在看你喜欢的电视节目时，孩子进来了，觉得节目不好看，换成了音乐电视频道。
- 家人或密友说她一直认为你很懒。
- 工作团队中的一个成员在做一份重要草案时没有按时完成工作，而这份草案第二天必须提交给一位重要客户。

你的回答是否表现出你通常都很坚定直率、有同理心或很冲动？你的内心对话是否在你态度消极或有攻击性时、没有同理心时或过于冲动时起到了作用。如果是这样，那么你在各种情况下如何改变自己的内心对话，以便采取更适宜的行动？

5. 有时，内心对话与将他人的行为理解为诅咒、侮辱或过于自我而导致的冲动有关。还有些时候，内心对话伴随的是因为过于渴求或需要，或者急于想给其他人留下好印象而导致的仓促决定。你的内心对话在这些情况下是这样吗？

自我练习

回顾在第 2 章中你是如何完成 ABCDE 表格的。

1. 在接下来的一周中，当你开始生气或沮丧时需要密切注意、控制和理解你的情绪和内心对话。如果可以，跟自己的内心对话争论。无论如何第二天都要将这些事情摘要记录在记事本中，看看通过你的努力是否让你能够更好地掌控情绪。

2. 有时，你的愤怒可能爆发得太快，都来不及处理应激事件中的内心对话。这时你必须让自己冷静下来。最好的办法就是找个借口走开，尽可能平静地告诉相关的人，你一会儿回来。如果连这都做不到，第 16 章中的调节压力练习——腹式呼吸、指压按摩或有目的的娱乐，也许能够给你充足的时间去控制冲动的举动。

第 6 部分

压力管理维度

情商的这一维度包括灵活、抗压和乐观能力。在这方面取得成功，意味着你能够保持平静和全神贯注；当新的证据出现时会改变方向或观点；适应力强；保持积极的态度；勇于应对不利的局面和矛盾的情绪，而不会轻易认输。如果你在工作中经常面临时间紧任务重的情况，或者必须同时处理许多事情，那么这些能力就是至关重要的。在家庭生活中，这些能力又可以让你在完成繁重的家务劳动的同时，注意自身的身体健康。

15

第15章 灵活

最终生存下来的物种，既不是那些最强壮的，也不是那些最聪明的，而是那些最能适应变化的。

——查尔斯·达尔文

定义： 灵活是指根据不断变化的情况和条件调整你的情绪、观点和行为的能力。情商的这个能力让你应对不熟悉、无法预知和不断变化的环境。具有灵活能力的人反应快、协调性强，能够对变化做出反应，不因循守旧。这样的人在有证据证明他们错了时会改变想法。他们通常乐于包容不同的观点、信仰、方式和习惯。他们转变想法和行为并不是随心所欲或异想天开的，而是与他们从周围环境中得到的反馈的变化一致。缺乏灵活能力的人固执己见、冥顽不灵，他们很难适应新的形势，也很难抓住并利用新的机遇。

20世纪80年代，玛丽在一家大型心理健康中心就职，她对此很满意。她亲密的伙伴和称手的工具是一台IBM的电动打字机——那上面有一个旋转的小球——它足有半吨重，不管怎么用都从来不坏。她已经习惯了这台机器，觉得是它帮助自己完成了工作——在那个时候那个地方，确实是这样。

后来，公司认为电动打字机过时了，准备用最新式的办公设备来替代它——一台专门的文字处理器。玛丽的上司很激动，玛丽可不是这样。上司连哄带骗了几周，玛丽才肯告别她那台老电动打字机，接受新设备。

让玛丽惊讶的是，不久以后她就熟悉了那台文字处理器。她承认自己太守旧了，文字处理器确实让她的工作变得更简单了。这台机器用了大约一年时间，个人电脑开始风靡一时。办公室给每个职员都配了一台个人电脑，并且安装了名为 MultiMate 的文字处理软件。玛丽的上司又兴奋不已，而玛丽仍然意兴阑珊——不过她接受了必要的培训，掌握了新的技能。WordPerfect 软件上市之后，上司要求每个人都要在第二周的周二之前把软件换过来。玛丽利用周末的时间认真考虑了这件事，周一她交了辞职信。

玛丽和雇用了她多年的公司在这次不愉快的事件中都失去了一些珍贵的东西。玛丽已经尽她所能做了让步，再也适应不了新的变化（有趣的是，如果是在另一个环境中，玛丽是可以学习 WordPerfect 和后来出现的软件的。也就是说，假设在另一个地方重新开始工作，玛丽就会有不同的想法，并且更愿意接受变化）。

好领导不会再和船一起下沉

如果回过头去看以往的企业领导，就会看到一致性是个标志性特点。以往 CEO 做的决定会得到公司所有人（自上而下）的赞同，即使与数据有出入。

不客气地说，人们期望领导者和船一起下沉。“坚持”和“随波逐流”是领导者重要的内在动力。也就是说，他们既怕被人看扁，又怕做错了事。改变想法（或转换思路）被视为无法忍受的缺点。只要领导者不再受人尊重，就无异于自寻死路，他将无法面对自己的员工。

谁是这类领导者的化身呢？当回顾 20 世纪前半叶企业领导标志性人物时，就会找到一个例子——亨利 · 福特。脚踏实地和坚持到底是福特早年成功的特点。但是，灵活的时代到了，愿意接受改变、倾听他人的意见将变得更为重要。

李 · 艾科卡曾经在《时代》杂志上发表过一篇关于亨利 · 福特的很有影响的文章，现在引用其中一段话作为例证：“问题在于他们（福特）在相当长的时间里都用一种模式工作。虽然人们告诉他要注意多样性，但是亨利 · 福特目光短浅。他总是说‘让顾客见鬼去吧’。身处黑暗之中，谁能看得见什么颜色呢。他没有推出任何新设计，直到 1927 年 Model A 才装配下线，而那时通用汽车公司已经占领了市场。”

当福特公司停滞不前时，它最大的对手通用汽车公司利用这段空档期占领了相当大的市场份额。到了福特的儿子管理公司时，他坚持推出新的车型（如 Model A），公司才得以继续生存。

这类领导者的另一个重要特点是，他们都受制于过去。他们让过去指导未来。以前管用的办法还会继续管用。这当然有利于连贯性，却是以不采用顾客所期望的新技术、新形式为代价的。

今天的领导者

再来看看 20 世纪成功企业家的标志之一——身处变幻莫测的商业环境的比尔·盖茨。盖茨总是热衷于新技术及其将为人们的生活带来的变化。但是一些人忘记了这一点，在互联网刚刚出现时，盖茨非常悲观，迟迟没有采取行动。

作者史蒂文还记得，20 世纪 90 年代的某个时候，他曾经参加（和大约 2 000 人一起）盖茨在多伦多主持的一次报告会。当时盖茨指出，微软公司已经花费了几百万美元研究互联网的潜力。他断言，互联网最佳的商业用途是视频点播（当时已经有了有线电视和卫星电视），到 2010 年时才能有足够的带宽支持。结果，微软公司决定对互联网不予重视。

以下这段话引自比尔·盖茨在那个时期所做的演讲：“带宽是个很大的问题。遗憾的是，它不像微处理器那样，每年都能看到呈指数速度增长……互联网的发展需要约 20 年的时间。主要原因在于要让高速的网络普及，尤其是让这些高速网络进入世界各地的千家万户，需要相当长的时间。”

随后发生的事情改变了一切。硅谷元老吉姆·克拉克和伊利诺伊大学刚刚毕业的大学生马克·安德森达一起在克拉克的厨房里，成立了一家小型公司，计划简化并且提高当时鲜为人知的万维网的接入速度。他们将公司命名为网景。他们的小公司刚刚上市，就改变了首次公开销售证券的常态——正如人们所知，它也改变了世界。面对新兴、前沿的技术时，微软公司以一步之差落于人后。

在公众的印象中，微软公司就意味着比尔·盖茨，他曾在无数的论坛中表明态度，如今看来根本站不住脚。他是微软公司的船长，按照传统，老派的船长都会和他们的沉船一起下沉。无论如何，他们都要想办法坚持，继续坚守岗位——因为领导者所做的最差劲的事是当众改变他的想法。不能始终如一比做错事还要糟，那会被看成示弱和在重压之下的胡言乱语。

但盖茨是怎么做的呢？毕竟，他已经是这个星球上最富有的人之一了。他会坚持自己的决定，对互联网视而不见吗？或者他会冒险当众改变他的想法？他是根据别人对他的想法做的决定吗？他不担心自己的自尊心吗？得了吧，你真的以为比尔·盖茨会按照别人对他的看法做决定吗？

盖茨将数十亿美元的公司掉了个头，全力以赴投入互联网的潮流。他们设计的 Microsoft Explorer，最终成为全球应用最广泛的万维网浏览器。《时代》杂志的文章指出：“万维网出现于 1994 年，让浏览器成为必需的工具，网景公司于同一年成立。太阳计算机系统公司设计出了 Java，网络程序语言。盖茨犹豫不决。直到 1996 年，微软公司才按照盖茨自己的说法‘全心全意地拥抱了互联网’。”

为什么他要那么做？因为盖茨像如今许多卓有成就的领导者一样，过去而且现在仍然更关注于取得成功，而不是他人对他的看法。他看到的是未来和机遇，而不是过去和他的自尊心。从过去获取经验固然重要，但故步自封只会白费力气。担心形象、始终如一或维持现状是过去的美德，而今天却只能自取灭亡。随着时间的推移，成功的领导者会把他们的使命放在首位，自尊心都在其次。如果必要，他们也不惧怕改变自己的立场。

将来各行各业都会涌现出成功的企业家。今天的青少年可能转换职业——不是工作岗位，而是职业——在他退休之前会有 6 次。将来的很多职业现在都还没有存在。你的孩子们今后所做的事情，是你今天无法想象的，他们需要不断改变和提高自己的技能。

灵活能力是可以培养的

灵活是训练自己重新解读让人担忧或惊恐的意外情况的能力，从有些烦人的小事（如临时保姆突然有急事要出去）到重大的使生活发生巨变的事情。设想这样一个情况，因为丈夫在家办公，夫妻两人决定生个孩子。妻子怀胎 7 个月时，未来的父亲收到了一个高薪的工作邀请，以后会长期出差在外。在这种情况下，是否灵活，就决定了是让婚姻出现难以弥补的裂痕还是让家庭生活有了一个新起点。

顽固不变毕竟代表了返巢本能的一种极端形式——人们会过分依赖熟悉的思考方式和行为模式。这一点是可以改变的，尽管可能有些干扰，而且需要一段时间调整。想象一些简单的事情，如睡觉不用枕头或换成保健枕。开始时会很别扭，你会觉得不舒服。连续的几个晚上，你都可能无法放松。慢慢地，你开始适应了，酸痛的脖子和肩膀有了好转。记住，第 2 章提到的 ABCDE 表格也能帮你忘掉不良的行为模式。

顺便提一句，所有的父母都知道，孩子经常是最固执的：叫嚷着只吃麦当劳，不接受其他任何食物；一看到类似蔬菜的东西就装作看不见；拒绝去附近的其他餐馆。对付他们的办法就是让这些挑剔的小家伙成为食品评论员，把在家吃饭和外出就餐变成发现和评比其他食物的机会。有可能麦当劳依然是首选，但是这种训练会打开孩子的视野，幸运的话还能让你孩子在此过程中接受几种蔬菜。与此同时，你还可以培养孩子的灵活能力。

接受改变

总而言之，情商中的灵活能力涵盖应对不熟悉、无法预知和不断变化的环境时所需要的全部能力。具有灵活能力的人不会故步自封，对变化及时做出反应；在有证据证明他们错了时会改变想法；乐于包容不同的观点、信仰、行为方式；在处理各种不同的要求和安排做事顺序时游刃有余。

记住，灵活不同于冲动。冲动的人通常行事武断，不经过充分思考，不是在对新的更真实的信息做出反应。相反，缺乏灵活能力的人拒绝新观念，不能适应变化。他们在新的环境中仍然固守旧的行为模式，即使这种模式显然已经不足以应对现状，也已失去了效力。

需要注意的是，灵活也不是不坚定直率。不坚定直率的人不会坚持自己的立场；不会为自己的观点辩解；其立场也不会与众不同。一有压力，他们便放弃自己的立场。具有灵活能力的人虽然初看时容易被误以为他们“缺乏坚定直率”，但其实不然。他们改变自己的想法、方向或立场不是因为他们让步了。他们改变立场是因为他们能够适应、利用之前没有接触到的新信息。

还要记住，灵活与现实判断紧密相连。如果你能正确分析所处的环境，就会找到新的信号，引导你做出适宜的反应。举个例子，橄榄球队中的四分卫最好有很强的灵活能力。开球时，他的脑子里一定有具体的计划，但是如果他看到情况发生了变化，就必须放弃原来的计划。要是他不管在球场上发生了什么事情，都坚持按原计划行事，那么他注定会失败。

实际运用

具有灵活能力的人在处理各种不同的要求、安排做事顺序和快速转变时游刃有余。尤其是在今天的商业环境中，灵活是成功的重要因素，因为它能让你在新情况一出现时就及时加以利用，一有了改变就及时做出调整，优先顺序发生变化时及时做出反应。

欠缺灵活能力的人在新情况下仍然坚持旧的模式，即使这些模式被证明是失效和无用的。他们拒绝接受新的想法，无法对变化做出相应的调整，需要新的不同的方法时他们手足无措。其结果是，成功的机会从他们手中悄然溜走。

自我评估

1. 在你的记事本上写下若干日常生活中的例行公事。

2. 你是否做出过改变？如果回答是肯定的，你多久改变一次？你是因为出现了新情况才改变的吗？如果是，原因何在？

3. 列出 3 个你希望改变的习惯。

4. 你觉得你的配偶、朋友、同事或上司是否愿意看到你的改变？有人建议过你做出改变吗？

5. 找个合适的时间，询问前一个问题中的任何一个人，他们觉得你在固执—灵活的线上的哪个位置？

6. 如果你只能改变自己的一个方面，那会是什么？

7. 就集中精力去改变这个方面，你会如何去做？谁能帮助你实现？别人会怎么做？

8. 你觉得这个变化会如何影响你的生活？

9. 用“总是”“通常”“有时”“很少”“极少”或“从不”回答下列问题：

a）外出就餐时，你是否点同样的菜？

b）你是否发现自己做些（或不做）无关痛痒的事情是因为它们可能给你带来运气？

c）你是否因为没有看成你想看的电影之类的小事而感到难过？

d）别人是否说你是后坐司机（坐在后座位置，叫司机往哪儿开，怎么开）？

e）你是不是那种无论在工作中还是在家中，都希望一切按部就班的人？

f）你是否抗拒尝试新鲜事物？

按以下计分方式统计分数：“总是”得–4 分，“通常”得–2 分，“有时”得 0 分，“很少”得 2 分，“极少”得 4 分，“从不”得 6 分。

如果你的总分是负的，你可能需要检查一下你是否具有足够的灵活能力；如果你的总分是正的，那么你可以觉得自己很有灵活能力了。

自我练习

回顾在第 2 章中你是如何完成 ABCDE 表格的。

灵活能力以两个方面为基础：现实判断的能力和处理压力大的情境的能力，后者将在后面的章节中谈到。在这里需要回顾一下你的现实判断能力——因为如果你无法评估周围环境中发生的状况，就很难正确应对新情况。举例来说，影响到你的公司的经济环境变化，就是不能忽视或误解的。如果你对这类事情视而不见，就不会去制订能够让你找到更为稳定职位的新计划。

灵活能力还有一个关键因素是情绪自觉。情绪自觉能够让你深入了解不实在的恐惧（通常是担心失去控制或受人欺负），以及有害的内心对话。如果你能够了解并处理这些障碍，自身的灵活能力就会提高。

1. 在每天结束时，在记事本上记下你印象中觉得自己不够灵活的事情——例如，你拒绝改变自己的看法或改变得不够快。使用 ABCDE 表格，记录你自我毁灭的内心对话。几天之后，你就会看到一个模式逐渐浮现出来。也许你的大多数恐惧都源于害怕丢脸、失控、受到指责或仅仅是怕犯错误。如果是这样，那么集中精力批驳和辩论这类内心对话。这样，当其他类似的状况出现时，你会已有准备。此外，评估你的努力是否让行为发生了改变。不成功的话，就花点时间回忆一下，是否有些内心对话被你忽略掉了，然后继续批驳和辩论这些内心对话。

2. 在接下来的几天和几周里，如果你发现自己在处理问题时不够灵活，就努力去找新的处理方式。也许你立刻就能找到——或者你找到新的以前隐藏起来的内心对话，现在显露了出来要成为你的绊脚石。那么把它记录在记事本上，开始新一轮辩驳。

你可能不得不这样做，因为提高灵活能力需要练习和耐心——尤其是你在希望一次就找对方法却没有成功时，你会变得更加固执，对自己也更加苛刻。坚持下去，你的努力终究会得到回报。

3. 要知道哪些是看似灵活，其实是缺乏坚定直率的表现。同样，初看非常坚定直率也有可能实际上是不够灵活的信号。记住，坚定直率意味着维护自己的权利，勇于表达并为自己的想法、情绪和行为辩解。但是如果你得到的合理有效的信息都是否定你的观点的，而你仍然一味坚持，那就不是坚定直率，而是太不灵活了。如果你太容易听从他人的意见，那也不是灵活，而是缺乏坚定直率。在你的记事本上，用 ABCDE 表格评估你的内心对话和行为是否在某些情况下表现为灵活或不坚定直率，在某些情况下表现为坚定直率或不灵活。

4. 只要觉得自己不够灵活，就尽量让自己以更开放的心态去接受新的观点和新的行为方式。当天的晚些时候，记录是什么让你改变和成功的。

第 16 章 抗压

“压力压不垮我们。只要适应了，便能够活下来。”

——乔治·范伦特（美国心理学家）

定义： 抗压能力是一种用正面、积极的方式抵抗不利事件及压力情境并且不会导致身体上或情绪上出现症状的能力。这种能力取决于：（1）选择处理压力方法的能力（要机智、高效、想出合适方法、知道该做什么和怎么做）；（2）对于通常的体验和变化，以及自身成功克服身边困难的能力保持乐观；（3）能够保持冷静，控制局面，知道自己可以控制或影响压力。

抗压能力包含了应对压力情境的许多适当反应。它使人在面对困难时能够放松、镇定、冷静，不会感情用事、失去理智。抗压能力强的人在面对危机和困难时不会自暴自弃，不会无助、无望。过分焦虑是由于抗压能力不佳的结果对总体绩效有负面影响，因为它会导致精力不集中、不能决策，以及出现身体上的不良反应，如失眠。

今天的拼车司机凯文已经走投无路了。

“我真是忍无可忍了，”他对拼车朋友劳伦斯说，“在这个月底我要完成两个项目。而我的搭档病了，他手里的活儿都压在了我身上。桑迪去底特律找她妈妈去了——天知道她去干什么，把孩子留给我照顾。最要命的是，我们刚刚发现塔尼亚存在学习障碍。虽然不严重，但她需要一名家教，但是你知道，这是要花很多钱的。”

劳伦斯摇头表示同情："你手头上的事情太多了，我真不知道你怎么挺住的。"

"实话告诉你吧，"凯文说，"我并没有扛住。我的脖子僵疼。我每天凌晨两点就醒了，脑子里都是工作的事儿，然后就再也睡不着了。我经常感到无法呼吸。没错，我去看医生了。他说我还活着呢——心脏和肺都没有问题，但是我真的是太紧张了，他说得对。"

凯文去看医生无疑是正确的选择——不像很多人一生强颜欢笑，默默承受着压力，直到入土。压力超大的症状会像心脏、肺或甲状腺疾病的症状一样。而且医生的诊断也是正确的：压力过大是当今生活中最常见的难题之一。人们的情绪感受已证实对自己的身体功能——心跳、呼吸频率、血压有重大影响。从长期看，情绪是否平稳对抗压能力也有循环性影响。自我平衡能力越强，越能经受住生活的考验，也就越健康——无论身体上还是精神上。压力管理能力差常会导致焦虑、忧郁、精神涣散、决策失误及失眠，同时身体还会伴随出现一系列症状，如呼吸困难、胸痛、腹泻、气短、心悸和恶心。人们知道什么是压力，它是如何影响自己的生活的。但是即使人们对压力的认识是正确的，在忙碌的生活中要想把它处理好，依然不是件容易的事。

压力认识的演变

在过去 30 年间，人们对压力的理解产生了巨大变化。事实上，这个词既不是源于心理学也不是源于生理学，而是物理学。它是指对身体作用的一种机械力。对这种压力所产生的反应叫作张力。

压力的概念首次应用于动物和人类是在 20 世纪 30 年代，那时持进化论观点的科学家论证了在过去遇到危险的情境时是如何产生生理唤醒（指情绪与情感产生的生理反应。——译者注）的。外部事件或感知到的危险能让身体做好"战斗或逃跑"的反应。如果早期人类（或者狮子、老虎和熊）选择战斗，他们最好是具备击溃入侵者的本领。反之，（或小型动物）则会选择躲避。

这一生理上的自然反应对人们的原始祖先来说至关重要，而人们是他们的后代。但是这一根深蒂固的生理反应对今天的人类既有正面的影响，也有负面的影响。人们的头脑和身体对接二连三的重大压力只用本能的反应可能是毁灭性的。当然，人类的反应不只是“战斗或逃跑”两种。在 20 世纪 60 年代，汉斯·塞利博士提出一般适应综合征（General Adaption Syndrome）的概念，它是指人们天生对待压力性事件会采用的方法。总体来说，他认为要经历 3 个阶段：警觉阶段、阻抗阶段和衰竭阶段。所有这些差不多都是本能的反应，与基因紧密相关。但是塞利博士认为意识的干预可以优化这 3 个阶段，从而改变各阶段产生的影响。这些干预是提高抗压能力的技巧，其中一些我们将在本章的“实际运用”中简要叙述。

压力指示器

和其他情商因素一样，人们对待压力的第一步是运用自己的自我意识并查看身体和精神上的信号。你有过哪种反应？你可能感觉紧张、极度兴奋或不堪重负；觉得颈部、后背和肩部肌肉僵硬，或者头痛、头晕或气短；睡眠习惯受到影响，或者食欲缺乏、胃痛或其他疼痛。

身处压力下，人的心情会变差，而人们必须极力防止出现忧郁和焦虑的情绪。这时，在头脑中会不断闪现一些想法，如“我再也忍受不了了”“我没办法面对”“我怎样才能摆脱”“我希望我的问题能够统统消失”“难道别人就不能帮帮我吗”？

至于在行为上，压力对自己和对冷眼旁观者都很明显。当你身处压力之中时，你可能坐立不安、来回踱步、扭动手指或搔头发，也会有人坐在那里看天花板，一屁股坐在电视机前待上几小时，或者早早上床双眼盯着天花板。

如果你用一分钟看看这些已被公认为忧郁的行为反应，再加上自己出现过的——身体反应、情绪状况、习惯性的想法及行为举止，你就会对自己在压力过大时的状况有一个全面清晰的认识。

保持适当的视野

较强的抗压能力是一种很好的防范，可以预防高血压、心脏病和溃疡。它涉及面对困难局面能做出的各种恰当的反应，是处事不惊、沉着冷静、不丧失理智、不被情感左右的能力。它能让你对每个问题都有掌控力，可以一个个处理好，不会惊慌失措。正如人们已看到的，相反的状况不怎么吸引人。

詹姆斯·杰克逊是美国《时代》杂志资深撰稿人及编辑，他对压力的控制能力令人钦佩，像他这样的人真是不多。他的工作性质决定了他接到的总是紧急任务，然而他却能精神集中，在短短数小时内吸收大量信息，并且写出优美的文章。遇到疲惫不堪的同事行为古怪或出现意想不到的情况，他总能泰然处之，并保持着幽默感。

他是怎样做到的呢？按他的话："这和我在新墨西哥州长大很有关系，在那里唯一的压力来自得克萨斯州、纽约和加利福尼亚州的游客。"他认为关键是始终处在自己的"能力信封"内，即清晰地认识到自己能做什么，尽自己的最大能力做好，不要轻易地被其他的人或事左右而不必要地精神亢奋。最重要的是要有自己的视野："这篇文章在之后的 100 小时、100 天或 100 年的价值何在？今天的杂志明天可能就被人垫鸟笼子了。"他用典型的自嘲方式道出了懒惰的价值："因为懒人总能找出快速、简单完成工作的方法。"这些来自这样一个人：他曾管理波恩和莫斯科分社，第一个采访戈尔巴乔夫，用业余时间写了一部谍战小说，还在马萨诸塞州的家里种菜养花。

杰克逊的准则集中体现为 3 点：计划采取积极方式控制住压力的能力；面对突发情况及不利情境时保持乐观态度的能力；感知自己可以控制至少影响压力产生的事件。

不要做自己的敌人

第 2 章中描述的 ABCDE 因素，以及自我破坏性的自我对话常常会导致个体感觉压力过大。小题大做的情况经常出现，人们很容易把这种情况灾难化，说“我要精神崩溃了。我绝对干不了这个”。像这些有害的想法必定会让压力的恶性循环加速运转。如果不先控制住紧张情绪，就很难解决造成紧张情绪的外部原因。

我们再回过头看看压力下的拼车司机凯文，研究一下他的 ABCDE 模式。他的诱发事件很清楚：他手上有两个项目要做；他的同事病了，所以他要承担的工作就更多了；妻子去了外州处理家里的急事；女儿经诊断有学习障碍。他也描述了后果：紧张、焦虑、压垮了。他不知道怎样才能改变这种状况；他无法入睡，对身体状况感到担忧。

至少凯文还是很明智地去看了医生，医生建议他要谨慎处理压力。他开了个好头——但是现在他必须考虑一下引起他压力过大的那些信念。如果向压力低头，他就会陷入困境；他会尝试延迟应对这些压力，但肯定失效；虽想把压力放到一边，让自己放松一下，却放松不下来。在比较乐观的情境下，他检查了所发生的一切，虽很担忧但还在努力。他的妻子并不是离他而去，女儿的学习问题也及时发现了。通过分析讨论、争辩和分解这些非常严重的问题，他也许能找到一种方法处理它们。

第一，要做的是在与压迫感和无助感的斗争中重新掌握控制权。把你面临的所有问题写下来，这能让你逐渐从消极的态度转变为积极的态度。从心理学上讲，它能让你从无助的受害者转变为对事件整体把握的控制者。

第二，把相关的压力归类。以凯文为例，他首先写下的是工作量大、资源短缺、工期紧迫——这些他都归到了“工作压力”一列。然后他又写下其他压力：妻子不在身边、无人分担困难、必须自己做饭、整理房间，还得去遛狗。他把这些归为“妻子不在家”一列。

把压力写出来，能让压力具体化。也就容易处理有利于减压——之前只有含混不清的感觉和不明确的问题。

第三，要从小问题开始逐步解决。例如，只抓住一个问题并先解决它。凯文发现他工作中最大的问题是资源短缺，他可以和老板讲自己超负荷的工作量是否可以让其他同事分担一些，或者工期是否可以延后。无论老板是否同意，从心理学角度上讲，这样还有其他选择的想法本身——不管它们成功与否，都给凯文一种控制感，和之前被完全无法控制的压力压得喘不过气的感觉完全不同。

凯文也许会给自己要解决的问题排序，可能是按重要程度、解决所需时间或难易程度来决定先处理哪个问题。

在头脑中计划的同时，凯文还可以做一些体育运动，这有助于减轻身体上和精神上的疲倦感。参加体育运动，如跑步、打壁球或健身，可以释放胺多酚，缓解身体和心理上不堪重压而产生的症状。听一些柔和的古典音乐也能让人的心情、思维及行为举止平静下来。

他还决定每晚给妻子打电话，这表明他很关心岳母的身体状况，既能与妻子保持联系，还能增进情感。接着他会考虑如何去给女儿找家教，做到这点并不难，他还没到入不敷出的程度，经济条件良好，完全可以在妻子回来之前请个临时保姆，顺便开始给女儿找个合适的家庭教师。通过这种方法，他平息了恐慌感，意识到很多方式可以解决问题，心情变得豁然开朗。虽然压力依然存在，但现在他觉得自己可以控制了。他再次做身体检查时，很可能大有好转。

你真的能够提高自己对压力的适应力并用积极的方式增强抗压力吗？是的。抗压能力是可以提高的（在本章后面会涉及）。只要学会了提高的方法，无论从短期还是长期来看都能使身体放松，变得更健康。反过来，当遇到更严峻的困难时，可以处理得更灵活，适应能力更强。

探索负面事件与处理它们的能力之间的关系有一段漫长的历史。早在 1915 年，弗洛伊德就在一直主张他的“防御机制”理念，是指大量无意识过程，包括内心根深蒂固的压抑和合理化作用。但是在 20 世纪 70 年代晚期，学者修正了弗洛伊德的理论。与其相反，他们认为压力能激发人们发展有意识的策略或行为方式以适应自身情况。

这对于那些希望能够更好地处理压力的人来说无疑是个好消息。如果弗洛伊德是正确的，那么要想研究了解无意识过程就必须依靠大量治疗——这是很难的。但是，如果压力可以通过自我对话及自己的行为方式而减轻（或加重）——有时是瞬间产生的——那么每个人都可以提高抗压能力。

接下来的练习可以帮助你更好地处理压力。

实际运用

如果面对难以应对的挑战局面产生了压力，人们就很有可能在情绪上感到焦虑、恐慌或无助，从而影响自己的现实判断、问题解决及自信、坚定的行为举止。长期紧张、气短等症状会影响人们的活力，使人们难以集中精力。所有这些都会导致取得成功的概率降低。

简而言之，如果向环境提出的新要求“低头”，那么人们就不可能生存、不会具备抗压性，或者无法镇静地独立自信地处理问题。这些会削弱人们渴望成功的意志。抗压能力差的人“崩溃”或“不堪重负”的可能性较大，他们有两种表现：一些人会极度焦虑不安、慌乱烦躁、感到无助无望、意志消沉、态度漠然；另一些人情感上可能不会发生变化，但身体上会出现症状，如失眠、心跳加速、呼吸困难、恶心、头痛或出现皮疹。

具备抗压能力的人就不会出现这些症状，他们在压力下依然能够冷静处事、精神集中，不会把困难转嫁他人。他们有能力让自己放松下来。在他人眼中抗压能力强的人更坚强、适应性更强。他们总表现得自信、思路清晰、对环境有准确的判断。

抗压能力与成功的关系密切，因为它可以让人们面对困难时，不会出现负面情绪和令人担忧的身体症状来干扰自己迈向成功、达到目的。抗压能力差的人，现实判断、问题解决、灵活和冲动控制的表现都会受到影响。此外，由于这些能力差，个人取得成功的可能性就更小了。

自我评估

回顾第 2 章中有关 ABCDE 表格的内容。

1. 思考一下最近工作中出现的一些令人为难、不舒服或意料之外的情况。

它可以是你已身负重压而工期已近、失去了升职机会或有丢掉工作的可能性。

2. 在记事本上写下你经历的不愉快感受，由于出现一些情况导致身体出现莫名的不适，以及由于压力管理不当而在工作中糟糕的表现。

3. 思考一下个人生活中出现的类似情况，如对你很重要的人、父母或孩子出现了问题。同样记录下你的感受、身体上的反应，以及由此对你和他人关系产生的负面影响。

4. 回想一下最近你遇到的几个感到压力的情境，记录下引起这些压力的事件，这些事件是否有共同性，展现出你处理压力方面的倾向。也就是说，这些事情是工作上的事，还是家里的事？是什么让你产生了无助感，觉得无力改变状况？

5. 记录下你对每个压力的感觉及身体反应。看看这些感觉是否也能归类。有些人或者情绪上有感觉，或者身体上有反应；而有些人则同时在两方面都有反应。如果你是这种类型，你对压力首先表现出的反应是什么？

6. 要特别注意在你“不堪重负”时头脑中出现的想法，例如：“我真的无能为力。我被压得受不了了，我会把事情搞得一团糟。为什么我这么失败？”运用（ABCDE 方法中的）D，“辩论批驳”其正确性。同时，问自己：“真的无能为力、被压垮了吗？有什么依据吗？”

同样要注意“永远、总是、常常”等字眼的使用，把它们替换为“有时”。如“我总是把事情搞糟”换为“我有时会把事情搞糟”。这就把“强烈”的情绪转变为了“冷静”的情绪，从而减轻了紧张感和压迫感。

另一个极端字眼就是“永不”，也可以把它替换为“有时”，例如“我永远做错事”，就可替换为“我有时会做错事”。

“应该”也是这样的词，不要用“我应该”，而改用“我选择”。例如“我应该在 10 分钟内做完”改为“我选择在 10 分钟内做完，但是如果我没做完，也没什么大不了”。

“一定得”也可替换为“我选择”。例如，“我一定得赶上地铁”改为“我选择最好能赶上地铁”。替换为这些词可以缓解心理上的“焦虑”，从而减轻压力。

7. 现在你是怎样处理压力的？把这些方法都列出来，包括有些没有效果的方法和你正想改变的方法。

8. 下列哪些方法你最常使用？

- 深呼吸
- 散步
- 慢慢地从 1 数到 10
- 无视问题的存在，希望它自然消失
- 把困难转嫁他人
- 寻找其他方法
- 列出清单
- 发泄情感
- 锻炼身体
- 使用酒精、烟草或其他药物
- 冥想、做瑜伽或听些舒缓的音乐
- 服用镇静剂或其他药物治疗

9. 出现问题时，以你自己对它的理解，你更喜欢用哪种方法处理？从你的亲身经历看，你的解决方法是否是最得当的？

自我练习

有很多体育锻炼可以帮助人们平复不安的情绪，获得放松的感觉——同样也确实能改变身体上的生理机能。为了把效果最大化，体育锻炼应该成为每天生活中的一部分。别等到危机出现才开始锻炼，寄希望于它能迅速见效（虽然当情绪波动时，即使临时做一些锻炼也能起到缓解作用）。

你只需每天花上 5 ~ 10 分钟做运动——成本很小，想想你每天喝咖啡或看电视要用多少时间吧。

因为体育锻炼能释放胺多酚，运动对减轻压力症状有明显效果。此外，它能让你精神振奋；觉得自己所做的事非常有建设性，而不是被动地承受。

运动本身就传递出一种自己对身体及引起压力的情境的控制力。

1. 腹式呼吸乍一听有些奇特，而且有悖于自然规律。通常当吸气时肺部会充满空气，胸腔提起，呼气时胸腔回落。但是这种方式事实上会放大人们激动的情绪。腹式呼吸法是要让胸腔保持平稳，激活位于腹部下方的膈膜。方法如下：

- 找一块铺设地毯的僻静地方。把衬衫或连衣裙松开，脱掉鞋子。平躺在地上，闭上眼睛，一只手放在胸部，另一只手放在腹部，然后正常呼吸，集中注意力感受一下这种自然的呼吸方式发生了怎样的变化。
- 尽量保持胸部和胸腔稳定，用鼻腔吸气，让腹部扩张，充满空气。然后微微张开嘴，慢慢呼出空气。通过练习便可做到在吸气时扩张腹腔，呼气时收缩腹腔。这样坚持 5 分钟，你会感到精神振奋、身心放松、思维敏捷。

当你感到有压力时，无论站着还是坐着，甚至是走路时，都可以采用腹式呼吸法。如果做不到闭上眼睛，就把目光集中在附近的一个物体上，然后反复呼吸。

2. 指压按摩和针灸与穴位按压的原理相同。通过简单的操作就能体现出它的效果。用拇指和食指按压另一只手拇指和食指中间的部位，会有轻微的不适感，但不会有痛感。按压 5 秒后，换另一只手，反复两三次后，紧张感会减轻。

3. 渐进式放松首先是由雅各布逊（Edmund Jacobson）提出的，之后由哈佛大学的罗伯特·本森（Robert Benson）和著名精神病学家约瑟夫·沃尔普（Joseph Wolpe）推广开来。事实已证明，每天练习渐进式放松法可有效缓解高血压、肠道易激综合征和焦虑程度。但是当出现突发情况或严重的焦虑性发作时，其效果就不是那么显著了，遇到这样的情况时，腹式呼吸和指压按摩是最有效的。

- 渐进式放松同样需要一块铺设地毯的僻静地方。脱掉鞋子，把衣服松开，平躺下来，闭上眼睛。握紧拳头 10 秒钟，把注意力全部集中在手上。然后松开手，你会有种缓慢释放并且暖暖的感觉。不要重复做。

下一步要做的是弯曲小臂紧贴上臂，同样坚持 10 秒。

- 收紧肌肉，从面部、肩膀、胸部、腹部、腰部、臀部、大腿、小腿直到脚。从始至终，告诉自己你确实越来越放松了。结束后，再躺一会儿，然后慢慢起身。首先，你会觉得有一点儿头晕。这是很正常的现象。但要提醒一句：如果肌肉有任何不适，则不要尝试此方法。如想缓解压力必须首先咨询专业医生。

4. 有意识地转移注意力可以缓解压力。有以下几种方法：首先，感到压力时把你能做的事写下来。写在纸上非常重要，这就表明你已做好计划，能提高你对压力的控制感。其次，当出现令人心烦的事情时，可以想一些快乐的事情或宁静的画面，如海边、森林、移动的云彩，让自己的注意力分散。或者，如果你已经清楚是什么让你备感压力，你可以让它“终止”。例如，如果你被堵在了路上，每 30 秒就忍不住要看一看表，你可以把目光移到温度计上以转移注意力。不要听摇滚乐和电台谈话节目（它只能告诉你你已经知道的——你被堵在了路上），改听古典乐或爵士乐。

5. 另一有效的减压方法是让自己“暂时忘记烦恼”，有意识地把烦心事放到一边，在之后的某一时间再去考虑。把你的烦心事写在纸上，密封在信封里，然后在上面写一个时间，如晚上 7 点 15 分。于是你把烦恼暂时忘记，直到那个时间你都不要去考虑它。等到了那个时间，你把信封打开，用 3 分钟重新看一看那些烦恼，然后再把纸放回信封，写上一个新时间。以此反复。

6. 运用 ABCDE 方法中的 D，问问自己“依据是什么”，分析自暴自弃的原因。此外，用“我希望”替代“永不”“永远”“必须”“应该”等字眼。把“我应该能完成”或“我必须做好”变为“我希望能完成”或“我希望能做好”。

第 17 章　乐观

“乐观主义者说我们生活在最好的时代里，而悲观主义者害怕这是真的。”

——詹姆斯·布朗奇·卡贝尔，1926 年

定义：乐观是指即使在逆境中依然能够看到生活光明的一面并且保持积极态度的能力。乐观反映一个人积极的态度和对生活的看法。它指一个人在逆境中依然能充满希望并迅速适应环境。乐观的反义词是悲观。悲观是抑郁症的一种常见表现。

鲁本·罗德里奎兹（Reuben Rodriguez）是 IMSA 集团（现在名为 Ternium Mexico S.A de C.V.）人力资源副总裁。该集团是一家制造公司，销售额超过 50 亿美元，拥有 14 000 名员工，是墨西哥 25 家大型企业之一。15 年前，鲁本当时是出口销售经理。他在和一个大客户谈生意时遇到了困难，这个客户似乎打算要和另一家公司合作了。鲁本感到不知所措，非常心烦，一天比一天焦虑。他无法集中精力工作，连个人生活也受到了干扰。在他的职业生涯中，失败主义思想第一次占据了他的大脑。然而，一件小事儿却让他重新有了乐观的精神面貌。

一个周六上午，鲁本正感到自己被压力压得受不了时，一个流动小贩来敲他家门，送来他的太太订购的新鲜草莓。小贩身边还站着一个破衣烂衫的男人，拿着满满一盒水果糖。鲁本一直躲着他，不想和他说话，但他还坚持

继续攀谈，鲁本就发火了。“你难道不明白吗？”他喊道，“你听不见吗？我不想要糖果。快走开，别烦我。给我听清了——不要就是不要！”然后，他拿过草莓，把门一摔。

但是他太使劲了，所以门又弹开了，他只能走回去关门。这时，他无意中听到那两个男人一边走远一边说的话。卖草莓的小贩在鼓励着他的朋友，而他的朋友根本不需要鼓励。“没关系，”他说，“下周他就会买我的糖果了。等着瞧吧。他只是今天心情不好而已，他迟早会买的。”

鲁本站在门口，一下子恍然大悟。他这么一个有大学学位又接受过专业训练的人居然从这样一个不起眼的人身上听了一堂销售基础课。这个小贩表现出了坚持、乐观、宽厚的精神。在诸事不顺的逆境下，也能看到未来的希望。事实上，他很快就成功了。鲁本把他叫了回来，买了些糖果，还大方地给了小费。他说道：“你不知道你对我的帮助有多大。”

小贩做成了生意——那么鲁本呢？他没有。但是他接受了这个失败，获得了更大的成功。他一直记得那天学到的一课——他在培训员工时也教给了他们，即一个人是否乐观与贫穷或富裕无关。它来自内心——相信虽然日子艰难但只要付出努力就会好转，相信失败与成功在某种程度上取决于思想意识。

转变悲观心态

和坚定直率一样，乐观常常被人误解。它并不是盲目相信什么事情都会有好的结果，而是希望能够反映出现实判断中的弱点。冒险的行为会使你无视现实中必须面对和克服的挑战。它也不是无限地让自己沉浸在振奋人心的话语中——反复和自己讲积极正面的事情。这也会把自己引导到死胡同里去。相反，它是一种让自己不再想或讲对自己或自己周遭有破坏性的话语，特别是当自己处于失败或失落时。真正的乐观是全面、怀抱希望但又现实地对待日常生活。

心理学家马丁·塞利格曼（Martin Seligman）发现了乐观主义者和悲观主义者的三大不同心态。第一，乐观主义者把生活中的低谷视为一种暂时状态，不会持续很久，会好转的。他们不会觉得自己注定悲伤、沮丧、一事无成。总的来说，他们把烦恼和困难都视为成功的前奏曲，而不是彻彻底底的失败。第二，他们把不幸视为一种特殊情况，并不是长期、无法摆脱的命运。持有这种心态，即使真的遇到了困难，他们也能很好地分析，一一处理，不会被击垮。第三，他们不会把所有的责难立即承担下来。如果经检查发现存在着外部因素，他们会把这些外部因素考虑进去。

这和悲观主义者的 3 个特点完全相反，即永久性、普遍性和个人性。悲观主义者把每次、每个挫折都与过去和未来联系在一起，认为自己注定要失败。把任何失误都视为自己能力差的又一例证。为什么总是发生不好的事情？因为悲观主义者认定自己无力胜任、办事不力应该受到责备。

乐观主义者能把悲观主义者的这 3 个特点转化——不是靠所谓的积极思维的威力，而是质疑、辩驳不当的自责和无助感。以鲍勃为例，他因为在路上堵车而错过了关键的面试，失去了一个好的工作机会。如果他是个彻头彻尾的悲观主义者，他就会想：我早就知道。我总是做错事儿（永久性），一点也不奇怪这种事会发生，做什么错什么（普遍性）。我是个笨蛋，为什么不早点儿出门，为什么要走这条路（个人性）。

相反，如果鲍勃用乐观的观点看，他就会想：可恶，真令人沮丧。但是我下周还有一个面试（虽然出现这样的结果无疑让人沮丧，但这也不是世界末日）。坏运气——我曾经错过面试，但我还没到领失业救济金的地步。（这次是特殊情况，我不会“永远”倒霉的。）就算我走了其他路，也不会有什么区别，因为整个城市都堵成了一片（外部原因起了作用）。

要注意一点，如果鲍勃把这件事全部归咎于堵车，也是不正确的。那他就是在给自己找借口了。毋庸置疑，堵车是一个原因，但他要是早些起床出发就会更稳妥。或许，他下次会那样了。把所有责任归咎于外部因素和过度自责一样，都是不正确的做法，应该介于两者之间。

灵活乐观主义与盲目乐观主义

另一个危险是永远乐观地看世界。如果过于乐观就会导致对情境缺乏判断力。这就是为什么乐观与现实判断——准确判读周遭的能力——关系密切。塞利格曼把灵活乐观主义定义为现实地看待问题并怀抱希望，特别区别于盲目悲观主义——等着天上掉馅饼、对事物缺乏正确判断。你身边的那些盲目乐观主义者拒绝接受现实——对于他们来说一切都不是问题，他们认为成功唾手可得，而无视成功概率和逻辑规律，对于失败的代价熟视无睹或轻描淡写。

举一个极端的例子，即使你把大笔金钱用在买彩票上，也只能略微提高中奖概率，但你输钱的代价提高了，因为你把收入的更大一部分投入到这样的蠢事上。有时，小孩子都能看得一清二楚的事，盲目乐观的人却看不到——是时候转变态度了。有时，某一决定的代价是非常高的，即使它看上去危险性不大。

了解这些区别后，你应如何让自己更加现实地或以灵活乐观的态度看问题？逆境与沮丧对每个人都有影响，但是每个人的反应不同。乐观的态度对增强适应能力——从挫折或失败中恢复的能力，至关重要。面对生活中的低谷时，为什么乐观主义者和悲观主义者的处理方法有如此大的区别？两者从长远角度看可能经历同样次数的失败（悲观的人可能更多，因为他们总是自寻烦恼，对事情做最坏的打算）。有一个说法是区别在于乐观的人在出现困境时能自我开导，我们在第 2 章中的 ABCDE 模型中讲到过。

正如之前注意到的一样，每个人对不同事情都会产生不同的想法，决定不同的情感和行为。悲观主义者有遵循某一固定循环的倾向。他们或者狂怒或者绝望——他们想得到什么，但得不到，而且会让自己相信这些是他们永远得不到的，结果造成了悲伤、罪恶感、无助，被动无为或破坏性行为也就不足为怪。而乐观主义者在不幸出现时会打破这些消极的迹象并用更适当的情绪替代它，时时警惕这样的情绪或行为出现。这样他们就会对新出现的变化充满热情和自信，相信通过不断的努力会取得成功，并且制订计划，有目的地采取行动，以健康的方式生活。

让自己喘口气

记住一点，无论什么时候都应寻找可能的替代方案。悲观主义者总是一下子便会看到最糟糕的情境，并如前描述，把它与自己联系起来。例如，假设一个倒霉的勤杂工，虽然尽力了，但修不好漏水的水龙头。接下来他会怎么做呢？他会发脾气，摔手里的工具，开始自责，对自己说“我真是个倒霉的人”。他笨手笨脚，总是出错，永远学不会等。要看这些想法有多大破坏性，就想象另一个人用这些话来说这个勤杂工，这些话肯定被认为侮辱性的、不准确的，而且那勤杂工马上会奋起自我辩护。是，可以为他辩护，可能是光线不够，工具不合适，垫圈尺寸不对。也许那天他已经做了太多的事情，不应该来做这些精确性高的事情，也许他该休息了。所以他应该把注意力转到一些临时的、可替代的东西上（垫圈的尺寸、灯光及室内亮度）；特殊情况（是这个活儿不好干，而其他的活儿难不倒他）。以上这些情况都不是他个人的问题（说明出现这个问题的责任不全在他）。

或者，他可以去叫水管工或比他技术更高的朋友帮忙。这个方法就叫“我不行，那又怎样”，没什么大不了，不会有人耻笑你的。你在班里的成绩最差？晋升失败或约人去约会遭到拒绝？那又怎样？不要放在心上。正视失落感，但不要让它影响你，而要利用这次的失败来刺激你。修另一门课——也许这才更适合你的能力和兴趣，你的成绩会高一些。换一个公司或部门，在那里你的才能或许会得到赏识；再申请一次升职可能就会成功。至于感情生活，就算被多次拒绝也不意味着就没有适合你的人。爱情很神秘，需要不断努力，你永远无法知道什么时候那个合适你的人就会出现在街角。要是你不把头埋在悲观角的沙滩里，你便有所准备了。

即使在某一时刻头脑中的消极思想有一定的合理性，你也可以继续前进，这样做可以让你在未来处理好类似的情况，一定不要重复自己的错误。很奇怪的一点是——特别是那些有悲观主义倾向的人，他们总会不断撞墙，或许这是因为无法在某一事情上取得成功，而自我惩罚吧。这样做毫无意义。我们并不是在劝你面对困难时选择放弃。我们要说的是：让自己歇一歇，往后退一步，客观地审视一下自己。如果知道这不是你的强项，就不要让自己执着于这件事。现实的自我检测很有效，它能让你的生活更加美好。

实际运用

心理学家马丁·塞利格曼在《学会乐观》（*Learned Optimism*）一书中详细介绍了很多科学研究，这些研究表明乐观的人寿命更长，患病概率更小，血压也更正常。这些人无论做什么事情，获得成功的可能性都更大。你对此感到意外吗？并不。现实的乐观心态是指能够看到生活中光明的一面，并且在面对逆境时能保持积极的态度。这是一种积极的生活态度。乐观的人在自己身陷困境时，能意识到自己的能力，去积极面对问题，回顾自己在类似的情况下克服困难的成功经验，也就使他们对事情的进展有积极的心态。这样现实的乐观主义者与那些无视客观存在的困难和问题而盲目乐观的人完全不同。盲目乐观是一种态度完全没有现实依据的“乐观”；这样的人的现实判断能力存在很大问题。他们会采取“鸵鸟”战术，无视面前的现实问题。

乐观主义者的适应能力强，而且很坚强；他们在逆境中的心态是“我能做到”，而且有现实依据。他们不会绝望、放弃或回避问题，而会坚强地不断尝试。他们同样很灵活——会尝试不同方法。这些特质造就了他们的成功。

自我评估

1. 把下列问题抄到记事本上，用“从不”“很少”“偶尔”“经常”“总是”作答。

a）别人说我抱怨很多。

b）我身边的人说我心态很积极。

c）我认为我有积极的心态。

d）在每个上班的日子里，每天醒来我都期待新的变化发生。

e）在每个休息的日子里，每天醒来我都对新的一天充满期待。

f）我对未来我的（　　）很乐观。

- 工作
- 事业
- 家庭
- 人际交往

g）当一些不好的事情发生时，我不会心情低落。

h）当一些不好的事情发生时，我会重新整理思绪，把它看成需要面对的挑战。

给自己打一个分，“从不”得–4分，“很少”得–2分，“偶尔”不得分，“经常”得2分，“总是”得4分。计算总分，得分为负数说明你有悲观主义倾向，正数则说明你的心态比较乐观。

2. 你认为怎样能让你未来的工作、事业、家庭、社交更顺利，包括短期规划和长期规划，把它写下来。要达到这些目标，首先要做的是什么？

3. 做这些改变对你来说有多重要？

4. 不考虑是否现实，如果你可以许3个愿望，你希望实现什么？

5. 如果工作一天很不顺利，你会怎样让自己感觉舒服一些？

6. 你觉得身边的哪个人是乐天派，你从他身上学到了什么？

自我练习

回顾第2章中有关ABCDE表格的内容。

1. 在记事本上简要记录下今后几天里你遇到的挫折或令你沮丧的事情，同时记录下你的内心活动和想法，以及由此产生的情绪和行为。这些事情不需要是惊天动地的大事。它可能是你丢了钥匙或失去了晋升机会、你的孩子偷拿了买牛奶的钱或你被同事漠视。

2. 仔细看看你记录下来自己的这些反应，你会发现悲观情绪与自责或责备人的想法、沮丧失望的情绪或畏惧前进、消极怠工的行为有关。如何校正呢？可以通过 ABCDE 方法。积极正面的信息可以替代消极负面的自我对话。试试这个方法，可能有帮助。在手腕上戴一个胶圈，口袋里放一个骰子。这听起来（感觉上也）有点儿傻，但是它确实有效。当你又开始沉浸在消极情绪中时，使劲猛拉一下手腕上的胶圈。短暂的疼痛感可以打断内心的自我挫败感。现在你把注意力转移到骰子上，用手指拨动骰子，从 1~6 数数。这样你的头脑就可以抛开那些悲观的想法了。

3. 另一个遏制悲观想法的方式是暂时先不去想它——当出现悲观想法时，把它记录下来，定在某一时间再来思考它，如晚上 8 点。这样就有了一个缓冲的时间，等再去考虑它时你的思想会更成熟，会处理得更好。

4. 如果你想在出现这些悲观想法时就当即面对它，你可以采用辩论批驳法。把自己置于对立面，寻找可以打消悲观想法的论据。你总是失败者吗？当然不是——你绝对可以说不是。恭喜你！你已经打赢了与悲观想法对抗的第一战，但还没有赢得整场战役。

5. 在记事本上简要记录今后几天里你对之前期待出现的新机遇、新情况的反应，或者尽管你已经尽力但依然得到的是失望，你的反应都是怎样的？你是否担心新机遇会消失结果是失望，是否担心好的事情最终会以失败告终，是否觉得你遇到的挫折再次说明你能力欠佳？如果是，就说明你有悲观情绪。

6. 记录下当你出现悲观想法时的情境。记录下那些使事情更糟的自我对话，辩论批驳负面的说法。

7. 在今后的几周时间里，如果出现类似情境，辩论批驳你的自我对话。尽力去重构这个情境使自己把它看作一个机会、一次挑战、一次对自身能力的检测，从而以积极乐观的态度改变事情发展的结果。

第 7 部分

整体幸福感

这部分的情商与你让自己、让他人快乐生活的能力，以及你是否感到满足的总体感觉有关。

18

第 18 章　快乐

幸福不是儿戏。

——理查德·惠特利（英国著名科学社会学家），1854 年

定义：幸福感是对自己的生活感到满意，能够让自己和他人快乐的能力。快乐与知足、满意及享受生活的能力有关。快乐的人无论在工作中还是生活中都感觉开心、自在；他们能让自己冷静下来，抓住机遇。快乐与心情愉悦、充满热情关系密切。它是一个人整体情商和情绪能力的衍生品或晴雨表。在这方面能力差的人可能就会出现忧虑症状，如焦虑不安、对未来感到担忧、社交能力差、缺少内驱力、存在抑郁思想、有负罪感、对生活感到不满，极端的甚至会出现自杀的念头或行为。

安娜早晨醒来，心想："又是新的一天，工作，工作，还是工作。哎，起床吧。"开车上班的路上，她想："太阳太刺眼了，我应该戴上太阳镜的。算了，反正很快就到公司了。"工作时，虽然她也和同事们交谈，但眼睛始终盯着钟表，等着下班时间赶快到来。当同事们邀请她一起聚餐时，她总推托说下次再去，说晚上电视上要演一部她期待已久的电影。

相反，亚当早晨醒来，透过窗户，看到蓝色的天空和明媚的阳光，心想："外面天气真好，阳光明媚。"

把车开出地下停车场，一边开车一边欣赏着街道两旁连成一片的树荫，他想："看看这些树枝搭成的拱廊，好像我就在美丽的森林隧道里开车一样。"

工作中，他不时和同事们开着玩笑，虽然他也很想看今晚的体育电视转播，但当同事们邀请他一起聚餐时，他的回答是："本来今晚想看体育比赛的，但是我更想和大家一起吃饭。"

和安娜不一样，亚当在新的一天开始就觉得很开心，有蓝色的天空和成荫的街道。工作中他和同事们开玩笑，随时调整计划，和大家一起开开心心地聚餐。在他的生活中充满生机和欢声笑语。

快乐的人总是很开心、充满热情，他们能够很好地享受生活，而且一切都很自然，顺理成章。他们能够从生活的小事中获得快乐。

感知快乐的能力差的人总是不开心，把自己藏得严严实实，表现得很不自然。极端的人会出现典型的抑郁症状：长期感到悲伤、郁闷，对事物持悲观看法，对很小的失误怀有负罪感，产生自杀的念头，睡眠受到影响，体重减轻，性欲下降。

感知快乐的能力并不是孤立的。它与其他能力，如现实判断、自我认知和自我实现能力相互影响。例如，如果你的现实判断能力差，在看待周围一切事物时就会带有悲观色彩，生活幸福的可能性也会降低。相反，强烈的自我认知和自我实现能力会对感知快乐的能力有积极影响。

从广义上讲，感到不快乐有两个原因：第一，人们希望得到自己想要的东西，或者期望好的事情会发生在自己身上。当这些希望落空时，人们就会感到失望。人们可能开始认为自己的一生注定失败。第二，人们预料或担心会有不好的事情降临到自己身上。当这些担心真的变成了现实时，人们就只能逆来顺受并且沉浸在无助感之中。

不过，也有好的消息。如果人们可以调整自己的需要和期望，就能改变这种逆来顺受及沮丧的状态。通过现实判断，人们可以调整目标，使之更为切合实际、更易实现。当然，如果目标已经是切合实际的但依然无法实现，你就要被迫要么选择放弃（在短期内会产生沮丧感），要么通过"问题解决"技巧从另一个方向努力实现它。这是一个非常有效的手段，因为放弃实现目标的希望反映出一个人的悲观态度或错误的问题解决方式，在遇到短暂的逆境时不要轻言放弃。

先天具备还是后天培养

在寻求爱和永恒真理的过程中，快乐越来越成为人类首要关注的问题。由于大多数北美洲人既拥有时间又拥有金钱，所以如何获得快乐成为一个新兴产业。每到出版季，就有一大批关于如何获得满足感的新书问世。同时，学者和科学家们每年还有超过 1 000 多篇此类文章发表，分析生活质量及如何实现自我。

然而，这并不是什么新学说。许多古代哲学家就深信应该追求快乐，把它称为快乐论。他们认为这是一个很崇高的目标，目的是要最大限度、最充分地利用人们生活在地球上的时间。今天，快乐论这个词变成了一个贬义词，是一种自私的行为，贪图短暂的享乐。相反，"快乐"一词被认为更恰当、涵盖意义更全面。

但是，如何才能快乐呢？1996 年明尼苏达大学的两位研究者给出了答案。他们的结论源于对 2 310 对同卵双生和异卵双生的双胞胎进行了研究。研究表明，无论他们是在一起长大，还是在不同环境下长大，他们自身对满足的认定几乎没有差别。于是，科学家认为"快乐"一定与基因有关——44%～52%是遗传作用的结果。然而，医学界和心理学界对所谓的"快乐基因"持怀疑态度。虽然争论平息了一段时间，但他们一致认为虽然天生就带有追求快乐的天性，但是否能真正快乐很大程度上取决于外部因素及个人对外部因素的反应。

有钱不（一定）等于快乐

快乐似乎与物质生活的关系不大。在匈牙利出生的美国研究者米哈里·齐克森米哈里（Mihaly Csikszentmihalyi）博士把大量时间都用在了对于"快乐"的研究上，有很多见解供我们参考。他发现世界各地的人们普遍认为自己快乐的人比认为自己不快乐的人多。例如，人们觉得有幸出生在经济富裕、政局稳定的国家的人会更快乐。从某种程度上讲的确是这样——瑞士人和挪威人觉得自己比希腊人和葡萄牙人更快乐。但是也有例外，爱尔兰人比日本人快乐。在美国，研究一致表明有 1/3 受访人群认为自己“非常快乐”，只有 1/10 的人说自己“不太快乐”。大多数人觉得自己“还算快乐”——略高于人们想象中的平均水平。

自 20 世纪 60 年代以来，一支由世界各地的社会学家组成的研究小组就开展了一个研究项目——全球价值研究，在 50 个国家收集数据。研究发现，如果一个国家的经济水平约等于经济危机前的爱尔兰的经济水平，那么其国民快乐水平与经济发展有直接关系。而达到这个水平后，经济繁荣程度与快乐就几乎没有直接关联了。这个价值研究项目同时还发现，意外之财——如赢得彩票——产生的快乐感可以持续几个月，但对于随后的十年是否快乐并没有影响。

伊利诺伊大学心理学家埃德·迪耶内（Ed Diener）和密歇根希望学院（Hope College）的大卫·梅耶进行了很多研究，在《心理科学》（*Psychological Science*）杂志上发表了文章“谁是快乐的人”。他们发现是否快乐与性别、种族、年龄的关系几乎没有，与生活是否富裕及是否对生活满意的关系也不大。在美国，拥有十几亿美元身价的富翁只略比平均收入水平的人快乐一些。从 20 世纪 60 年代到 90 年代，个人收入翻了一番，但感到快乐的人所占比例依然稳定在 30%。也就是说，只要达到贫困线以上，越来越多的钱对快乐的贡献会越来越小。根据他们的研究，关系紧密的是自我肯定、个人控制力、乐观及性格外向。

快乐源于内心

如何才能让人们真的变得更快乐？正如本书中所述的，你做什么很具体地影响你的感受。坚强、活跃的人更容易快乐。如果你有一定程度的生活质量，即使并不奢华，你也会感到快乐。如果设定的目标能够赋予生活更多意义，能让你思维敏捷、身体灵活，那么你也会感到快乐。敢于做梦、敢于冒险是非常重要的，无论梦想多么渺小、冒多少风险。

朋友、家人和你爱的人是不可或缺的。虽然你在沉思或独自做某些事时会觉得一个人很快乐，但大多数人都认为和其他人在一起时感觉更好。有很大的社交网络的——有很强的人际关系能力的——人比人际关系弱、社交网小的人更快乐。自我封闭不会产生快乐，这从某种程度上解释了为什么性格外向的人比性格内向的人更快乐。尽管如此说，一个人是否快乐还是取决于他自己。作家和组织咨询顾问史蒂芬·柯维（Stephen Covey）被《时代杂志》誉为最具影响力的美国人之一，他认为长期持久的快乐感是源于内心的——通过把控自己的生活并且提升短期目标至更高层次。按他的话讲："个人的成功"（制定并履行对自己的诺言）先于"公众的成功"（制定并履行对他人的诺言）。柯维写道："根据我的经验，我没有看到过一个解决问题的永久性的答案、持久的快乐和成功是来自外界的。"他还探究了有些人不先认清并改变自己所扮演的角色就要改变世界，更不要说改变自己的婚姻伴侣和孩子的愚蠢想法，而在他看来认清自我、改变自我恰恰是最需要迈出的第一步。

快乐并不是遥不可及的

另一个与快乐相关的因素是一个人的期望与成就的比例。制定目标是件好事，但如果目标太高，就很可能导致失望、不快乐。那些非常有成就的人也不一定很享受自己的成就。原因很简单，因为这些成就无法让他们自己满足。例如，亚洲学生转到北美的学校读书后，成绩通常都非常出色，但是和同班同学相比，他们对自己的成绩不满意。为什么？因为他们给自己设定的目标比现实中取得的成绩还要高。在此再次说明一点，一个人的认知及设定实际可行的目标的能力是获得快乐的关键。

虽然这是特雷弗进这所新学校的第一年，但他很想成为学生会主席，因为他觉得当学生会主席能让大家注意到他，能有机会结实新朋友，并且让自己看起来像个重要人物。与父亲讨论时，父亲却告诉他："你想贡献出自己的力量是件好事，但你刚到这所学校几周时间，而其他的孩子们都在这里几年了，我觉得你成功当选的可能性不大。并不是因为你是个不好的候选人或条件不够，而是因为这里的孩子还没有机会了解你的才干。也许参加一些其他活动效果会更好，在这些活动小组中你也可以发挥才干，但你的成功不需要依靠不认识你的人的选票。然后，等到他们都对你有所了解后，你明年再参选，成功的概率就提高了。”

特雷弗听了父亲的建议，觉得很有道理。于是，他修改了目标：没有去参选学生会主席，而是参加校报义工的报名。在那里他会接触到很多学生，让他为学校的事情进行游说，每隔一周的报纸上还会出现他的名字。他觉得自己当初的选择是正确的，在校报的经历让他感到非常快乐。

想象一下，如果他去参选学生会主席会出现什么结局。他初来乍到，很可能落选，而自己就会非常沮丧。然而，通过审视、调整目标，他设定了实际可行的目标，并且从中获得了很多快乐。

显然，快乐与现实判断有关。快乐的人能从自己力所能及的事情中得到快乐，而不必烦恼自己应该做什么或必须做什么。他们不会贬低或不认可自己的成功。如果他们因为某事感到不快乐，那么他们自己会意识到，然后立即调整心态，看清楚是什么原因引起的，并想着如何积极应对。他们的适应能力很强，因为他们有成功的记录，所以一种成功的轨迹激励自己给自己能量和激情。它不仅能促使他们以积极的方式生活，而且把其他人吸引到他的周围。如果你对自己的生活非常满意，并且不羡慕妒忌其他人的生活，那么你就很容易和他人建立密切、持久的关系。

心流

全身心投入似乎是获得快乐不可或缺的一部分。齐克森米哈里博士发现很多人在专注于某些事情时，会全身心投入，思想意识能达到一个新的高度，精神上能获得极大满足。人们在写作、绘画或进行体育锻炼、出去散步时都会有这种感觉。有时在做一些普普通通的事情时，这种感觉也会突然冒出来，如在做饭、栽花种草或打扫房间时。最关键的因素是全身心投入该事情。

齐克森米哈里博士把这种现象称为“心流”。当一个人全身心投入某一件事情上时，当他的技能恰好能胜任面前的挑战时，就会出现心流。同时，对于投入精力这件事必须有清晰的目标，并能及时得到反馈。

经过 30 多年的研究，齐克森米哈里博士发现大多数人的生活都处于两个极端状态。不是被压力和责任义务压得喘不上气，就是以消极的态度挥霍闲暇时光；不是在每天生活中的磕磕绊绊中惶惶不可终日，就是在电视机前混日子。而处于中间状态的人，生活更快乐，对生活也更满足。他们的寿命也更长。

研究已证实了很多人的猜测——快乐的人长寿，而抑郁的人短命。这一点就足以让人们开始学习新的技能，接触更多的人，在自身和自己的活动中寻找更多的快乐。

实际运用

快乐的人有一种感染他人、传递快乐的能力。他们对自己的玩乐或工作表现出热情，并从中吸取快乐，他们的态度影响他们与人的关系。快乐的人既能玩得开心也能工作得顺利，因为人们愿意和他们在一起，这样他们就很容易吸引他人并建立关系，他们的快乐可以激励自己和他人，发挥出同伴所缺少的能量和激情。不仅如此，快乐的人无论在面对大困难还是小问题时都能表现出良好的适应能力。他们对生活的满足感可以抵消嫉妒感和贪婪——这些对于人际关系和积极性都是有百害而无一利的。

另一方面，长期感到沮丧的人就没什么能量或激情。他们工作不顺，人际关系不好。长期抑郁导致其他人对他们敬而远之，失去达到职业目标和个人目标所必需的社交支持。

关于“快乐 — 伤心”轴右端部分，还有很重要的一点必须指出，那就是连续性抑郁。正如之前我们所讲的，有些人郁郁寡欢实际上是因为抑郁。而好消息是，在所有病症中，抑郁症可能是通过正确药物治疗和咨询辅导后治愈效果最明显的，康复率高达 95%——比糖尿病、溃疡或心脏病高得多。然而，因为很多人把抑郁症和“脆弱”联系在一起，而且多年来一直给它打上“精神病”的烙印，所以很多人回避治疗。然而，抑郁症和其他病症，如糖尿病或甲亢一样，都与“脆弱”没什么关系。

抑郁症的表现多种多样，以下列出一些迹象，如果出现就要引起重视了。在过去的几周，你是否：

- 持续感到情绪低落、郁郁寡欢？
- 以前能给你带来快乐的事情，现在却不能引起你的兴趣？
- 对自己的未来感到不确定或悲观？
- 觉得早晨不要醒来会更好？

身体上的反应也很重要。例如，你是否发觉：

- 入眠困难或夜里经常醒来？或者醒来后无法再次入眠？
- 缺乏食欲？
- 突然体重减轻超过 2.25 千克？
- 性欲减退？

如果有 3 道题以上的答案都是肯定的，那么你最好去咨询医生或专业顾问。

自我评估

1. 为了弄清楚你在“快乐—伤心”轴的位置，回答下列问题，用“从不”“很少”“偶尔”“经常”“总是”作答。为了得到准确、有意义的答案，在回答时尽量想象出情境。

a）你觉得自己是个欢乐的人吗？

b）每天早晨醒来后，是否对新的一天充满期待？

c）是否有哪项活动能让你快乐？

d）别人是否觉得你欢乐？

e）别人觉得你有幽默感吗？

f）你觉得自己有幽默感吗？

g）你有自嘲精神吗？

h）当有人拿你开玩笑时，你能否一笑而过？

i）上个月里你对自己说了多少次“我的生活很不错”？

给自己打分，“从不”得–4分，“很少”得–2分，“偶尔”得0分，“经常”得2分，“总是”得4分。低于–12分，说明你可能有些抑郁了；再次对照上面对抑郁症迹象的描述，和你的医生聊一聊。

2. 你最喜欢的活动是哪项？（可以是你从小时候就开始喜欢的）你上次参与是什么时候？现在你多久参与一次？

3. 在工作、家庭、社交、娱乐生活中，你通常怎样获得乐趣？

4. 你最喜爱的体育运动是什么？你看比赛或亲身参与？

5. 在你认识的人中，你觉得和谁在一起最开心？你经常和他分享快乐吗？

6. 你最近一次开怀大笑是什么时候？你觉得什么事情最有意思？

7. 你经常去看电影、戏剧或音乐会吗？你喜欢看吗？

8. 你喜欢旅游吗？在旅游过程中，你更喜欢参与哪种活动？你对什么感兴趣？观光、体育运动，还是文化活动？

9. 你上个假期是什么时候？在本该好好放松享受的假期里，你是否还在工作？

10. 你上一次发自内心主动去做一件不寻常的事是什么时候？回想一下，当时你的感受是什么。

11. 最近你是否体验过“心流”？无论是主动的，还是被动的。

12. 如果你很少或从未体验过“心流”，闭上眼睛想一想你真正喜欢做什么事情。不要考虑它是否现实——乘坐航天飞机或参加马拉松比赛都可以，尽管事实上你可能只是每周散步几次而已。只管想象那种情境，把自己放在活动的中心，主导整个活动，

13. 把精力集中在你想做的事情上，最大限度地享受它，并努力将它做得更好。例如，你想到的是网球，那就考虑怎样发球、回球——线路变化越多越好。同时想象自己比赛的场景：场地的颜色、新鲜的空气、温暖的阳光和

手中挥舞的球拍。“打完比赛后”，坐下来看几场网球锦标赛，放松一下，和现场球员一同感受比赛的节奏。

自我练习

回顾第 2 章中有关 ABCDE 表格的内容。

1. 在记事本上仔细记录下最近一次你感到沮丧的情境。
2. 你自己认为你无法达到的目标是什么？
3. 回忆让你意志消沉的自我对话，辩论和驳斥这些信息。
4. 分析你设定的目标。它可行吗？你最好的朋友对此的看法是什么？把它的正反两方面因素都列出来，有助于你分析它是否能够实现。
5. 如果你的结论是能够实现，发挥你“问题解决”的能力——写出为了实现目标你需要采取的方法。
6. 如果你的结论是这个目标不可行，那么写出一些能让你感到满意的类似目标。选择其中与你最初目标最贴近并且最有可能实现的一个。然后写出实现它的方法。
7. 在接下来的一周，再列一个你在中短期希望达成的目标清单。以同样方法检查，确保要有第二列较容易的目标。它们也就更快地达到，同时它们又可以帮助你实现主要的目标。

第 8 部分

总　　述

19

第 19 章　情商与各界精英

“一盎司的出色表演胜过一磅的空口承诺。”

——梅·韦斯特（美国演员）

“某些人取得了伟大的成就，这一点足以证明你我也可以取得同样的成就。”

——亚伯拉罕·林肯

通过前面章节的论述，想必大家已经了解无论在哪个领域，成功在很大程度上依靠好几个情商因素。在一两项情商子能力上取得高分并不意味着你就能成为百万富翁、在公司里平步青云或美梦成真。相反，你要把成功视为多重因素作用的结果，有些因素还出乎你的意料，而且常常是无法预计的。这就是为什么成功的工程师——最务实的那群人，在“自我肯定”“乐观”“抗压”“自我实现”方面分数很高；为什么从事人力资源工作的人（人们可能认为他们成功与否取决于人际交往能力）实际上多半仰仗其“自我实现”的能力；为什么（最近一项调查显示）在全美 1 000 家最大公司中的 150 位信息技术管理高官中，有 68%的人认为和 5 年前相比，如今“软能力”更重要。可以这样说，情商中没有任何一项是孤立存在的，它们都是相互关联的：每项都很重要，都有可能提高你获得成功的概率。

在本书中我们已经列举了很多事例来说明情商在现实生活中起到的作用。在本章中，我们挑选的事例旨在说明情商在“各界精英”身上的体现，即在某领域已经取得突出成就的人。我们将简要介绍对测试对象所进行的研究，以便让大家对这些“各界精英”及其他个案研究有更深入的了解。在 MHS 公司，我们进行了最大范围的情商测试——覆盖了 66 个国家的 100 多万人。我们所得到的研究数据首次揭示了情商与性别、年龄、文化及种族的关系。本章涉及的研究突出了检验情商和“各界精英”作用的首要工作。此外，最近我们还用 EQ-i 青少年版，对北美上万名儿童及青少年进行了测试。

情商与精英飞行员

或许我们最大规模的对情商与其个人表现关联性的研究就是对美国空军的研究。早在 1996 年，美国空军发现它的招募人员存在一个很大的问题。招募人员负责挑选适合进入军队生活的年轻男女，这些招募人员来了又走，流失率极高——接近 50%。每个新的招募人员接受训练后，常常被派往别的城市或偏远的军事基地。这样，如果一个招募人员不能在岗位上发挥正常作用，就会造成资金浪费。更准确地说，每发生一次这样的情况，空军会损失约 3 万美元。当然，还有人员成本的损失——包括招募人员家属的各种劳累，因为他们总得频繁搬家。

前空军负责征兵工作的瑞奇·汉德利中校，邀请我们为世界各地的 1 171 位空军基地招募人员做情商测试，其目的是要看看我们能否将他们的工作成绩与测试结果挂钩。为了准确起见，首先要知道他们怎样看待自己的表现，其次就是看他们是否完成了分派给他们区域的招兵指标。

由于我们已经做过无数情商测试及其他种类的测试，所以深知自我评估的局限性。一个人有可能说他自己已经做得很好，但这未必是事实。另外，如果人们对自己的评价不怎么好，却往往是事实。得到情商测试结果、对绩效的自我评价和实际结果后，我们便把所有数据输入计算机，并发现其中测评对象的自我评价的成功绩效中有 45%可以用他们的 15 个情商子能力的测评分数来预测，其相关性远高于以往单纯依赖智商因素的其他研究。

之后，我们又检查了他们的实际绩效，发现相同的情商因素在发挥作用。

有 5 个最有助于招募人员绩效的要素你可能想不到，按其作用大小顺序为“坚定直率”“同理心”“快乐”“情绪自觉”及“问题解决”。在这 5 项中得分高的招募人员比一般人成功的可能性高出 2.7 倍，其中测试分数最高的 262 人中，95%的人都达到或超额完成了征兵指标。

美国空军曾考虑了可能导招募致人员流动率高的几个因素，我们的研究提供了新的发现。招募人员所处的工作地点与其是否成功并无直接关联，而且与性别、种族、受教育程度、年龄、婚姻状况（虽然婚姻满意度已证实与工作表现有一定关系）或工作时间的长短也没有直接关系。事实上，坦言自己工作时间最少的那些招募人员恰恰是最成功的。

这些研究结果是有道理的。首先，“坚定直率”在推销的氛围中是非常重要的，而征兵人员的任务从本质上说就是要把从军概念推销给民间的适龄青年。美国空军感到很意外的一点是“同理心”的作用（他们一直把精力集中在提高招募人员的“人际关系”，从未注意过“同理心”）。但正如我们所见，同理心是一种对他人情感的理解和回应能力。成功的招募人员会运用“同理心”，根据不同情况相应调整自己的陈述内容，而且不会在不合格的应征者身上浪费时间，这就是为什么他们能高效地完成征兵任务。“快乐”和“情绪自觉”的效果一目了然，而高超的“问题解决”能力非常关键，因为招募人员经常独立工作，身边没有上级或同僚。

有了研究结果后，下一步要做什么？美国空军立即根据情商测试显示的决定因素重新制定其招募人员的培训课程，之后又买了一套定制的计算机版 EQ-i，并一直用来选拔新的招募人员。他们的测评结果又与含有开始时的 1 171 位招募人员的测试数据库相比较，新的候选人又经过我们开发的情商面试，以便确定自我评价中所指明的优缺点是否准确。

事实上，一份提交给美国国会小组委员会的报告引用了我们的研究结果，对比了不同武装部队中采用不同的方法选拔招募人员的结果，并指出“只有空军部队的筛选过程有量化标准来评估招募人员候选人”。报告中还指出“1997 年 8 月，空军部队购买的计算机版 EQ-i 的费用比实地培训一名招募人员的费用还要少”，并得出结论“空军部队的招募人员的工作效率是其他部队的两倍”。

同时，我们的后续研究——报告再次提交给国会小组委员会，发现使用 EQ-i，特别是采用定制 EQ-i 面试来帮助选择招募人员，一年以后，全球范围内招募人员的留任率比原来增长 92%。为空军节省了约 270 万美元。美国联邦审计总署再次对空军的选拔方法提出表扬。（是的，我们也根据海军和陆军特殊的需求与他们开始做类似的项目。）

史蒂文有生以来最难的一次销售是在世界上技术最先进的航空母舰——美国华盛顿号上发生的。他的目标是动员海军飞行员和导航员做情商测试。想象一下当时的场景吧，飞行员正在“待命室”等待上级指示，这时高级军医官把心理学家史蒂文 · 斯坦介绍给一群心存疑问的高级军官，他们中很多人都经历了第一次海湾战争，对情商一点儿兴趣都没有。“同理心”并不是他们的强项，而此时史蒂文不得不把他最深层的乐观精神调动出来。

还好，其中有一个导航员似乎对情商略知一二，有兴趣听听。史蒂文刚要开始讲话，就不小心踩到了画在甲板上的飞行队的标志（还付了 2 美元的罚款），但他很快恢复了精神，开始介绍情商的重要性，特别是在生死一线的紧要关头。

在黄昏前，出乎我们的意料也超出我们的期望，整个团队都完成了情商测试，而且还有些人留下来和史蒂文讨论与他们的实际工作相关的一些情绪问题。给我们留下深刻印象的不仅仅是他们高超的专业技能，而且是他们广泛的兴趣爱好和丰富的个人背景。他们都受过大学教育，所学习的专业涵盖历史、数学、工程学、英文文学等领域。事实上，他们都不知道自己是怎样被选中走上这种精英岗位的，而且还有好几个人说他们肯定能做工资更高的企业工作，但是，过平民生活是不可能飞 F14 战斗机的。

史蒂文本以为对飞行员的测试结果能猜出十之八九，可结果却让他大吃一惊。

首先，他们的测试分数到目前为止是我们测试过的人群中是最高的。我们曾认为这类人群（和企业家、医生及其他在“精英”岗位工作的人一样）会在“自我肯定”方面有突出表现，事实也证明如此，但他们在“自我肯定”

（和“情绪自觉”）方面的测试结果显示，他们完全没有自大、自负或盲目自信的特质。换言之，这是因为他们非常确切地了解自己的能力水平，所以完全没有必要夸大。

在“现实判断”（当他们要在瞬间判断正在逼近的是否是敌军飞机，是否要开火时，这个测试很有帮助）和“冲动控制”（这点也很重要，因为按错一个按钮就会给自己和他人带来灭顶之灾）上，他们的分数也很高。

他们在“抗压”上也有突出表现，同时他们也都能准确说出自己最大的担忧是什么。史蒂文问他们（别忘了，他们大多数人都经历过海湾战争的）最害怕出现什么情况。他们说他们可以自如地执行轰炸任务，发现敌军战机或导弹后镇定应对；他们最担忧的事情反而是回“家”——夜间在航母甲板上降落。

情商与美国总统

现在我们离开战争的舞台，把目光转向政治的竞技场，看一看情商对我们选出来的领袖们的影响。美国前总统克林顿的言行失检虽已慢慢淡出人们的记忆，但这仍成为他任期内的一个污点，掩盖了他的诸多成就。

我们曾反复思考为什么克林顿会做出这样的事？难道是自我毁灭的行为倾向让他做出了如此不负责任的举动？我们当然很想让他做一下 EQ-i，还有他的妻子希拉里，她支持他到了一种不可思议的程度。虽然我们没有他们的测试结果，但是我们也能大略猜出他们的情商水平。

我们推测克林顿和多数成功的政治家一样，各项的分数都会很高，特别是在人际关系方面的技能尤为突出。他很可能在“抗压”“同理心”和“社会责任”上有出色表现。他的做事风格体现出他“很有人缘”，能把各种政治上的和个人的敏感问题处理得游刃有余。他的同理心显而易见，他讲话的时候，给听者的感觉就好像他在和他们一对一交流一样。

克林顿的致命弱点同样也很明显：那就是他的私生活，他“冲动控制”能力比较差，而且最终他的这个缺陷也给国民心理带来了创伤。正像他在对美国民众无数次致歉中承认的那样，不论他对莱温斯基或其他众多女性有怎样的情感，他都太冲动了，没有控制好自己。尽管如此，由于他非凡的领导能力和人际交往的天赋，他还是化解了这些事情。甚至在《斯塔尔报告》（*Starr Report*）公开发表后，克林顿在铺天盖地的新闻报道面前颜面扫地时，他的支持率也从未下降到 60%以下。

政界中的情商

由于“冲动控制”能力不佳而深陷水深火热之中的政治家，克林顿并不是第一人（也不会是最后一人）。纵观全球每天关于政治家们的新闻头条，有的人一边身陷桃色事件，另一边却疾呼回归家庭道德标准；有的人赢得了内阁成员“大换血”的选举后，却被披露有舞弊行为。

或许是出于自我保护（这不是情商的能力之一，但是从政的必备能力）的考虑，很少有选举出来的在职官员愿意做 EQ-i 测试或做了测试又同意公布结果。但加拿大不列颠哥伦比亚前总理比尔 · 温德辛是个例外。他不仅很有诚意地完成了测试，而且还同意在加拿大广播公司的节目上讨论他的测评结果，也允许我们把他的测试结果在本书中公开。

比尔 · 温德辛一直有鲜明的性格特点。他当年在一次利益冲突中的丑闻曝光后被迫辞职。我们给他测试时，他说自己没有什么需要隐藏，并且对 EQ-i 到底能提供什么很感兴趣。

结果究竟如何？比尔 · 温德辛在“自我认识”“自我表达”和“人际”维度得分最高。平均得分是 100 分；他其中几项的分数特别高（或明显比其他人高），“独立”得到 126 分（使他在政党中占据一席之地，并带领政党在竞选中取胜），“自我肯定”和“快乐”得到 123 分。显然，他政治生涯上的失败并没有影响他享受生活，他依旧乐观向上，至少在公众面前是这样。

比尔 · 温德辛的弱项也同样很能说明问题。例如，他并不善于“问题解决”——这个缺点给他的执政政府带来了麻烦，也给人留下了做事出发点很好、结果却适得其反的印象。正如我们所料还有一项分数比较低，即“冲动控制”，他只得到了 86 分。

我们不知道比尔·温德辛是否能和克林顿一样富有传奇色彩，重新走上政坛，宛如凤凰涅槃。如果他想再次走进公众视野、走上政坛，我们建议他在情商中的两个明显弱项上有所改进。在说话之前，先停下来想一想，除非自己很清楚自己的立场，就不必回答人们的问题；在碰到大的难题时应先征询专家建议，而不是蒙混过关。这样，他就会有一个很好的转机，可以抛开过去，重新以正面积极的形象走到公众面前。

情商与冰球队队员

多伦多枫叶冰球队曾经是国家冰球联盟的骄傲，有好几年战绩糟糕，不仅输掉了斯坦利杯锦标赛，连季后赛资格都没有。然而，他们突然在 1998—1999 年赛季卷土重来，排名从第 25 位上升到了第 5 位，确保了季后赛的资格。

但是球队付出了惨痛的代价，球员受到伤病困扰，很多重要球员都上了伤兵名单。到了第二轮季后赛中与以身体攻击臭名昭著的匹兹堡企鹅队的第 3 场比赛时，情境变得非常严峻。考虑到自己的实力状况，枫叶队采取了大胆的反常规战略部署。他们派出了从未参加过国家冰球联盟比赛的第 84 轮选中的亚当·迈尔，他是加拿大东部乡村俱乐部枫叶队的后备队员。

这场比赛是匹兹堡企鹅队主场。迈尔走上冰场，可座无虚席的场馆里却没有人注意到他——否则一定会和其他枫叶队队友一样，遭到一片嘘声。但是电视比赛评论员对于他的突然出现感到吃惊，花了几分钟猜测他在企鹅队球员的手里会有什么结局，并且预约在下场休息时采访他，看他在企鹅队隆重欢迎他参加这样的大赛事后还会剩下什么。

不过，迈尔很快就证明了自己。他得分了，成了枫叶队历史上第 2 个在季后赛上首次出赛就得分的选手。（第一次有如此表现的人出现在 1948 年。）

我们并不想对此大肆宣扬，但对于迈尔的表现我们一点儿都不感到惊讶。为什么？因为在赛季前的训练中，我们曾给他和其他 28 名枫叶队候选球员用 EQ-i 进行测试。他的成绩最突出，认定他不管做什么，都是最可能获得成功的人。

他所有项目的分数都非常高，包括其出色的综合调整能力。他那时只有 19 岁，但是他得分最高的是在“现实判断”一项，这表明他对自己的处境有敏锐的感知能力，同时也能说明为什么他能够接受在乡村俱乐部打球的现实。如果你突然被超级球队选中，很容易陷入不切实际的幻想之中。想象自己在下一周就要成为球队主要得分手，被大众所推崇，球队也会给你开出高价以免你转会离开。这时你会忘记自己实际上还有许多不足，这就对自己进一步提高十分不利。然而，迈尔不是这样。他很好地把时间用在了刻苦训练、提高技术上，并耐心等待时机。

他的第二最高分是在“问题解决”一项——这项对任何一个球员来说都是预测成功的重要因素。面对变幻莫测的场上局势要会随机应变，在位置不理想时要决定是传球还是射门，同时还要避免对方球员的密集防守，这些都是决定比赛成败的关键因素。经验丰富的球员能够在头脑中再现实战场景，预先演练克服障碍的技巧。

我们再回到情商对某一领域重要性的论述上。任何一位得到国家冰球联盟球探或教练认真关注的球员，都具备一定水平的运动天赋和运动技巧（当然这些远远超出我们普通人期望所能达到的）。他们还要有体力和耐力，擅长打比赛。但是他们怎样才能成为一名优秀球员呢?

随后两年间我们对枫叶队的新人进行了测试，由此我们认定了几项与职业运动员取得成功有直接关联的情绪因素。很多人会认为“抗压”一定是其中一个因素，这确实没错，但最重要的因素是“乐观”。当球队以微弱比分惜败时，有的球员会怒不可遏，责怪队友，意志消沉，几场比赛后才能重整旗鼓。这些都不是职业运动员应有的素质。相反，他的心态应该是这样的：“如果我们有多几分钟的时间，我们就会赢了。我们下次需要这样去做……”这种从错误和逆境中学习的能力正是明星球员与其他球员的不同之处。

还有一个因素我们没有料到就是“快乐”。在对冰球队候选队员测试时，我们料想在现在一定是他们人生中最幸福的时刻了。进入国家冰球联盟球队的梦想快要实现了。他们是经过层层筛选，从北美、欧洲等千百个球员中脱颖而出的。然而，对他们中的很多人，快乐和真正有资格进入球队一样的虚无缥缈，而那些对自己能被选上是真诚高兴的人倾向于表现更突出一个层级。

顺便说一句，我们还发现有一项情商因素对体育运动上取得成功起反作用，那就是“独立”。我行我素的球员不太可能获得成功。在他们的早期职业生涯中，他们最好先学习团队配合、遵守教练安排及严格遵照训练要求。

情商与滑雪选手

我们还测试了一个运动员雪莉·迪斯。她是美国俄勒冈州前国家级滑雪选手。她和 3 个哥哥从小就在山坡上滑雪。她在高山速降和障碍滑雪的青年组比赛中大获全胜。一个周末，她在胡德山（Mount Hood，美国最高峰）被另一位滑雪者撞到（一个教练，他正在做空中自由式转体，他没有看到雪莉和她的同伴，等到发现她俩时已躲闪不及）。她被撞飞，造成髋关节脱臼。6 小时后，她忍受着剧烈的疼痛，被滑雪巡逻急救队用雪橇送下山。她在医院接受了全身麻醉治疗。苏醒后，她坚持要下床，回到场地训练，为下周的比赛做准备，但被医生制止了。事实上，医生说，她很有可能失去一条腿，她需要很长一段非常难熬的日子才能慢慢恢复。

她记得那时每天晚上她都祈祷下雨，这样哥哥们就不能出去滑雪了。为了不想这些无聊的事情，她联系了在波特兰艺术博物馆的美术教师，那时她正在修他的美术课，并且要求他给自己布置作业，专攻书法（从写单个字母开始，一遍又一遍地苦练），以此来培养自己专注于不同事物的能力。

她拿起双拐的第一天，就去了当地犹太人社区的理疗泳池。没过多久她就能在泳池游上好几个来回了。后来她又被聘请为游泳教练兼救生员。之后，她重操旧业在一所公立学校做教学助理，并且每天拄着双拐上下班（往返 8 千米）。当她可以不用拐杖时，便开始跑步。不久她又回到滑雪场做教练，并最终去了新西兰。在那里，朋友们问她是否愿意和他们一起参加马拉松。她立即回答：“当然，要跑多远？”为了让她知道其艰苦性，这些所谓的朋友把她拉到了离镇 22 千米以外的地方，把她扔下，让她靠自己的力量回来。在一周后的正式比赛中，她击败了最有力的冠军争夺者，赛会的组织者建议她应该去波士顿碰碰运气。果然，她第一次参加波士顿马拉松赛就获得了第 15 名的好成绩。第二次，她便取得了全美女子第一名，并创下 2 小时 39 分 17 秒的个人最好成绩。

她总结道："那时我没有停止跑步，现在我还去跑。不过，我也指导他人，帮助他们发挥自己的潜力。我的经历激励着我要在这一领域有更深的造诣，这样就能让其他运动员有更好的发展。这也是为什么我要攻读体育心理学博士学位的原因。我没想到凭借着自己多年养成的这种'兢兢业业、坚持不懈、不达目的绝不罢休'的精神，会在这条路上走这么远。目前我在教授运动及健康心理学，同时负责训练越野赛跑和田径队。我觉得自己还有精力，我要再上一个台阶，鼓励其他人为实现自己的梦想而奋斗。"雪莉现在是美国冬季奥林匹克队的心理咨询师。

看到雪莉的 EQ-i 测试结果你一定不会惊讶，她在"情绪自觉""乐观""自我实现""抗压"和"人际关系"上的得分非常高。

情商与金融界

现在我们再来看看情商在其他领域的作用。由于我们已经将很多组数据汇集在一起了，所以很难把它们单独挑选出来做分析，但我们还是锁定了几个关键点。无数研究显示，情商与职场上的成功有密切关联。第一项研究是在 1997 年，由菲律宾马尼拉当地大学的一个名叫约瑟夫的研究生做的。他对在菲律宾第五大金融机构的 Planter's 银行工作的 100 位一线员工用 EQ-i 进行情商测试，同时也进行了智商测试。同时，由他们的上级对他们做个人工作评估。所有数据整理出来后，结果表明智商对工作绩效的影响不到 1%，而情商占 27%。

另一项证明情商与职场成功的关联来自我们和加拿大最大的银行之一——加拿大帝国商业银行（Canadian Imperial Bank of Commerce，CIBC）做的研究，这个研究涉及该银行的高大上的"全球销售部"，该部门由布莱恩·图赫领导。

作为 CIBC 全球个人银行及信托业务主管，布莱恩认为情商对他的团队绩效有至关重要的作用。其团队成员的工作是负责处理拥有跨国投资的大客户的资产账目。因此，他们必须熟知加拿大及国际税法和错综复杂的规章制度。但是每个成员本质上来说都是销售人员，是有考核目标的。他们的销售分两类：一类是已经成交的销售；另一类是潜在销售——等待机会来时去成交。

当我们建议对布莱恩的团队用 EQ-i 进行情商测试时，他表示非常感兴趣，很想知道测试结果是否有助于预测销售业绩，而结果给了他肯定的答案。总体来说，情商对已经成交的销售的影响是 32%，对潜在销售的影响是 71%。

把测试结果和之前对某一员工或某一领导的看法相比较，也是很有意思的一件事。例如，大多数人会认为成功的销售人员一定有非凡的人际关系。的确，布莱恩的销售团队之所以业绩优秀是因为“人际关系”和“情绪自觉”能力强。真正享受工作、给自己制定目标并且加倍努力的员工总能在业绩上胜人一筹。他们第三重要的技能（其他领域的专业销售人员也都有此特点）是“同理心”——站在对方角度设身处地考虑问题的能力。之后是“灵活”“抗压”及“现实判断”。把这些数据归纳综合之后，我们给布莱恩制定了一套程序，就像我们以前给美国空军制定的程序，它既可以帮助他选拔新员工，也可以进一步提高现有员工的技能。

还有一个事例能够很好地说明情商在工作环境中可以得到提高。凯特·凯纳尔，之前在美国运通金融服务公司工作，她为了证明这一说法，设计了一套非常有效的程序，并且使用了 EQ-i，通过对 52 位销售顾问的测试结果与其随后的工作表现做对比的方法，来评估该程序的效能。使用这套程序后，不仅销售人员的工作表现有所提高，其中很多人还说自己在处理生活中问题的能力也变强了。情商要素中变化最明显的（特别是之前分数相对低的人群）是“坚定直率”“同理心”“现实判断”“自我实现”“自我肯定”及“快乐”。

以上这些都很能说明问题。当你试图卖给别人东西或（在后面我们会谈到的讨债人）从别人那里拿走东西时，“坚定直率”是很重要的。同时还要具备“同理心”（理解他人感受的能力）和“现实判断”（判断是否对方是否能成为自己的潜在客户，还是在和自己兜圈子），有了这三点你就离成功不远了。

情商与销售

你一定很想听对讨债人的测试结果，但先等一等。我们想先谈谈保险销售。我们对保险销售的兴趣点是缘于心理学家马丁·塞利格曼在大都会人寿保险公司（Metropolitan Life）进行的一个经典性研究。他说服了公司同意他不仅为新员工进行性格和智商测试，还进行了一项自己新设计的测试，希望能够对“乐观”有准确的衡量。此外，他还在之后一年内对这些员工跟踪测试，以便评估大都会人寿保险公司的培训方法的有效性。一年后的研究结束，结果显示传统的测试并不能预测能否成功，但是在“乐观”上分数高的销售人员会比分数低的销售业绩高 33%。他还发现，两年之后，“乐观”分数高的员工在工作中出成绩的要比分数低的员工高 50%。这样看来，“乐观”不仅对销售业绩有很大帮助，而且更有倾向留在公司。

从使用情商量表对从事各个领域工作的人进行测试开始，销售人员就一直是我们首要的测试对象。我们的研究发现，“乐观”一直都对工作业绩有突出作用，但并不是首要因素。在我们的第一次研究中，我们选定了 90 位从事保险工作的员工，把他们按业绩表现分为两组。结果他们的分数区别明显，分别为 108 分和 97 分。把两组成绩拉开的主要项目，按程度排序为“坚定直率”“快乐”“自我肯定”“抗压”和“乐观”。

我们预料到“坚定直率”会对销售工作起重要作用。越能坚定直率地表达自己的想法、感受及理念的人，顾客就越会认为你是一个可靠、值得信任的人。对你的成交情况也会有意想不到的结果。

一开始你可能觉得“快乐”的定义很含糊，但问一下自己：谁愿意从一个郁郁寡欢、一脸哭丧相的人手里买人寿保险？乐观向上的性格能让保险销售人员更有收获，他们能给自己推销的保险产品（毕竟与死亡相关）添加一些积极的内涵。

至于“自我肯定”，它能传递一种自信心和信任感，让对方感到这个销售人员对产品非常了解，而且态度谦逊。当然，对待压力的处理方式也是这类工作的一部分。但是，有多少保险公司会积极招募具备这些素质的员工？据我们非正式统计，虽然有，但是数量极少，多数公司都没有运用我们这些研究成果。

情商与讨债公司

现在我们就来谈谈情商与讨债公司的关系。心理学家约翰·巴克曼在此领域做了很多研究。他在一家大型讨债机构——商业金融服务公司做心理顾问时，用 EQ-i 对公司员工进行过测试。

你认为什么样的人适合做这种注重实效的工作？我们在头脑中可能想象出一个彪形大汉，他气势逼人，攻击性、凶猛、粗鲁、不礼貌。

错！根据巴克曼的研究，帮助客户收债成功的秘诀是避免破坏性冲突。他的理论认为有两组情商因素对实现有好、友善的策略至关重要。他认为“情绪自觉”和“同理心”有助于收债人在关注负债人情绪的同时控制自己的情绪，以便使双方在同一情绪水平上。他还认为“冲动控制”和“灵活”能使收债人避免成为负债人的缥缈不定、无助、绝望和宣泄不满的对象。

为了检验这些理论的有效性，巴克曼用 EQ-i 对（上司选出来的）效率最高的员工和效率相对较低的同事进行了测试。他满意地发现，两组员工的分数分别为 110 分和 102 分，工作效率高的员工在“独立性”“抗压”“情绪自觉”“自我实现”和“乐观”上分数较高。

进一步研究后他发现，工作效率高的那组中不只是两组，而是 3 组情商因素在起作用。第 1 组是“坚定直率”和“独立”，这使得这些依靠自己实力的收债人可以独立自主工作，确保自己能以“委婉”但高效的方式表达自己的想法。第 2 组是“自我实现”和“问题解决”，这使得他们能够合理分配时间、处理信息、更好地沟通和谈判，以完成任务。第 3 组是“乐观”和“快乐”，这使得他们能以平和的心态面对工作中自然就有的压力、拒绝、挫折和失落感。

最后一点，工作效率高的一组具备足够的（并不是很多）“同理心”和灵活的“冲动控制”能力。适度的“同理心”能使收债人可以用较为人性化的商谈方式来谈判、提高成功概率，而不会出现由于过分地同情负债人的故事或客户的正当要求。而略低于平均值的“冲动控制”似乎使他们紧迫感较强——维持一定的锋芒而不拖延。

于是出现了两种结果。在 6 个月的时间里，我们发现工作效率高的一组100%完成了各自工作指标，而效率低的一组只完成了 47%。但巴克曼根据研究成果制定了一套招募新员工方法后，对选拔出的新员工前 3 个月的工作表现又进行了一次跟踪试验。结果非常明显，那些应征时得到高分的（和接受过特殊培训的）人，达到应收债务指标的 163%，而应征时得分较低的人也完成了 80%的工作指标。

情商与领导力

有关情商与领导能力的讨论有很多。但遗憾的是据我们所见，大多数都是基于主观推测或修正理论的。例如，一般认为情商因素占领导能力的 80%~90%。我们认为这些数据并不可靠，对真正研究和理解情商对领导能力的作用没有益处。它们有可能损害在这个领域从事研究工作的人的可信度。看一看多年前对公司领导的那些采访会很有趣，但这并不能说明今天的领导为什么会取得成功。此外，如果缺乏一个标准化的测试，信息的可靠性就会受到质疑。同级和下属人员的面谈和评估常常带有偏见，而如今很多 360 度全方位测试（多人给评估）也受到取悦上司或想取代某人等因素的干扰。此外，要准确判断一个和你一起工作的人的内在情感也是一件很困难的事。

我们对青年总裁协会（Young Presidents’ Organizations， YPO）的成员（和其他我们测试过的一些首席执行官协会成员）进行了测试，首次对情商与领导能力的关系进行了有信度的研究，这群商界精英协会的人有严格的入会规定：年龄需在 39 岁或以下，职位是不少于 60 位雇员的公司总裁或首席执行官，年收益是 500 万美元或以上。

作者之一史蒂文曾受邀在 YPO 区域会议上发言，该会议对他的报告经过仔细审核，以避免商品宣传，同时要确保与会人员有实际收获。这对我们来说是一次收集重要数据的难得机会。毕竟能有机会接触这样一群有严格标准的成功人士的机会并不多。作为我们讲授情商的交换条件，YPO 同意让我们为愿意做 EQ-i 的成员进行测试。测试结果能让我们的报告对他们更有意义，同时为我们提供宝贵的研究材料。每个测试成员都会得到自己的分数，而我们会把数据综合，作为报告的一部分。为了使内容更有趣味性，我们还把 YPO 成员按其自身特点分为 3 个小组。对比 3 组数据使我们又开辟了新研究维度。

第 1 组成员是“创业者”，他们都是亲手创建了自己的公司。作为年轻的企业家，从小本生意做起，慢慢把公司做大。他们中大多数人的成就都超出了之前对自己的期望值。第 2 组我们称为“继业者”，这些人都是出于某种原因，继承了由父辈或其他亲属创建的事业。第 3 组我们称为“职业经理人”或通俗地讲“雇佣军”。这些人也许在 25 岁时就展现出管理方面的才能，有些人还有可能在未来会领导收益为 5 000 万美元的企业。

还有一个领域可能对这些会员们有兴趣的就是性别差异。这些成功的企业家，如果用 EQ-i 测试，男性和女性的分数会有怎样的差异？虽然这些人中男性比例相对较大，但我们依然认为和女性结果进行比较有很重要的研究价值。我们能从这些成功的女强人身上学到哪些情感技能呢？

一开始，我们并不知道这些日理万机的年轻企业家能有多少人完成我们的测试，并在截止日期前把试卷交回给我们。他们要管理公司，工作十分繁忙，有时一笔生意就达数百万美元，我们并不期望能收到很多。对商业人士进行调查有 33%的回收率，已经相当不错了。而当大批的回复纷至沓来时，我们感到很惊讶，回复率高达 92%，测评的结果令人印象深刻。

YPO 组的测试分数比我们更大的常模组的分数高很多。事实上，在我们进行的上千个小组结果中，他们的成绩要高出许多。

这些成功人士的哪些情商能力让他们和其他人有如此之大的区别？

首先，他们的灵活能力的分数很高。这些人有发现并把握住机会的能力，时刻做好准备，只要时机来临，绝不错过，马上采取行动。

其次，他们的独立能力很强——这点在有效决策制定上是非常关键的。我们发现了几个 22 岁成立公司并且持续经营销售收入超过 2 000 万美元的企业家。他们的收入远远超过了他们的家人和朋友。他们没有现成的榜样可以咨询或讨论、研究问题。但 YPO 有一个“导师计划”项目，可以给这些 22 岁的百万富翁一个向前辈学习的机会，这些前辈经验丰富，管理着上亿美元资产的大公司。其中一个年轻的百万富翁对我们说，他会与他的前辈讨论业务问题、困难和决策。在这样的过程中，“导师”可以畅所欲言，给出中肯意见，而“学生”也可以仔细聆听，选择自己要遵循的建议。这就是独立性的精髓：听取他人意见，权衡比较，然后自己做出决定。

那么，“创业者”“继业者”和“职业经理人”三者的区别是什么？只有一点，那就是“创业者”的坚定直率能力要强得多。青年女企业家呢？这点很有趣，她们和男性的表现基本一致，只有两点不同：她们在“人际关系”和“同理心”的分数高很多。

情商和我们赚钱多少有关系吗？我们的同事简·德克森博士和西奥多·伯格尔斯博士在荷兰首次对收入与情商的关系展开了研究。他们在荷兰认真地选择了一个庞大的样本，用 EQ-i 测试同时对结果与收入的关系进行了研究。正如图 19-1 所示，他们发现两者有密切关联：情商越高的人收入越高（按美元计算）。

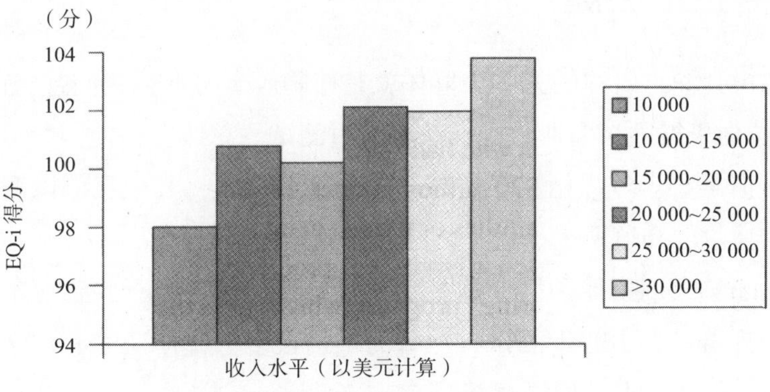

图 19-1　情商与收入的关系

情商与记者

我们给左右我们生活的人（不论是从正面的，还是从反面的）——报纸和电视广播记者做过测试。结果发现他们“自我肯定”和“乐观”的分数很高，但“冲动控制”和“现实判断”（这一点很糟糕，因为他们的工作就是发掘新闻背后的事实）表现较差。还有一点我们没有想到，他们的“同理心”和“社会责任”表现很一般，只属于平均水平。

最后这点让我们的一个同事感到非常不解，她自己就是一名文字记者，以前一直认为大多数同行都是站在公众的角度看问题。现在面对这样的测试结果她只能解释为从事媒体工作的人是在工作中体现他们的社会责任，他们不太愿意参与社区活动，因为害怕将来万一需要报道这些社区组织时，他们的客观性会受到质疑。（还有一点值得关注，从事广播、电视媒体工作的人比从事报纸等纸质媒体的同行更“独立”、更“乐观”，因为他们表现出更多的自主性和控制力）。

情商走上法庭

我们有机会深入研究的另一个群体就是律师。事实上，我们曾经用 EQ-i 给 130 多位刑事律师、商业律师及法官做过测试。总体上，他们的分数都是平均水平，但某些“业界精英”的成绩明显高于众人，其中我们以两个人为例：艾伦·高尔德和道恩·杰克。

艾伦是加拿大刑事律师协会前主席，开始时他表现得有些犹豫，因为他曾在法庭上抨击过不少心理测试，也曾为难过很多上庭作证的心理学证人。但在我们的一再坚持下，他同意接受 EQ-i 的测试。

然而，当我们开始讨论测试结果时，艾伦全盘否定了我们关于情商的概念。他说他是个输得起的人，他怀疑他的测评结果完全站不住脚。

于是，我们决定改变策略。我们先让他暂时忘记测试、问题和那些相关术语，和他攀谈他擅长的领域。我们问他怎样才能成为一流的律师？假如他被指控某项罪行，他是否愿意让他法学院班上成绩最高的同学为他辩护？

“最棒的同学？”他回答，“你开玩笑吧？绝对不可以。”

当然，我们要问他原因。那个同学当然精通法律，但是，他的话很快就让我们明白。他说熟知法律条款并不是最重要的，相反，知道人从何处如何去找你需要的信息——找出案件中关键问题的答案，才是最重要的。

他还谈到了沟通的重要性，要让你的观点在短时间内被大家理解，不要讲无关紧要的话，也不要偏离主题。此外，表现出自己的能力和坚定直率也是很重要的。他接着谈到了案件，他说 80%的案件可能都与律师的专业技能无关，也就是说胜诉与否要取决于法律是怎么样的，而另外的 20%是律师可以左右其结果的，当然并不都是好的。换言之，律师的表现会导致败诉而非胜诉。

虽然艾伦一开始就对我们的行业提出非难，但他一点儿也不傲慢，给我们留下了很深的印象。他正在职业生涯的顶峰，对他的对手来说既是挑战又是攻击目标，这些人经常错误地持有攻击性态度。但他从不以牙还牙。在法庭上，即便他对对方律师没有好感，也总表现得谦卑有礼、平易近人，就事论事，这一点就为他赢得了不少分数；如果对方不能控制好自己的情绪，艾伦就能把它转化为对自己当事人有利的形势。他处事冷静，控制力强并且极少动怒，每次用时总要达到一定的效果。

预判也是法律工作的一大特点。艾伦在他走进法庭之前就将案件审理过程在头脑中过了一遍（就像参赛前的运动员一样）。他要把可能出现的问题预先处理并且预测对手会以怎样的形式辩论。

这并不奇怪，艾伦用 EQ-i 测试的得分比一般的律师高得多。他的个别能力分数也能说明问题——最高分是“独立”（这符合他作为自己的律师事务所合伙人的身份特点），以后依次为“情绪自觉”“人际关系”“坚定直率”和“问题解决”。

当我们逐项分析研究之后，我们问艾伦是否看出彻底了解对方、认真沟通、保持冷静、谦卑有礼、控制情绪、坚定直率——这些情商因素与他取得成功的关系。他承认，虽然略有微词，但还是认可我们的研究确实非常有道理。

第 2 个“法律精英”是道恩·杰克，他是个商业诉讼律师。他在做 EQ-i 测试时正在处理对 Bre-X 的集体公诉案——20 世纪 90 年代最复杂的证券交易欺诈案之一。他给我们的第一印象就是他是个真正的绅士。他的热情及对他人的关心把我们深深吸引了，但是一个我们和他都相识的朋友提醒我们：“千万别被他的外表欺骗。”后来我们在法庭上才领略到道恩的彬彬有礼其实是绵里藏针，证人似乎被他一连串的诘问弄得张口结舌、声泪俱下。

他的 EQ-i 分数也很高，特别是在“自我肯定”“自我实现”“抗压”上。虽然他也上过牛津大学，但他会跟你说成为优秀的律师，仅有学术上的成绩是远远不够的。他成功的一个因素就是能够把握住复杂的局面、识别最相关的细节、找出对方致命弱点。此外，在解读法官、对方律师及证人情绪的同时，他还清楚要控制自己的情绪和做好预案。我们把他在法庭上的表现比作管弦乐队的指挥，或者总能看到后十几步走法的象棋大师。

情商与教师

不是所有人都有机会走进法庭，但大多数人都有孩子，而且在讲授过程中最常被问及的问题就是：“怎样可以成为一个好教师？”这是因为如今教育消费群体（家长和学生）的期望值越来越高了。

为此，我们用 EQ-i 对数千名教师进行了测试，而且应邀给很多教师团体和学校做了演讲并开设了研讨学习班，以此作为他们专业培训计划的一部分。例如，我们曾给一所中型私立学校的全体教师做了一次测试，他们每年都要进行年终评审，并且向学校管理委员会做演讲（包括对优秀学生的个案研究），概述学期内自己班级取得的成绩。学校评出了 5 位表现最优秀的教师，当测试结果出来后，我们将得出的结果与他们的同行做比较。

我们发现，这 5 位教师在很多项目上都比其他教师的分数高很多，但是这些取得高分的项目多少让我们有点儿意外。通常，我们会让教师自己先确定什么是对工作影响最大的因素。可以让他们回想自己小时候，那些他们认为最优秀的教师身上都具备哪些素质。但是，在我们的研究中最重要的因素却未列于他们的首选范围。

这就是“情绪自觉”。为什么这项最重要？因为据我们观察，有效管理的第一步就要意识到自己的情绪。你日复一日，每天面对着全班学生，他们的学习要求、学习能力、兴趣爱好和注意力各不相同，这也是激励你最大限度地表现自己的动力。坦白地讲，很少有人每天都会面对如此艰巨的挑战。

在另一项研究中，我们用 EQ-i 对 257 位小学教师和 157 位中学教师进行了测试。我们也让他们对自己的工作表现评分。13%的小学教师认为自己表现一般或不及平均水平，60%认为自己是平均水平，另外 27%认为自己高于平均水平。哪些情商因素造成了 3 组不同的结果？最大的区别是他们在“乐观”一项上的得分。认为自己高于平均水平的教师明显比其他人乐观得多，而且在“问题解决”“自我实现”“抗压”及“快乐”上的得分也很高。而中学教师中有更多的人认为自己很成功，其决定因素的是“自我实现”——他们的敬业精神，他们愿意参与课外活动，总是争取做到最好，其次是“问题解决”“情绪自觉”及“快乐”。

那么，是什么原因造成有的教师表现不佳呢？对于小学教师，你可能猜他们缺乏“乐观”，但是你错了。“冲动控制”的缺失限制了他们的良好表现，这一点会导致他们在面对问题时情绪失控、缺乏耐心、组织能力不够。而中学教师中对自己工作表现不太满意的教师在“灵活”一项的分数比较低。思想僵化是无法与青少年沟通的。青少年最不能接受的就是刻板的家长式管理，他们在学生面前摆出一副铁面无私、毫不通融的权威形象。对于某些教师来说灵活是最难掌握的，但这确实是非常必要的。从长远来看，教师赢得学生的心比一时占上风重要得多。我们认为无论校内校外，过度严格的管理体制已经越来越不适用了。

情商与治愈疾病

我们给很多医生做过测试，他们的分数低于平均水平。他们得分最高的是“抗压”“灵活”及“现实判断”，而最低的分数是“同理心”“快乐”及“社会责任”。

我们中有一位（史蒂文）恰好有机会和家庭就诊培训计划的总负责人一起参加一所大型医学院的广播节目。他在节目中提到我们的研究成果时不免有些担心，生怕她会对我们的测评方法横加指责或提出质疑。然而，她对我们的研究结果毫不惊讶。她说医学院招收了一大批聪明而富有同情心的青年，却将他们的同情心蚕食。怪不得全身心医疗发展飞快，而传统医疗专业在萎缩。过去 20 年间对医生诉讼案件急速增加，这在很大程度上是因为医患之间缺乏沟通。

那么，这些情绪因素到底有多重要呢？最近一项研究表明，由高同理心的医生治疗的糖尿病患者比低同理心的医生的病人能更好控制血糖和胆固醇水平。这项研究是由费城托马斯杰弗逊大学在 2006—2009 年开展的，研究对象包括 29 名医生及其主治的 891 名糖尿病患者。结果表明，“同理心”能使病人对医生的满意度、信任感和顺从度大大提高，这就能保证更好的医疗效果。

继续讲有关医疗的话题。我们还问过 3 829 位接受过 EQ-i 测试的人，了解他们怎样对待自己的健康问题。其中，2 715 人认为他们处理得很好，1 114 人觉得自己还能做得更好。正如你所想，他们的测试得分有明显差异——认为自己处理得很好的人普遍高出 10 分。两组中的分差依次为“抗压”“乐观”“灵活性”“自我肯定”及“快乐”。

这一点儿也不奇怪。人生病容易紧张，在心理上会有压力，身体也不舒服。生病后人们不仅身体不适，而且时间一长身体的抗病能力也会下降。生病已经很痛苦了，自己再心情紧张只会加重病情。这时“乐观”情绪能帮助人们走出困境，就像它能帮助人们战胜其他敌人一样。经常想到自己能够正确对待疾病并最终消除病魔是非常重要的治疗手段。“灵活”也能发挥作用：一味排斥那些有助于你身体康复的治疗手段只会延长你的痛苦。

有趣的是，另一项研究是应用 EQ-i 直接分析情商和健康习惯之间的关联。我们发现大学生的情商和健康习惯之间存在着直接联系。

珍妮·邓克利是一名南非的心理学研究生，她在 1996 年对 58 名近期心脏病发作的患者和一组没有心脏病病史的人用 EQ-i 进行了一项比对测试。结果正如她所料，正在恢复健康的病人在“抗压”“灵活”及“自我实现”上的分数都比另一组（非病人组）人低很多。但有一点她没有想到，那就是他们的“社会责任”分数比另一组高。可能是由于经历过死亡的人会再次关注人生最重要和最有价值的东西——那就是对自己同胞的关怀。

但邓克利并没有就此停止研究。她知道其中有 22 名患者曾参加了抗压能力的课程，另有 16 人未参加过。她对比了他们的数据后发现除了“人际关系”和“自我肯定”两项，总分和各单项得分都有明显差别。参加课程的患者在 5 周培训之后，总成绩平均提高了 9 分，其中“抗压”一项提高最多，其次为“自我肯定”“灵活性”“幸福”“现实判断”“自我实现”“问题解决”及“冲动控制”。

情商与失业者

失业者的情况怎么样？在多伦多基督教女青年会罗斯·玛丽·聂格丽的协助下，我们对 18 ~ 50 岁长期失业的人群用 EQ-i 做了测试。整体来说，他们在“自我认知”“自我表达”“决策”三大领域分数低于平均水平。其中，分数最低的依次为“坚定直率”“乐观”“情绪自觉”“现实判断”及“快乐”，而“自我肯定”和“独立”也都在平均值以下。

这些结果也许能够解释为什么失业者找工作很难，也不容易保住一份工作。持续的挫败使得他们的情商日渐退化，像得了慢性病。然而，这些人很明显在“同理心”和“社会责任”的得分高于平均水平。或许是因为他们接受了政府的救助致使他们对比自己更不幸的人多了一分关注和关爱。

这些人中大约有 50 人参加了为期 6 周的技能提高班，在整体提高生活技能（例如，如何面对挑战，怎样才能更乐观）的同时增强了坚定直率能力，以更现实的角度择业。他们接受了课堂面授、生活技能培训及职业管理，可能还包括专业技能培训。其中，90%的人参加完课程后找到了工作。当他们再次用 EQ-i 测试时，他们的成绩在很多项目上都有明显提高，其中提高最多的是“坚定直率”“现实判断”及“情绪自觉”能力。

情商与婚姻

最后，我们来看看情商与婚姻满意度的关系。

我们对 1 100 人进行了 EQ-i 测试，并让他们对自己的婚姻状况打分。正如我们所料，对婚姻满意的人比不满意的人平均高 5 分，在五大主项和 15 个子项里都存在差异，但你觉得一个人对其婚姻感到满意的首要因素是什么？很多人可能说是“人际关系”“同理心”或“灵活”。但事实上，“快乐”是最重要的，其次是“自我肯定”“情绪自觉”“自我实现”及“现实判断”，之后才是“人际关系”。

在我们的研究中，每当“快乐”起关键作用时，人们都会不禁要问是美满的婚姻让“快乐”的分数提高，还是“快乐”的分数高婚姻才更美满（就这一特殊问题而言）。我们认为快乐是至关重要的，因为这项得分高的人不论境遇好坏（正如婚姻誓言中所说的那样，有福共享，有难同当），都始终保持快乐向上的情绪。就像我们希望大家能从本书中学到的一样，“快乐”是发自内心的。

在婚姻中的“自我肯定”在处理强于你及弱于你的对象时非常重要。有了清晰的自我认识你就不会过于敏感、总带有防备之心。（毕竟除了自己的母亲，在生活中最有可能批评你的人就是你的配偶。心态平和使你能坦诚对待配偶的批评。而且如果对方的批评是有道理的，就要改正，而不要恼羞成怒。）至于“情绪自觉”，它能控制自己的情绪，而“自我实现”既是生活的调味品，又对形成亲密无间的婚姻关系至关重要。

第 20 章　情商与更多“各界精英”

在本书首次出版到第 1 次修订版出版的 5 年间，世界上发生了难以想象的变化。在第 2 次修订中，我们推测未来的世界将以 2001 年 9 月 11 日的早晨为一个分界线，在此之前是能够记住当时发生事件的人，在此之后则是因为年纪太小不记得发生了什么事的人和在这场悲剧发生之后出生的人。这和很多人的情况相似，那个年代的人都清楚记得当时听到肯尼迪总统被暗杀的情境。

“9·11”事件后不久，史蒂文突然接到了罗伯特·法西奥的电话。他对史蒂文讲述了一段离奇的故事。那是一个周二的早晨，他的哥哥打电话跟他说，他们的父亲有一些不好的情况。罗伯特感到有些莫名其妙，说道：“他怎么会有不好呢的情况？”于是，哥哥让他立即打开电视机。他们的父亲就在世界贸易中心南楼上班。

罗伯特马上打开电视机，正好看到第 2 架飞机撞击南楼的画面。父亲在北楼遭受袭击后刚刚还和母亲通过电话，告诉她他爱她，自己很安全。罗伯特一家人有充分理由相信父亲逃离了大厦。但事与愿违，罗伯特用了 3 周时间才彻底接受了父亲遇难的事实。

从悲痛的心情中走出来后，罗伯特终于对他父亲的一生有了更深的了解。这一切改变了他和其他许多人的生活。父亲的很多同事回忆说，他们最后一眼看到罗伯特的父亲时，他正在为大家撑开一扇门，以便其他人能从大楼逃生，回到家人的身边。

因此，罗伯特成立了一个非营利机构——“为他人开启一扇门”，其宗旨是为人们提供资源和接触人的机会，让他们从失去亲人的悲痛中站立起来去实现梦想。当罗伯特请我们提供 EQ-i 协助他对“9·11”事件中罹难家属的研究工作时，我们感到非常荣幸。他特别想知道的是情商和恢复能力对预测“创伤后成长”的重要性，即研究那些在经历创伤后重新开始生活并健康成长的人。

罗伯特的研究结果令人振奋。特别是他发现了“创伤后成长”与 3 个情商因素有关，即“人际关系”“自我关系”（现在我们把它称为“自我认知”和“自我表达”）及“整体情绪”。前两项（“人际关系”和“自我关系”）可通过恢复能力调节。换言之，在这两项能力强的人恢复能力更强，因此可以更有效地医治创伤。

情商与警务人员

自从本书第 1 版问世后，就不断有人问我们情商在治安执法中有什么潜在作用。例如，“如果我们提高执法警察的情商，世界会产生怎样的变化？”乍一看这个问题似乎有些不着边际，但现在借鉴了前美国联邦调查学院特工蒂姆·特纳的工作，我们在这个问题的研究中取得了很大进展。蒂姆参加过一期我们的培训课程，对情商有了很深入的了解。他很快又将情商与执法联系起来。

蒂姆回去之后，又针对情商的作用和警官进行了一次我们见到过的规模最大的研究。美国联邦调查学院位于维吉尼亚州的匡提科（Quantico），蒂姆是那里的领导力培训师，和他一起工作的同事都是从美国及全球各地挑选出的高潜力警官。他对 424 名获选拔参加了联邦调查局国家学院（FBI National Academy）培训的执法官员（警官）和没有被选参加培训的人员的成绩做比较。这项研究显示情商与执法人员的背景有很大关系，来自乡村的或城市的，以及不同性别等因素都会有不同结果。遗憾的是，我们没有足够的篇幅把所有成果在此一一展示，这里只列举了其中几例。

最令人欣喜的发现是这些送入学院学习的“明星”军官的特别之处。蒂姆运用了一种非常复杂的统计程序（回归分析）来研究究竟哪些因素最能反映这一群体的不同之处。有人可能认为警界精英一定“灵活”能力较差（严格执行命令），或者铁面无私（更强攻击性）。

但现在我们要打破这些关于警界精英的神话。研究表明，在他们身上起最重要作用的因素其实是“社会责任”。正如我们对高层领导的其他研究中发现的那样，我们认为“社会责任”一定是未来领导人必备的特质（正如当今的领导人必备特质是“灵活”）。具备社会责任的警务人员能够看到更大范围的利益——他们的部门、他们的警察局、他们的社会，当然还有整个世界的最大利益。

其次重要的因素是“问题解决”。这一群体中的人在解决问题上表现突出——识别问题、想出对策，并且运用情感解决问题却绝不感情用事。蒂姆之前就跟我们说过警界精英都是解决问题的好手。

还有一点是在我们很多研究工作中都出现过的，即“自我实现”。“自我实现”能力强的人会真正享受自己的工作。他们同样能很好地设定目标——设定并实现他们对生活的期望。这些接受测试的警界精英都非常热爱自己的工作，而且对职业和生活都有明确的计划。

最后一点，不出我们所料，这些人的“人际关系”能力都很强。在这个领域取得成功的人一定要善于和人打交道。了解如何建立并维系良好的人际关系是决定他们成功的重要因素。

情商与律师

在过去的几年间，有关情商对各个职业所起的作用我们已经进行了大量研究，其中引起广泛关注的领域之一就是情商对法律界精英的重要性。艾琳·泰勒是一名记者兼顾问，她在加拿大法律期刊 *LEXPERT* 上连载过一系列很有趣的文章，对加拿大一些顶尖律师的情商进行了论述。

这些精英是经过加拿大全国法律界专业人士票选出来的。艾琳分别对 25 位最佳商业诉讼律师、40 位 40 岁以下最佳律师、30 位最佳商业律师、25 位最佳女律师和 25 位最佳法律总顾问的情况进行了描述。每组人群的 EQ-i 的测试结果都比我们之前测试过的上百位律师的分数高许多。

是哪些情绪因素让这些“业界精英”出类拔萃？当然，这与律师不同的专业方向有一定关系。在这方面我们已经有了太多的研究发现，在此我就挑选其中最重要的做一介绍。例如，我们一提到最厉害的诉讼律师，头脑中马上显现出一个个气势汹汹、将对方一举击溃的形象。从心理学角度看他们是属于自主性极强的类型，其实他们也是非常敏感和内向的人。但有一点让我们颇感意外，那就是这些律师办案并非为了名利，他们追求的是自我实现的满足感、成就感、做出贡献带来的愉悦感和业内人士的认同，以及想赢“好”的案件。

最佳诉讼律师的情商分数都高于平均水平。他们的强项为“独立”“乐观”“现实判断”及“抗压”能力。他们得分最低的为“灵活”“冲动控制”及“人际关系”能力。

40 位 40 岁以下最佳律师的情况怎样？他们是一群刚刚崭露头角、必将大有作为的精英，令人印象深刻。他们中的很多人事实上已经取得了杰出的成就，涉及数十亿美元的大案件。是什么因素让这群年轻有为的律师脱颖而出？这与他们在家庭里的排行和成长环境没有太大的关系，而且这些年轻律师和顶尖级诉讼律师的情况也不同。他们更富团队精神、敏感，并且十分注重实效。此外，他们办案的动机也不同；法律对于他们来说不是一种使命而是达到目的的手段。

在这组测试人群身上再次体现出他们在情商上的不同。他们的分数比我们之前对普通人和数据库中的律师的测试分数高很多，其中 3 项尤为突出。第一，独立能力极强——做事主动性强。第二，抗压能力强——在强压下工作的能力突出。第三，非常乐观——在困境中也能看到自己成功的曙光。

下一测试群体是代表法律界不同类型的 30 位最佳商业律师。他们个个能力非凡，相信任何问题都有解决办法——他们不达目的绝不罢休。在采访中，人们一说到他们常常用到这些字眼：“激情迸发”“永不放弃”“生死抉择”“绝杀”“迂回战术”“内外呼应”“冒险”“刺激”和“成功”。

这组测试人群有 3 个突出强项。第一，“情绪自觉”程度高——他们清楚地知道自己的优势和弱势是什么。第二，智商很高。第三，渴求成功。他们情商分数最高的几项分别为“独立”“抗压”“问题解决”及“乐观”能力。此外，他们的总分也比普通人和一般律师高。

我们从加拿大的顶尖女律师身上也有许多发现。我们最想从这一测试群体中了解的是她们如何平衡家庭与事业的关系的。和前一测试群体一样，这些优秀的女律师的得分也比普通人和一般律师高，其中分数最高的几项为“独立”“抗压”“坚定直率”及“乐观”能力。

那么，这些事业成功的女强人在平衡繁忙的工作与琐碎的家庭生活方面能给我们什么启示呢？第一，要热爱自己的职业。如果你的工作既无趣又没有挑战性，那么它就会变成一个苦差事。第二，她们建议应该对“成功”重新定义。她们提出了一个观点，即对于多数男性来说事业是衡量成功与否的第一标准，但对于女性而言，她们首先要扮演好母亲、妻子和女人的角色，之后才是事业。这些成功的女律师把事业上放在第四位，可以想象，她们超过男性律师们的难度该有多大！第三，这些女律师已经知道，她们不可能事事兼顾。所以，她们会区分轻重缓急，集中精力干成一件事情。在许多情况下，她们会做出让步，并制定新的规则。例如，当一个客户坚持要求第二天必须得到某些材料时，她们会告诉客户，其实他急需的这些材料中只有一部分是重要的，而其他材料可以经过一段时间的认真收集整理。

这些女律师的另一个特点是她们把逆境视为一种挑战。这种情况屡见不鲜，当她们在生活上遇到困难时，她们不会轻易放弃，而是勇敢面对、重新安排自己的生活和调整环境以应对挑战。

所有这些出类拔萃的人都非常注意身体锻炼。虽然工作繁忙，但他们依然会抽出时间跑步、徒步旅行、滑雪及参加其他体育活动，他们绝不会坐在沙发上，吃着薯片看泡沫剧。

他们中很多人在职业生涯处于某一阶段时会主动去寻求一位导师。他们会在自己的专业领域里寻找一位自己崇拜的人士，听取他们的意见和建议。这位导师对他们事业上的成功起到了不可估量的作用。

此外，他们还认为妥善安排时间也是成功的要素。虽然他们安排时间的方法未必相同，但似乎都有自己一套完美有效的作息制度。毕竟时间安排可以平衡工作与生活的关系。人们曾经提到一条不容打破的信条，即“家庭旅行计划必须保证”。

我们最后要谈的是法律总顾问或公司内部律师。有很多组织都开始聘用专职律师。一部分是因为外包法律事务费用很高，同时如果有一名律师能够清楚了解公司业务的话，对公司来说也大有裨益。此外，公司合并、全球化加速、诉讼案件频发及《萨班斯—奥克斯利法案》的出台，也造成了这一趋势。

与前面的几组一样，他们情商上的分数在这几方面优势明显，按得分排列依次为“坚定直率”“独立”和“抗压”（同列第二位）能力，以及“问题解决”能力。这就意味着这是一群推动工作完成的“负责”人。他们（在思想、决策、行动上）能独当一面，能在紧张和高压环境下工作，并且有能力处理复杂问题。

情商与医生

在我们针对专业组进行研究的同时，又传来心理学家达纳·埃克里博士的一个有趣请求，他建议我们研究一下牙医的情商。我们提出的问题是：“情商如何影响牙医的临床表现？”

达纳和许多牙医一起工作了很久。事实上，他一直在位于佛罗里达州著名的牙医培训中心“彭琪研究所”工作。他想在我们帮助下做一次测试，研究一下彭琪研究所毕业生取得的成功与他们的情商的关联性。他与研究所的埃文·贝克尔博士和理查德·格林博士一起共对 144 位在研究所受训过的牙医进行了测试。

他们还制作了调查进度表，以此评估牙科医生经过研究所培训后的临床表现。他们发现，如调查进度表所示，情商（经 EQ-i 测试）与临床上的出色表现有直接关系。

然后，他们又用复杂的统计方程（多重回归法）认定出对牙医出色的临床表现起最重要作用的几点情商因素，分别为“情绪自觉”“现实判断”“坚定直率”及“自我实现”。调查人员又提到这些因素对牙医出色的临床表现的特殊贡献。

例如，像工程师或牙医这样需要精湛专业技能的专家，通常视情感为无足轻重的小事。他们总要表现得客观冷静。然而，客观冷静并不是患者的期望。医生不承认自己存在这样的态度也没用。达纳举了一个牙医的例子。这位牙医工作了一天，感到非常疲劳。下班前的最后一位患者需要特殊治疗，这样就会延误牙医的下班时间，可牙病又非治不可。于是，这位疲惫不堪的牙医可能态度恶劣，拿患者出气。而一位“情绪自觉”能力强的牙医就会知道这样的行为令患者不安，而且会损害自己的声望并且影响到患者牙齿健康。牙医只有注意并调整自己的内在情绪才能保证与患者之间的良性关系。

还有很多人希望我们来分析一下情商在临床医学中起到的作用。从这一领域早期研究中的一些数据来看，人们对很多医生的低情商感到担忧。最近一项由佐治亚医学院的佩吉·瓦格纳及其同事开展的研究，更全面地阐释了医生的情商与其临床表现的关系。

他们用 EQ-i 测试了 30 位医生（包括门诊医生和住院医生）。此外，他们还让患者分 8 项对自己的医生和整体医疗满意度打分，最后整合为两项，即“整体满意度”得分和“医患关系满意度”得分。

总共有 232 位患者参与了此项研究，平均每 7 位患者给 1 位医生打分。总体来看，患者的满意度很高，平均分为 3.69 ~ 3.94 分（满分为 4 分）。医生的性别对满意度的结果并没有影响，不过对教授医生的满意度略高于实习医生。

然而，用 EQ-i 测试的结果却显示教授医生和实习医生没有区别，而女性医生在所有项目上的分数都比男性医生的分数高，且在“抗压”能力上超出的分数达到统计上的显著差异。这个现象很有趣，因为普通女性这项的分数都比男性低。

之后，他们将患者 100%满意的医生和没有达到满分的医生做比较（232 位医生中有 138 位得到了患者打出的满分——8 个项目上都给了 4 分）。最重大的发现是得到患者给的高分的医生在“快乐”一项上得分非常高。换言之，患者对快乐的医生更加满意。此外，得到患者给的高分的医生在“社会责任”和“乐观”上得分也较高。在本章后面的内容中，你将发现很有趣的一点，那就是“社会责任”和“乐观”对处于领导位置的人来说十分重要。

于是，这些研究人员建议医学院的学生了解“个人快乐”和“对生活的满足感”的重要性，并以此作为培训和实习中的基本内容。这样，以后你再去看病时，就会看到一位非常“快乐”的医生。

情商与校长

自从本书2000年首次面试以来，大家对情商与教育关系的兴趣就越来越浓厚了。在第19章中我们讲到了情商对教师的作用。现在，我们将公布我们对学校校长最新的研究发现。

最近，霍华德·斯特恩、詹姆斯·帕克尔和劳拉·伍德针对教育界的领导开展了一项大胆研究。该研究得到了加拿大前安大略省教育培训部的支持。来自安大略省9个不同地方教育委员会的464位学校校长或副校长接受了EQ-i测试，其中包括226位小学校长、84位小学副校长，43位中学校长及57位中学副校长。

此外，这些校长还让他们的直属上司和3位教职员工完成了一份针对领导能力特殊设置的问卷调查，其中包含涉及领导能力的21项评分。它分为两大类：“任务指向型”领导能力（如“为会议做好准备”）和“关系指向型”领导能力（如“寻求教职员工达成一致意见”）。“建立良好关系”和“完成工作任务”被广泛认作表现领导能力的两大关键要素。

每位参加者“领导能力”的得分由其直属上司和教职员工的打分综合得出。所得数据用来确定“低于平均水平”（以百分制计算，低于或等于20分）和“高于平均水平”（高于或等于80分）的领导。

这些得分高的校长，你认为是哪些因素在起作用？你认为他们比较友善或人际关系比较好吗？还是他们更坚定直率，与教师的关系更近？如果你这么想，那只猜对了一半。在“情绪自觉”“自我实现”“同理心”“人际关系”“灵活”“问题解决”及“冲动控制”能力上，这些高于平均水平的校长得分都较高。有趣的是，无论是男性校长还是女性校长，无论是正校长还是副校长，这些技能都同等重要。研究人员接下去又对多个因素的相对重要性，以及培训方面的问题进行了探讨。

以下是他们得出的结论。

> ……专业培养计划应该着重培养或提高以下能力：情绪自觉（认知、理解自身感受及其影响的能力）；自我实现（提高自己，追求有意义的目标的能力）；同理心（认可、理解、欣赏他人的感受和想法的能力）；人际关系（建立并维持令双方满意的关系的能力）；灵活（调整自己的情绪、想法、行为以适应变化的能力）；问题解决（确认和辨别问题，以及有效解决问题的能力）；冲动控制（控制情绪或暂不发作的能力）。通过对校长和副校长的比较、小学校长和中学校长的比较，我们发现他们的情商维度并没有区别。因此，我们认为提高这些能力的专业培养计划可以应用在更多的高校管理层人士身上。

情商与销售人才

我们还为一家美国知名的电器连锁店的销售人员的情况建立了情商模型。遗憾的是，我们不能在此泄露其中的人员名单，但我们在网络上给他们筛选了成百上千的应聘者——看看谁更符合电器连锁店里明星销售人员的标准。我们将其看成今后选拔人才的方法。以一家公司的明星销售人员为标杆我们就可以利用统计数字看出应聘者与理想人选者之间的差距。在考虑到他们的技能、可用性、所在地区及各种淘汰标准（如较差的语言表达能力）之后，我们对应聘者进行排名。然后，通过电话面试筛选后的应聘者，检测他们是否具备明星销售人员的众多很重要的能力。

被认作最合适的应聘者会在“电话面试”后，由公司内相关人员进行长达 1~2 小时的正式面试，进行深入了解。使用这种方法不仅节省数百小时的筛选过程，还能节省一大笔资金。还有一点也很重要，它能有效防止人们从事自己并不适合的工作——避免他们浪费时间，同时避免出现他们被解雇的尴尬局面。

在这个领域的研究中，我们的测试对象是手机销售人员。我们用 EQ-i 和网上能力测试对全美连锁店中的 91 位雇员进行了语言表达和运算能力测试。然后由各自的经理综合他们的销售业绩、工作态度和出勤情况为他们打分。分数分为 3 个等级：“出色”“一般”和“不及格”。

然后，我们又用多元统计分析法分析了这些雇员的情商与经理打分之间的关系。我们发现“自我实现”“同理心”“问题解决”及“快乐”起到很重要的作用，而其他情商因素也有明显的作用。

这些情商因素在区分“出色”员工和另两类员工时效果明显，而在区分“一般”和“不及格”两类员工时效果就不那么明显了。例如，我们用情商测试结果推测经理的打分时，对 8%的“出色”雇员和 78%的“不及格”雇员的判断正确。而在经理打分为“一般”的雇员中有 13%我们判断为“出色”，还有 8%为“不及格”的雇员我们也判断为“出色”。但我们没有把任何“出色”的员工划归为“不及格”一类。

认知能力测试（语言表达和运算能力）对我们选择理想雇员没有什么作用。但后来我们将测试所得的数据定为一个标准，用于比较所有应聘者与明星的差别。很多人担心如果通过网上测试的方法筛选雇员会有人弄虚作假。但是，弄虚作假是很困难的，因为除筛选小组以外的人没人知道这份工作需要应聘者具备哪些具体的资质。大多数舞弊的人会在各个方面都不诚实，这无助于通过筛选的基本标准。而且，欺骗的结果往往是求职失败。舞弊者有可能在第 1 轮“电话面试”中侥幸过关，甚至有可能通过第 2 轮正式面试。然而，他们虽然能够在面试中蒙骗所有人，得到录用，但他们在实际工作中的表现不可能十分出色（若果真出色，我们很高兴他们作弊了），或者最终因为得到一份不适合的工作而苦不堪言。

这样一个程序可以帮助我们招聘到更优秀的营销人员，同时也使得招聘的工作流程更加顺畅，节省了大量时间和资金。

情商与领导能力

另一项针对“各界精英”的研究是由 MHS 的戴安娜·杜莱克主持的针对一家大型电信公司的研究。该公司想要了解情商与领导能力的关联性，以便加强公司内部对领导的培训和辅导工作。

在这一明星模式中，情商占区分表现好与表现差的领导能力的 48%。这就是说，该公司在执行公司的领导力所需要的能力中有一半是情商和社交商的能力。绩效高还是低有 24%取决于“快乐”指数，13%取决于“自我肯定”指数，而“自我实现”“人际关系”和“乐观”指数分别为 9%、2%和 1%。然后我们又应用了一种分类测试法，所得到的数据在预测“明星”时的准确率高达 90%。

这些结果对公司选拔发展人才具有重大作用。因此，公司就把能够说明表现差异的情商相关能力归入胜任力培训中，这样就提高了培训效果。运用这样一种评估算法筛选效率就可以大大提高，它是用招聘者的情商与明星的情商相对照，由此预测出其是否有可能成为一名出色的员工。

到目前为止，针对情商与领导能力规模最大、设计最完善的研究是由在北卡罗来纳州格林斯博罗的创新领导力中心（Center for Creative Leadership，CCL）的玛利亚·路德曼博士和她的同事们一起进行的。该中心是享誉世界的领导力培训中心，多年来一直从事提高领导能力方面的研究。

在 CCL 进行的这项研究中，302 位领导和诸多高级经理中有些人已经功成名就，还有些人并不顺利。他们都接受了 EQ-i 情商测试和 Benchmarks 工作表现（领导能力）评分。Benchmarks®通过上司、同级及下属的分别评分准确反映出一个人的工作表现的完整情况。

路德曼博士的发现之一就是情商对领导表现的作用约为 28%，与我们之前提到的其他许多研究的结果一致。

在他们的研究基础上，我们确定了成功领导应具备的4项要素：① 稳固一致；② 具有执行力；③ 参与性管理；④ 意志坚强。这 4 项都与用 EQ-i 测试到的具体的情商能力有明显的相关性。

成功领导的第 1 个要素是稳固一致。高素质的领导均具有控制自己的能力。在员工眼中他们总能处事不惊，保持平稳的心态。你能预测到他们面对情况时的反应。你在早晨和他们问好后，不会因为前一天忽略了某事而被训斥。

此外，成功的领导非常清楚自己的强项和弱项。最危险的领导就是那些自认为自己无所不通的人。了解自己的强项并加以正确运用与了解自己的弱项并不因此给周围人造成伤害同等重要。我们发现并不是所有的领导都愿意花时间去克服自己的弱项。然而，还有一个弥补的方法，就是找一些在你的弱项方面能力强的人来帮助你。

还有一点就是要能很好地平衡工作与生活的关系。在过去，人们一直过分强调领导应以工作为重，但我们发现平衡好工作与生活的关系与较好的领导表现有密切关联。如果能把个人生活管理好——处理好压力、家庭生活、健康及饮食问题，那么他就可能更好地安排工作。

成功的领导做事直截了当而且情绪自觉能力很强。人们清楚这样的领导对待问题的看法，因为他们绝不含混或犹犹豫豫。同样，他们也清楚地知道自己的情感和动机，这些都是与他们对问题的处理相一致的，因为他们知道自己的感受并且相信自己对问题的看法。

最后，成功的领导都能很好地缓解压力。即使在遇到困境时，他们也不会发怒或情绪失控。在这一基本能力中最重要的情商因素是“社会责任”“抗压”“冲动控制”及“乐观”能力。

成功领导的第 2 个要素是具有执行力，包括决策能力。他们决策果断，而且能经常做出好的决策。这些领导会参考其他人的观点，但最终他们会权衡各方信息后做出最佳决策。

他们一旦决定付诸实施就不会轻言放弃。他们知道坚持不懈在决策制定过程中是非常关键的一点。同样，他们会在这一过程中不断评估所做决策的有效性，并从错误中吸取教训。

这一能力与 3 项情商因素有直接关系，即“坚定直率”“独立”及“乐观”能力。

成功领导的第 3 个要素是参与性管理。“指挥”和“控制”早已不适用当今的军事单位，更不用说在企业里了。人们都不愿意受人摆布，当然也不愿意被忽视。如今，成功的领导都把工作重点放在赢取手下员工的心上，不注意让员工对他们提出来的点子、计划、方法主持和认可，员工们不可能有优秀的成果。同样员工们也渴望参与计划的制订与实施，他们还会感到自己做出了贡献。还有如果他们对公司的新的举措有所贡献，他们就会更希望看到事情最终取得成功。

这项能力的获取需要领导培养自己具备良好的聆听和沟通能力。虽然很多领导都知道如何向他人表述自己的观点和指令，但相对而言知道如何聆听下属以便让对方支持的领导就比较少了。优秀的领导会敏锐地感受到下属所表现出的对自己的想法和要求的细微反对声，他们会提炼这些反对意见，进行处理。如果有人指出哪些不足，他们甚至可以调整计划。领导一定要以公司的大局为重，绝不可以自己的面子为重。

优秀的领导让员工们感到轻松愉快，而糟糕的领导则让员工们战战兢兢。当员工处于放松状态时，他们会畅所欲言，提出好的想法和建议。优秀的领导会表彰员工们做出的贡献，让他们觉得自己是团队中重要的成员。更加优秀的领导会主动肩负起决策失误和其他错误的责任。

在听取每个人的意见之后就要统一大家的思想。成功的领导在了解每个人的看法后（包括正反两方面观点），会运用他们的领导技巧让所有人支持集体的决定。如果团队成员觉得自己参与了这一过程，并且得到了平等的机会阐述自己的观点，那么他们最终服从多数人意见的可能性就更大。

领导能力的这一核心部分竟然是它与情商相关的具体元素，其中关系最大的是“同理心”和“社会责任”。“同理心”强的领导能够更好地聆听员工的想法和感受。而“社会责任”强的领导，也就是那些特别关心自己的社区，他们恪守社会准则，领导作风更加亲民。此外，这样的领导在“人际关系”“冲动控制”及“快乐”方面也都有较好表现。

成功领导的第 4 个要素是意志坚强。这些领导在经历了艰辛之后能很快恢复活力。他们在困难面前不屈不挠，应对挑战，迎难而上。他们即使身处绝境，也依然坚定直率。

与这种能力相关的情商因素是“自我肯定”“抗压”和“冲动控制”。

情商与首席执行官

让我们继续研究首席执行官的情商。我们已经采用了第 19 章中青年总裁协会应用过的情商测试了许多表现优秀的首席执行官。我们关注的一个小组是创新者联盟（Innovators Alliance，IA）。这个组织的成员都是安大略省发展迅速的公司的首席执行官。他们接受了我们的 EQ-i 测试并完成一份问卷调查。

这些首席执行官都是加拿大的精英。IA 成员必须是公司的首席执行官或总裁；经营的公司 3 年累计收入增长不能低于 35%；年收入不低于 200 万加元；雇员为 10 ~ 500 人；在安大略省设有总部。我们的测试人群包括 76 位 IA 成员，其中 61 位男性，15 位女性。他们平均年龄为 44 岁，其中一半在 45 岁或 45 岁以下。

从图 20-1 中可以看出，他们的测试结果和 YPO 的领导们的结果几乎完全一致。我们一直都发现首席执行官在“独立”“坚定直率”和“抗压”能力上的表现是尤为突出的，而且还有一点很有趣，那就是他们在“社会责任”和“冲动控制”上的得分要低于平均水平。

我们对 IA 成员还做了一项非常特殊的分析。我们把“顶级首席执行官”单独分了出来，划分的标准是公司的利润额，我们认为这是衡量一个领导是否成功的重要指标。我们根据得到的数据，比较创收最高的首席执行官和创收最低的首席执行官，然后用统计分析去看有没有情商因素区别这一组 CEO。我们原来认为抗压能力可以预测人的成功。或许，利润大的首席执行官要比利润小的更快乐。

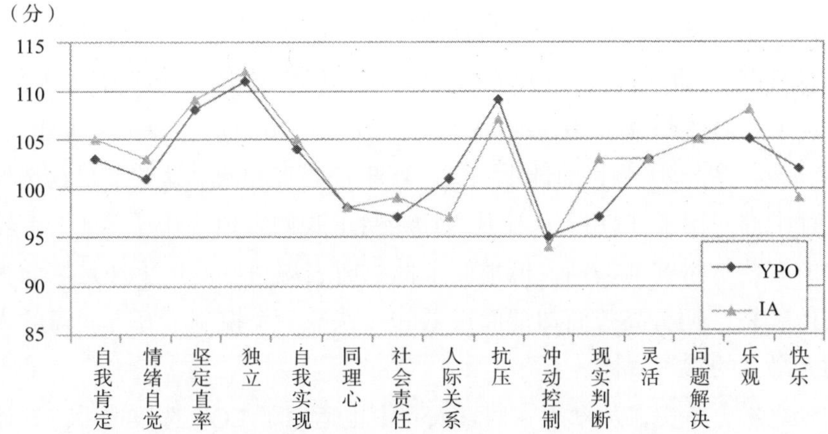

图 20-1　两组首席执行官的情商得分

但是，我们错了。事实上，表现优秀的首席执行官的情商有 3 点不同。首先，他们的“同理心”分数更高。这些领导更善于倾听员工的想法。其次，他们的“自我肯定”分数更高：他们对自身的认识更清楚，能够较好把握自己的优势与弱势。最后，他们更“坚定直率”。在他们身边的人能知道他们的立场和期望是什么。他们不会对员工有所隐瞒或让员工对他们俯首帖耳。关于我们就首席执行官的领导能力与情商关联性方面的研究，已经发表在业内期刊上了。

综合上述这些研究及其他有关领导能力的研究，我们又推出了一个针对领导技能的具体 EQ-i。其特别之处就在于它把具体领导技能分为三大类。第一类为员工导向，是指领导激发团队成员工作激情的能力。第二类为流程导向。它是衡量处理问题、制定并达成目标、按时完成工作的能力。第三类为组织导向。其中包括了解公司组织的架构、知道碰到什么问题找谁？员工的组织关系及有哪些资源可以使用。

情商与电视真人秀

讲到现在，我们可以说无论在什么样的组织中，情商都是生存、成功的必要条件。也许这就是为什么电视真人秀《幸存者》节目在选拔选手时使用EQ-i 的原因吧。加利福尼亚州心理学家理查德·拉凡克博士在《幸存者》（*Survivor*）、《学徒》（*The Apprentice*）、《老大哥》（*Big Brother*）、《极速前进》（*The Amazing Race*）节目的选手测试阶段担任心理顾问。这些节目在选拔选手的过程中都使用了 EQ-i。从拉凡克博士身上我们发现，在《学徒》首轮即遭淘汰的有些选手智商很高，但情商很低，而表现很好的选手都是情商很高的。在他看来，拥有高智商却情商很低的人就像一个控制不好方向盘的人开着一辆大马力的跑车一样。

作者之一史蒂文在加拿大一档真人秀中也运用了 EQ-i 选拔选手。这档节目叫《白手起家》（*From the Ground Up*），由家装设计师、节目主持人黛比·柴维斯主持。节目的主旨是讲一群二十几岁的年轻人，虽然他们在事业上和生活中举步维艰，但也许可以在动手能力上做些什么。此节目的目的是要打破一个神话，那就是获得成功一定要具备专业知识。参赛者经过层层筛选后，要完成一项任务，那就是从打地基开始建造一所房子。专业人士会在房屋建造和设计过程中提供各种技术性指导。优胜者的一半分数由黛比等专业人士评出，另一半由全国观众票选。这么说吧，通过 EQ-i 对选手测试结果表现进行的预测都惊人地准确。

情商与毕业生

现在让我们来预测谁能顺利完成大学学业。研究结果出人意料，那就是学习能力并不是决定能否顺利毕业的因素。加拿大特伦特大学的詹姆斯·帕克尔博士和他的同事们对数百位大学在校生进行了一系列有趣的测试，对我们了解大学生不能毕业的问题有很大帮助。在其中一项测试中，他们对安大略一所小型大学新入学的所有学生进行了情商测试。他们掌握了所有学生的学习成绩。他们在第一学年结束时发现学生的成绩与情商关系很大。

于是，他们对这些学生继续跟踪调查，发现学生退学的主要原因是转专业、个人问题，以及经济或健康问题。其中最主要的个人问题是难以结交新朋友、难以适应新的生活环境（自己生活）、难以适应新的学习方法，以及难以独立。许多研究发现证明情商测试的得分能在很大程度上预测出哪些学生有可能中途退学。为此，帕克尔博士一直致力研究介入方法，帮助学生留在学校完成学业。

帕克尔博士在密西西比州、北卡罗来纳州和西弗吉尼亚州的 4 所大学对将近 1 500 名学生的测试得出了几乎相同的结果，发现学业上的表现与情商的各个方面有密切关联。特别是成绩好的学生在人际交往能力、适应能力、自控能力，以及整体情商都处于较高水平。根据他们的研究证实，这些恰恰就是大学生结交新朋友、适应新环境、建立新的学习习惯、满足学业要求，以及学会独立生活所必需的技能。

情商与电影

由阿尔・帕西诺、柯林・法瑞尔和布丽姬・穆娜主演的《谍海计中计》上映后，我们接到了不少眼尖的影迷打来的电话。这部电影讲述的是美国中央情报局选拔培训年轻人的故事。其中一个情节是，在入职笔试考核中一个很有希望入选的年轻人作弊被发现后被赶出了考场。这一场面被年轻气盛的詹姆斯・克莱顿（柯林・法瑞尔饰）捕捉到，他回过头与美丽的劳拉・莫尔（布丽姬・穆娜饰）交换了一下眼色。我们必须承认在拍摄这一场景时，史蒂文和他的一个女儿就在片场，能看到柯林・法瑞尔，她感到兴奋不已。

下一个镜头就是考试舞弊者和被抄袭答案者的试卷。如果你仔细注意那份试卷，就会发现 EQ-i 的标志。我们吃惊地看到这里也在使用 EQ-i。该影片要传达的一个信息就是“生活就是一场考试”。所以，笔试不仅有助于中情局选拔人员，而且能帮助他们“从现场”选到最适合的人。那么，这次选拔是否成功呢？你要从影片中找答案了。至于我们常常被问及的问题：“中情局是否真的使用 EQ-i？”——十分抱歉，我无可奉告。

情商与土著文化

情商的文化适应性一直是我们感兴趣的研究课题。令人欣慰的是，我们在北美、欧洲、非洲、澳洲及亚洲的推行过程中看到这一课题适用于多种文化。作者之一（史蒂文）在加拿大马尼托巴省与 Burntwood 地区医疗卫生局所做的工作就是卓有成效的一例。该组织负责马尼托巴北部至哈得逊湾地区加拿大第一大土著民族——克里人和克里人混血的医疗保健工作。

凯伦·麦克克莱兰德是该地区医疗卫生局的前任主席，她非常注意文化差异，热心为这些土著人服务。所有的新员工（包括史蒂文）都要接受为期两天的集中培训，学习北部地区的文化，以便更好地适应这一地区的特殊要求，融入当地的文化。

培训工作的一部分是由土著民族事务局副局长劳埃德·马丁负责的。他的土著名字叫 Osawikeesik，意思为“蓝色天空”。在培训过程中，我们接触到了土著的医药转轮，它源于土著民族早期文化，与“现代的”情商的概念有着异曲同工之妙。如图 20-2 所示，就是克里族使用的一种医药转轮，其理念是首先要关注位于中心位置的“自我”和“火”。如果没有能力照顾好自己，就不可能顾及其他人。

循环开始于转轮底部的“关爱”，因为关爱自己和他人是很重要的。然后，就会产生感知能力，并形成与他人的联系，最后学会尊敬自己身边的人。

我们稍做转化便形成了医药转轮的情商版，如图 20-3 所示。循环始于转轮底部的“同理心”——理解他人，然后形成“情绪自觉”——了解自身感受的能力，由此发展到形成“人际关系”，最后成为具有“责任”感的社会人。

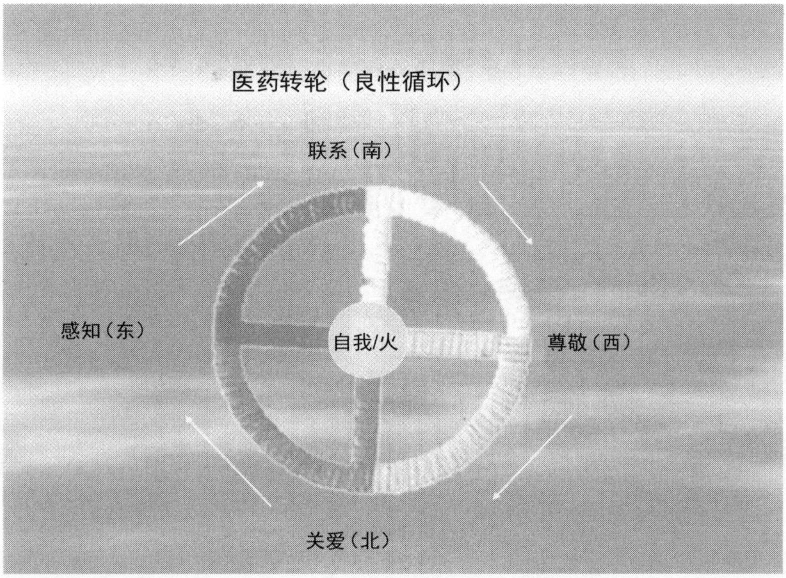

图 20-2 克里族使用的医药转轮

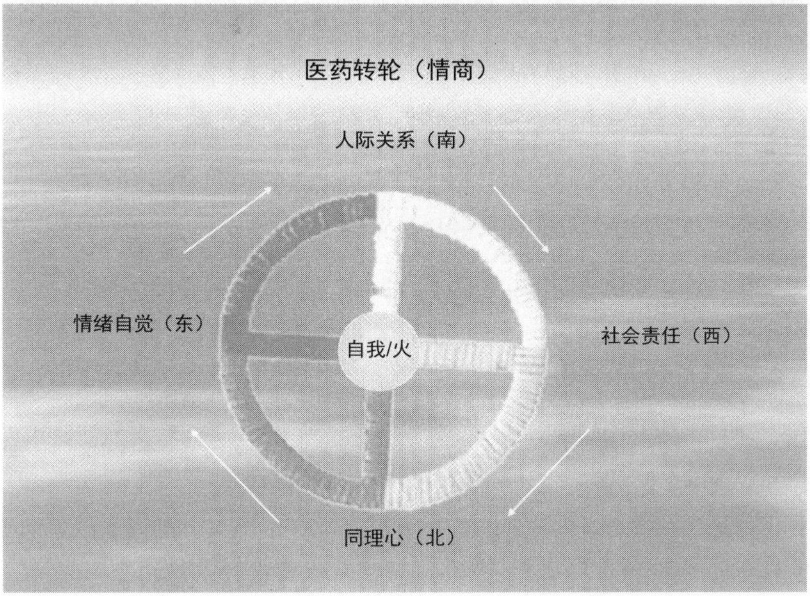

图 20-3 医药转轮的情商版

第 21 章　情商研究篇

科学是经过组织的知识。

——赫伯特·斯宾瑟（1820—1903），英国哲学家

我们之所以推出修订版，其中一个原因就是为了让广大读者了解我们对情商的最新研究发现，特别是 EQ-i 2.0。本章将简要介绍在前一版本出版后，我们进行的一些有趣研究，其中包括对团队中领导能力、教育，以及早期介入方法的研究。我们希望大家也会觉得这些研究令人耳目一新。

在商业领域中开展情商研究

继续对情商研究的过程中，最热门的题目之一是对成功的领导行为有更深入的了解。优秀的领导是先天优秀，还是依靠后天培养？哪种领导能力对不同领域的领导——商业、宗教、体育、非营利性组织及公共服务行业等特别重要？在对科罗拉多州一家非营利性宗教组织的领导能力研究中，谢丽尔·梅雷迪思发现情商与变革型领导［变革型领导（Transformational Leadership）是近年来备受关注的新型领导风格，这种超越传统领导角色的新的领导行为往往会激发员工做出超出期望的工作表现。——译者注］有密切关系。采用这种方式的领导先制定一个愿景，要完成什么目标，然后号召员工们为达到目标而努力。研究发现这是最有效的领导方式之一。

在研究中她发现对变革型领导方式影响最大的情商因素是“乐观”“自我

实现”“同理心”“问题解决”和“坚定直率”。这些与之前对各个不同组织和行业的领导能力的研究结果一致。

米歇尔·摩尔豪斯所做的另一项研究，是用非营利服务性卫生和人员组织中领导与商业组织中领导的情商做比较，每组各选出 32 人进行评估。她发现两类领导有很大区别，他们的测试分数不仅整体差异明显，而且在情绪控制和适应能力上的分数也不同。这些研究成果对于培养未来在该组织担任领导工作的人很重要。

很多人问我们如何识别有潜力的将来的领导及经理。在此，我们很愿意和大家分享我们在这方面的研究成果。尼基·德瑞斯和罗兰·彼伯曼在布鲁塞尔自由大学进行了一项有趣的研究。他们找出了 51 位潜力大的领导，从管理水平、性别和年龄等方面，与 51 位“一般性”的领导做比较。

所有这些领导都接受了包括 EQ-i 在内的一系列测试。潜力较大的领导有几项情商的得分较高，其中包括“坚定直率”“独立”“乐观”“灵活”及“社会责任”。这就证实了其他一些我们关于领导能力的研究成果。值得注意的一点是，我们预测“社会责任”会对未来的领导人越来越重要。

我们对学校领导（管理人员）的情商也进行了多项研究。其中一个课题是，情商较高的人是否就是充满活力的好领导。这是密西西比大学的艾琳·汤普森研究的重点。她测试了 63 所公立学校的校长，并对他们各自的同事进行了问卷调查。这些人分别来自 5 个洲：佛罗里达州、佐治亚州、路易斯安那州、密西西比州和得克萨斯州。

她发现学校校长的情商是其韧性和优秀领导力的一大部分组成。总体心情（在情绪量表中对应的是“乐观”和“快乐”）是韧性的重要预测指标。好的校长在自我关系（“自我认知”和“自我表达”）和人际的项目上得分较高。

此外，还有对从事儿童早期教育的人的领导力与情商的关系的研究。这些专业人士对受他们照顾的儿童影响巨大，可以影响到孩子的未来。俄克拉荷马大学的凯伦·杰罗姆对 203 位国防部儿童与青少年培养项目的主管进行了情商测试和领导能力测试。她发现，通过 EQ-i 可以很好地推测出这些专业人士的领导风格。

然而，对情商的研究没有停止在学校校长一级。研究人员也对学区的教育监管人员进行研究。美国明尼苏达州明尼阿波里斯市凯佩拉大学的理查德·汉森对来自密歇根州、印第安纳州、俄亥俄州的 1 019 位高级监管进行了情绪量表测试及其他问卷调查。他最后收到 13%的回馈。正如我们之前提及的研究，他从这些专业人士身上发现情商与变革型领导方式有很大关联，而且不受年龄、种族或性别影响。

怎样成为优秀的团队成员

优秀团队需要具备哪些要素？是否有的团队比其他团队更成功？关于在工作中情商对团队成绩的影响存在诸多研究，而且对组建优秀团队需要具备哪些情商的问题也进行了不少研究。其中，包括东密歇根大学的克里斯·弗莱和同事们的研究项目。

研究者想探究个体指向型团队的情商与两个团队人际建设的因素（团队工作导向和团队维护功能）之间的关系。这些因素关系到团队是如何能集中精力完成工作而不致出现人心涣散或工作偏离轨道的情况，如何能保证团队成员在工作中相互支持、相互鼓励。33 个工作团队接受了情商测试。计算机记录下每个团队的各项情商得分，并计算出平均数。这项研究的重点是看每个团队的平均分数。

他们使用了回归分析法，该方法能推测出在每个团队中哪项情商因素的作用最重要。他们发现，“人际关系”的得分可以非常准确地推测出团队的维护能力。换言之，成员人际交往能力越强，就越能保证在很长时间内的团队工作正常进行。他们还发现，成员间的人际关系和成员的总体心情能预测团队如何完成工作。因此，情商在增强人们工作的凝聚力方面可以起到至关重要的作用。

你的工作单位是否具有多元性

越来越多有着不同背景、来自不同文化的人需要在一起工作，人们的工作环境也随之变得越来越多元化。如何应对这种现象？具备哪些素质的人能够管理这么多不同类型的人？这时，情商就成为针对多元化的培训课程中的重要内容。

北佛罗里达大学的杰里科・爱德华德・康拉德调查了“杰克逊维尔领导者”学习班的 70 位文化背景不同的学员的情商。通过测试与面谈相结合的方法，他确认了几项因素会影响多元文化背景下人们的工作表现。

研究发现，有些情商因素很重要，其中包括“心情”“同理心”“问题解决/决策能力”“社会责任”及“人际关系”。研究的结论指出，将情商因素与职业技能发展相结合可使面临多元化管理问题的领导大大受益。

怎样才能成为一个好的项目经理

怎样才能管理好复杂的项目？最开始，人类必须要管理好项目，必须完成工作。就在几年前，项目管理才被认定为一个专门的领域。加利福尼亚 Peperdine 大学的格罗苏娜・玛利亚・卡斯诺娃斯克研究了项目管理能力与情商的关系。

在研究中，来自美国各地 23 位经验丰富的项目经理专业人士接受了 EQ-i 和情商测验（MSCEIT）。由于项目经理常常要面对不断的挑战，所以他们的人际关系能力和情绪管理就成为他们必须首先考虑的问题。这都需要有很高的情商。

在对项目经理的两项测试中，她都有重大发现。对于情商测验，策略领域被证明是最重要的，它包含理解并控制自己情绪的能力。通过 EQ-i，得出对项目经理来说最重要的情商技能包括“坚定直率”“自我实现”和“问题解决”。成功的项目经理需要知道如何给员工下指示，需要很好的组织能力，聚焦于前进的方向，需要持续地解决问题以把项目带向成功。希望这项研究有助于将情商纳入这一专业群体的正式培训内容。

另一项对项目经理的研究则将重点放在了其特殊的领导技能上。目前公众普遍认为，成功的项目经理既需要变革型领导能力，又需要其专业技能。其实，他们需要学习的远不止这些。德里吉·贝弗卡杜·泰瑟曼在明尼苏达州明尼阿波利斯瓦尔登大学进行了一项研究，旨在进一步挖掘出那些被认为许多失败项目的重要原因——沟通不畅和领导能力差，以及它们与情商的关系。

总共有 578 位项目经理接受了 EQ-i 测试和问卷调查，其中包括多重因素领导能力调查（Multifactor Leadership Questionnaire）。有 8 项情商技能被认定与变革型领导密切相关。作者还提出了项目经理应掌握哪些合适的情商能力。

情商与中年职业危机

凯佩拉大学的埃尔娃·金姆·王·方（运用 EQ-i）进行了一项很有趣的研究，课题为情商与中年女性转换职业的关系。她发现这些想要转换职业的女性通常是受家庭需要第二份工资的驱动。她们希望做更有成就感、更有意义的工作，想要寻求一种变化，想要追寻本人的兴趣爱好，想要更加理性，克服恐惧，更加坚定直率。

研究发现有关情商的主要因素有“情绪自觉”“自我肯定”及“自我实现”。如对这些因素加以重视，就能在中年女性想要转行时指导她们理性择业。

但也有些人换工作是出于其他原因。人们终于认识到情商因素远比工作能力、胜任力、性格及兴趣重要。工作最开心的人一定是那些从事自己有“情绪匹配”工作的人。

意大利佛罗伦萨大学的研究者运用 EQ-i 及其他很多测试，包括对个性和兴趣的研究，对 296 位实习生进行了测试。他们发现在选择适合工作的问题上，情商远比性格的作用要大。

情商与商业顾问

在很多辖区，政府都会成立商业发展中心以帮助企业家或小企业家成功。当你打算自己创业时，你如何评估选择哪个商业顾问来帮助你？现在也有研究帮你从情商角度找到合适的商业顾问。

迈克尔·法罗用 EQ-i，研究了得克萨斯州各地区小企业发展中心，包括来自不同领域的 103 位咨询顾问和中心主任。他分析了各个中心的各组平均得分，然后将这一得分与各组顾问的不同结果进行比较，如创造的就业岗位数量、获得贷款的数额，以及新成立的公司等。他发现结果与情商有着很微妙的关系。特别是工作开展得比较好的中心往往有顾问在“同理心”“现实判断”“社会责任”和“抗压”方面突出。

情商与儿童早期教育

经常有人问我们儿童早期教育与情商的关系。我们是否能够提前发现孩子身上某些问题的先兆，以免今后失控？这就是在阿克伦大学进行的 EQ-i 青少年版的研究课题之一。阿曼达·洛夫南柯对俄亥俄州 19 所学校的 684 位七到八年级学生进行了测试。

在所有男生和女生的测试结果中，她发现了一些有趣的情况，但更重要的是她发现情商的得分对预测学习成绩和心理问题很有帮助。通过这种简单的方法，就可以提前预测以便干预可能出现的问题。

在西弗吉尼亚大学也有类似的研究，但测试对象是年纪稍大的学生。他们的课题是大学生聚众狂饮的问题。是哪些情商因素造成了这些问题——对自己和他人——用酒精来发泄情感？这项研究的对象是 309 位大学生。

杰弗里·杜尔科发现情商与聚众狂饮有重大关联。醉酒造成后果的次数（如身体不适、打架斗殴等）与某人的情商的总分有关。也就是说，情商越高，醉酒造成的负面结果越小。能够预测后果的情商因素是“内省”（“自我认知”

和“自我表达”)、“抗压”和“人际交往”能力。因此，通过干预并改善大学生的情商能力，就可以减少聚众狂饮引起的不良后果。

而日本则对低龄儿童进行了研究。日本兵库县关西大学的辻之纯子和亚由美研究了母亲的情商与其子女成长之间的关系。她们用EQ-i跟踪测试了65位母亲自怀孕至孩子5岁的情况。研究者发现母亲的某些情商能力的缺失，与其子女出现的行为举止问题之间有密切关联。也就是说，母亲的情商越高，她们的孩子出现的行为举止问题就越少。

那么，情商对于早期发现沉迷赌博有作用吗？大家可能已经注意到了，随着网络的发展，沉迷于赌博的人越来越多。情商能够帮助年轻人远离赌博吗？这就是加拿大特伦特大学詹姆斯·帕克尔和他的同事们对几组青少年研究的课题。他们使用EQ-i测试了两个人群——209位13~15岁的少年和458位16~18岁的青年。

他们发现从整体上讲，两组测试人群都反映出情商可以很好地预测与沉迷上瘾相关的行为。然后，他们根据这些发现中显现的线索，讨论如何制定预防年轻人沉迷赌博的相关课程。

很多人问我们情商，特别是EQ-i和其青少年版是否适用于不同文化。令我们感到吃惊的是，在世界各地不同文化背景下，围绕着情商开展的各种测试数不胜数。其中一项研究就是在巴林完成的，研究的课题是青少年情商与其他因素的关系，如学习成绩及应对压力的能力。

Jihan Alumran和Raija-Leena Punamäki为此对巴林在校的112位青少年做了测试。他们的主要发现是性别（而非年龄）与情商水平及处理问题的方式有关。情商有助于解释我们研究的3种处理问题方式的不同。正如世界上许多国家的不同文化反映的情况一样，EQ-i能够帮助人们更好地了解与他人相处的能力。

此外，在墨西哥也有学者从不同角度对青少年进行了研究。墨西哥瓜纳华托大学的玛利亚·艾丽西亚·萨瓦拉没有研究青少年出现的不良行为，而是研究了受欢迎的学生和不受欢迎的学生之间的区别。她和同事们的研究课题是为什么和其他人相比有的学生更容易被大家接受。

通过一系列研究，他们确定了 62 位最受大家欢迎的学生。这些学生接受了很多测试，包括 EQ-i 青少年版测试，他们平均年龄为 13 岁。该研究还对 331 位既不是最受欢迎也不是最不受欢迎的学生进行了测试。结果表明，受欢迎的学生的情商相对较高。但有趣的是，他们还接受了社交商的测试，但分数普遍不高。他们的这项研究提出了很多有趣的问题，同时提供了一些建议来帮助年轻人通过提高情商和社交商的方法变得更加受人欢迎。

美国一项对中学生进行的调查发现，情商、品行和成绩相互之间存在关联。该项研究是由宾夕法尼亚州威得恩大学的凯伦・米歇尔・克豪特发起的。她使用了 EQ-i 青少年版，并且将结果与学生的期末成绩和学生品行记录做了对比。

凯伦发现青少年的情商分数与学习成绩和在校品行表现有很大关系。有趣的是，她发现学生的种族与他们的 EQ-i 青少年版的得分没有关系。

情商与教育

高中生的情商可以提高吗

伊朗 Mahabad Azad 大学、Alzahra 大学和 Tehran Azad 大学的研究者运用 EQ-i 对伊朗的高中生进行了测试。艾斯迈尔・萨德里和同事们选择了 40 位男学生，并把他们随机分成两组。其中一组接受了 12 期情商培训。培训结束后，再次测试两组学生时发现，只有接受培训一组学生的分数明显提高。

情商有助于顺利完成大学学业吗

有很多研究说明了情商对顺利完成大学学业的重要性。但如果这些都不足以使你信服，看看另一项研究。

南密西西比大学的拉里・斯帕克曼对 783 位学生进行了 EQ-i 测试，并对他们的入学成绩、毕业成绩及平时成绩进行了跟踪调查。预测能否完成学业（毕业）可以参照情商中“同理心”“社会责任”“灵活”及“冲动控制”的得分情况。其中“社会责任”的得分至关重要，其次是“冲动控制”和“同理心”。有趣的是，过分灵活反而不利于完成学业。同时学生需要按一定的常规和纪律完成作业、做好考前准备及经常性去上课。

“自我实现”“社会责任”及“快乐”最能反映出学生学业的平均成绩。这里存在一个有趣的现象。独立和人际交往得分过高的人，其学业的平均成绩并不高。也就是说，太依赖于他人的学生不容易获得好成绩。

除情商因素外，中学平均成绩高可以预测其升入大学的概率、大学期间的平均成绩及是否能够顺利毕业；ACT（American College Testing，美国大学入学考试）的得分也可以预测出大学期间的平均成绩及能否顺利毕业。

大学生可以提高情商吗

现在我们已经知道情商对顺利完成大学学业非常重要。于是就出现了一个新问题，即大学生的情商能否提高。夏威夷大学的凯利·张完成了一项研究，旨在提高大学生的情商。

研究中的两组学生——79 人为测试组，74 人为参照组——都是用 EQ-i 和 MSCEIT 测试其情商的。此计划运用自我行为修正法，它包括培养“坚定直率”“同理心”“自我肯定”及“情绪控制”能力。培训结束后，测试组学生的得分大大提高，而对照组则没有变化。我们希望这种类型的培训有可能在未来纳入大学的课程中。

医科学生的情商可以提高吗

在涉及医生及其他从事与健康相关的专业人士的情商问题上，我们存在很多疑问。他们与其他专业人士有什么不同？他们的情商能够提高吗？在医学院能否加入情商的培训课程？利物浦大学进行了一项研究，其研究对象就是医学院三年级学生。

伊恩·弗莱彻和同事们测试了 36 人的对照组和 50 人的测试组的情商。不是所有的学生都完成为期 7 个月的培训课程。然而，到培训结束时，参加培训组的情商得分提高而对照组则有小幅下降。

情商与成人教育

情商会对成人学生的学习产生影响吗？在他们的学习中是否要考虑很多“非学术”因素？亚利桑那州菲尼克斯的 R.迪恩・克斯顿就在研究情商与成人学习的关系。他对 115 位参加成人教育的男女学生的学习成绩进行了调查。他们都做了情商测试，而且特别注意到他们的平均成绩。

他发现这一组学生的情商得分与他们的平均成绩有很大关系。情商越高的人，他们的平均成绩越高。该研究还建议如何把情商融入课程里，以便让学生可以从中受益。

情商与运动竞赛

情商广泛应用于奥运会参赛选手和各级别职业选手。教练员培养运动员时特别要认识到情商对提高选手成绩的重要性。一位对此很感兴趣的运动员名叫利思・德鲁利，她在加拿大多伦多大学撰写了一篇有关这方面内容的博士论文。

她的关注点是教练对情商的感知，以及情商在执教过程中的影响。为了深入研究，她调查了 60 位成人运动员的教练并为他们做了情商测试。测试对象中既有男性教练，也有女性教练，既有个人项目教练，也有团体项目教练。研究结果表明，大多数教练并不熟悉情商和社交智力。另外，他们的执教方式只注重对自己运动员的控制和管理。

一些运动员在 EQ-i 上给他们的教练打分。有趣的是，他们对教练的看法完全不同于教练对自己的看法。运动员对自己的教练及其执教方式的满意度深受教练的情商和社交智力影响。因此，利思在如何把情商融入教练与运动员之间关系的问题上提出了许多建议。

在前面的章节中我们讨论过史蒂文对职业运动队——多伦多冰球队的研究。特雷弗・哈弗森和亚瑟・佩尔利尼也对职业冰球选手的情商进行了一项研究。他们测试了全美冰球联盟的 24 支球队的 79 名选手。

他们同样关注了情商对职业球员表现的影响。此外，他们还发现选拔过后几年内的表现最能看出一名球员的实力，而选拔中的排名最不能说明实力。这意味着能够在球队长期坚持的球员才是最优秀的球员。选拔时的状元则未必好用。或许过早崭露锋芒反而给选手增加了压力，从而影响到水平的发挥。

情商在职业选手取得成功的道路上起到了很大的作用。研究者发现，球员的内省能力（“自我认知”和“自我表达”）和整体情绪，与他们在全美冰球联盟比赛中的得分数和参赛场数有关。所以我们说情商高的球员往往潜力更大，这有助于他们成为一名出色球员。这一点是各个体育项目的职业教练、助理教练、球探要格外注意的。

情商与健康

情商对健康有好处吗

我们看到很多研究都在强调情商在提升健康状况方面的重要性。有几项侧重于研究培训人们情商是否可以改善他们的健康。土耳其 Ondokuz Mayis 大学医学院和心理学院就进行了一项有趣的研究，研究对象为Ⅱ型糖尿病患者。

Bektas Mutan Yalcin 和他的同事们收集了自愿参与研究的 184 位Ⅱ型糖尿病患者的相关信息，其中包括身体状况、心理状态及情商。他们挑选了其中身体状况得分最低的 36 人作为测试对象。

这些病人被随机分为两组：一组为治疗组，另一组为参照组（每组各 18 人）。治疗组的病人进行了为期 12 周的情商培训。而对参照组的病人不做任何干预。所有病人在这项工作结束后及以后的 3 个月、6 个月都要做复查。结果只有参加过情商培训一组的病人的生活质量、健康状况及情商提高了。越来越多的研究表明，患者甚至慢性病患者，通过提高情商的方法可以改善自己的身体状况。

目前，对情商与健康关系的研究已做了不少，所以学者们开始对所有研究成果进行回顾以便做出总结。其中，由缅因州新英格兰大学的尼古拉·舒特所做的分析报告已经出版了。她和同事们分析了 44 项研究中的这种关联性。他们发现情商与心理健康、精神健康及身体健康都有重大关联。而 EQ-i 在该领域的研究中起到了关键作用。

你的运动量够吗

提高情商对你的锻炼计划有帮助吗？情商如何影响一个人的锻炼动力？加拿大卡尔加里大学和英国爱丁堡大学联合进行了一项研究，课题为性格和情商在锻炼动力中发挥的作用。

心理学家唐纳德·萨克罗富斯科、伊丽莎白·奥斯丁和他们的同事对 497 名加拿大学生进行了性格测试和 EQ-i 测试，并对他们的体育锻炼情况进行监控。研究表明，性格外向和情商高的人的体育锻炼的次数更多，但就它们对运动效果的影响而言，性格因素较情商更为明显。

你的睡眠够吗

马里兰州沃尔特里德陆军研究所的工作人员进行了一项有关失眠的有趣研究。当你过度劳累时会出现什么情况？是否更有可能做出一些反常举动？威廉·吉尔格和他的同事们研究了人在 53 小时不睡觉、道德观念面临困境时的表现。有 26 个健康成人参加了这项研究。结果非常有趣。

如果被剥夺睡眠，人的反应潜伏期就会延长——你做出决定的时间延长，但只有陷入道德困境时才会对人产生很大影响。换句话说，只有那些情感上对于你特别重要的问题会受影响。非情感问题（那些不涉及情感，或与情感关系不大的问题）和不涉及道德层面上的问题，都不会出现延迟现象。

有趣的是，情商的测试结果确定了睡眠不足的人是否会突破自己的道德底线。情商高的人即使在重压下也能很好地恪守自己的道德底线。这也许能够解释为什么有些政治家（可能情商较低）会违背道德准则，出现婚外情——虽然他们可能并不是因为睡眠不足。

大脑中的哪个部分支配情商

虽然很可能大脑中没有某个部位专门支配情商，但我们正在努力了解是哪部分在起作用。南加利福尼亚大学神经科专家安东尼奥·达马西奥提出了一个理论，其中谈到脑组织中有一组叫“体细胞标记”的神经，那正是我们称之为情商聚集的部位。

达马西奥认为脑组织中的很多部位——大脑正中前额叶皮层、头顶和扣带区域、右脑及右脑杏仁体都对情商有影响。他的研究对象就是在这些大脑区域受损的人。结果证明这些人的情商和社交能力存在缺陷。例如，他们很难理解其他人在交往时的情感流露。

在沃尔特里德陆军研究所和哈佛医学院麦克林医院的研究中，他们通过观察正常人的脑造影来进一步了解情感的作用。

研究人员威廉·吉尔格和黛博拉·优格伦托德用EQ-i测试了16名青少年。他们之所以选择青少年作为测试对象，是因为这一阶段是情感和社交能力成熟的关键时期。这些青少年在面对一系列恐怖面孔时，每位受试者的脑电波都要接受功能磁共振成像的监测扫描。

研究者能够发现情商得分与大脑活动的重要关系，尤其是情商得分与在小脑和视觉脑皮层体的活动关系密切。在受到情感刺激时，体细胞标记循环内的神经传导效率与EQ-i测试的结果呈反比关系。

下面这一段内容摘自他们的研究结论。

> 在面对恐怖面孔时，青少年的情商越高，他们的小脑和视觉脑皮层部分的活动越频繁，而在与情感相关的脑边缘和副边缘区域，包括脑岛、扣带皮层、大脑正中前额叶皮层、杏仁体、海马回和副海马回的活动则越少。这些发现表明，青少年的情商高可能增强这些关键情感处理组织的神经反应效率，由此可能降低体细胞标记循环内部的情感刺激，这种反应被认作在决策时能调解体细胞和认知能力。

有趣的是，这些脑组织区域与大部分智商形成的区域截然不同。

另一项关于情商与脑组织关系的研究将重点放在了接受大脑颞叶切除的人，这种手术的对象是患有某类癫痫症且无法通过药物治疗的病人。该项研究是由加拿大达尔豪斯大学的乔蒂·高鲁克和珍妮特·麦克格伦共同完成的。他们对 38 位接受过这项手术的患者进行了测试。

研究表明患者的 EQ-i 得分在手术后是有变化的，同时他们的得分也与其社会心理调整程度有关，因为情商分数高的人在术后的调整能力更强。而 EQ-i 的得分与哪一侧脑组织进行的手术并无关联。

* * *

情商和社交能力涉及人们行为中的那些已经被广泛接受和适用的原则。我们还看到它作用于各种不同文化背景，不同职业团体、不同部门、不同层次，以及健康、心理问题和人类活动的方方面面。在第 22 章中将简要讨论制定情商的标准所取得的新进展。

22

第 22 章　情商是一种能力

“具备能力是一件好事，但具备发现别人能力的能力才是真本事。”

——卢·霍兹（1937—1980），美国足球教练

在本书中我们讨论的大部分内容都是关于情商和社交能力的表达方式。换言之，我们已经探究了很多情绪和社交智商通过感知、思维或行为的表达方式。如果我们将它比作你在学校时的表现，就先看看你的学习成绩。学习成绩通过作业、论文、考试或你在班集体中的影响力体现出来。然而，你一定还记得曾经参加过类似 SAT 这样的能力考试。这些考试的目的在于了解你在某一领域的能力，如语言或数字方面的能力。这些并不能真正说明你的实际表现，但它能反映出你的潜力。

情商的主要模式之一是基础能力模式。正如在本书中前面章节中所讲的，约翰（杰克）· 梅耶博士和彼得 · 沙洛维早在 20 世纪 80 年代末就首次提出了我们今天一直使用的“情商”一词，他们是这一领域的先驱者。他们研究的情商模式如图 22-1 所示。

沙洛维博士现在是耶鲁大学教务长兼心理学教授，而梅耶教授是新罕布什尔大学心理学教授。他们是把情绪视为一种智力，而在此基础上展开研究的。他们的这套模式包括 4 个分支。第一个分支为感知（辨认）情绪，它是指正确解读他人情绪的能力和准确地把自己情绪表达给他人的能力，以便使自己具备良好沟通的能力。

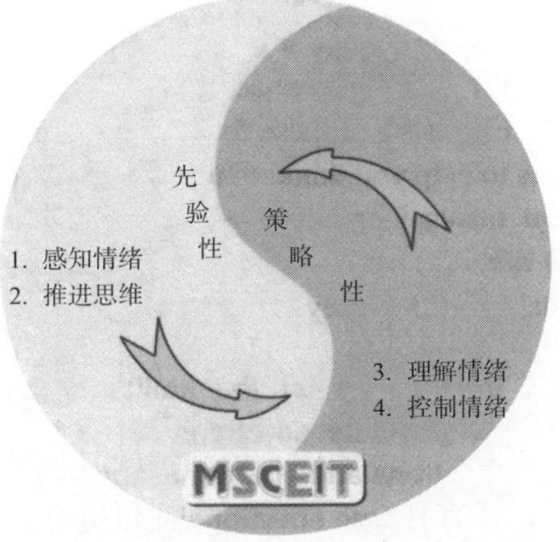

图 22-1　梅耶-沙洛维-库索的情商模式（MSCEIT）

第 2 个分支为推进思维或情感运用，它是指运用情感使自己进入到一种情绪。感知的方式对思考问题的方式有重大影响。此外，情感还能帮助人们集中注意力，并且指导人们解决问题。

第 3 个分支为理解情绪，它能帮助我们运用情感来预测未来。了解自己的情感有助于我们随时调整生活。它能让人们明白为什么有时会感到悲伤、气愤或迷茫。例如，因为早晨糟糕的交通状况而生气，但将怒气发泄在同事身上也于事无补。了解你生气的原因有助于你从容应对。

最后一个分支为控制情绪，它可以真正把你的情绪转化为你的优势。通过控制自己的感知方式，你就可以更好地和他人相处，解决问题更加得心应手，对事情的判断更加准确，办事的效率更高。

那么在这些研究者看来，到底什么是情商呢？情商包括 4 种能力：识别人们的感知方式，运用情感思考问题，理解情绪产生的原因，在做决定时控制好自己的情绪以做出最佳选择。

他们对情商的正式定义如下。

> 情商是一种能力，它能感知情绪、运用情绪，并产生情绪去引导思维、理解情绪及情绪内涵，从而对情绪进行调节来促进情绪和智力的提高。

与很多心理学的理论一样，你需要用数据来验证它。而要验证情商，就要首先把它作为一种能力进行测量。彼得和杰克，以及他们的同事大卫·库索共同研发了梅耶-沙洛维-库索情商检验（MSCEIT），是一种衡量 4 项情商的能力测试。

MSCEIT 是一种被充分证实了有效性的测试手段，它得到很多学术文章的推崇。事实上，自从 2002 年 MSCEIT 首次公布后，就有无数学术文章围绕它展开讨论。在本章中，选取一些涉及此内容的有趣研究。

研究者总在不遗余力地为人们揭示情商是如何有效地影响着人们的生活的。对于有些人来说，还有什么能比鼓鼓的钱包更有意义？但严肃一点讲，有一项研究以其独特的视角看待情商——用 MSCEIT 进行测试，与工作效果之间的关系。

萨里大学的保罗·洛佩兹、多伦多大学罗特曼管理学院的史蒂芬·科特、米歇尔格尔主管培训学校的米歇尔·格尔和耶鲁大学的彼得·沙洛维对一家《财富》500 强的保险公司的财务部进行了一项调查。他们研究了一个由 44 名分析员和文职人员组成的团队。团队成员就各项与情绪相关的项目相互打分，如处理压力的能力、察觉他人情绪的能力等。同时，他们的上级在同样的项目上给他们打分。

研究者对分析员和文职人员进行 MSCEIT 测试和其他一系列测试以便研究智商、性格，以及一段时间内积极情绪与消极情绪的作用。他们还研究了测试对象的工作表现（对比他们的薪金、绩效奖励提成，以及在公司的业绩排名）。其中，绩效奖励提成为 2000—2002 年度的平均数。另外，还有同事与上级对其工作表现的评价。

他们通过研究发现，情商与工作表现、人际关系、个人的情绪和态度都有关系。这些关系要比如语言表达能力和性格等其他因素重要。事实上，MSCEIT 的 4 个分支，特别是情绪控制这一分支，都与工作成果有关。

例如 MSCEIT 得分高的雇员，他们的同事和上司给他们的打分也高。他们在工作中很少与人发生冲突，并且他们所在的环境总是比较和谐。据他们的上司（他们并不知道 MSCEIT 得分）说，得分高的雇员在人际关系、社交能力和抗压能力方面都排名靠前，他们还具有更大的领导潜质。或许此项研究最惊人的发现是得分高的人竟然就是公司中拿高薪的人。

洛佩兹博士的另一项研究支持了情商对建立并维持良好人际关系的重要性的说法。他要求一些德国大学生在两周内每天坚持写日记，记录下每天与他人的交往情况。每次交往不得少于 10 分钟，同时还要记录下对方的性别、自己的感受，以及自己希望给对方留下什么样的印象。

所有学生都进行了 MSCEIT 测试。测试“推进思维”或“运用情绪推测”与学生们感觉是否交往有趣有直接关系，而“控制情绪”对学生们能否与异性建立联系最为重要。它还与他们是否对这种与异性建立的联系感到愉悦，以及是否觉得自己给异性留下了良好印象有直接关系。

有关领导能力与情商关系的研究也在日益增多。澳大利亚卧龙岗大学的大卫·罗塞特进行的一项研究解决了这一领域的很多问题。他研究的是情商能在多大程度上预测领导能力，比通过传统个性分析和推理方法的预测前进了一大步。

他测试了澳大利亚一家大型公共服务机构 117 位主管的个性和智商，同时进行了 MSCEIT 测试。此外，他还从他们的上司那里拿到了对诸位主管领导表现的年度评分。评分标准基本分为两项：① 完成了哪些工作；② 怎样完成的工作。第 1 部分的评分重点在于已实现的并且可以考核的成果，而第 2 部分侧重于领导者是如何取得这些成果的。

大卫发现，工作表现与管理者的性格因素并没有关系，不过 MSCEIT 得分与工作表现有微妙的关联。MSCEIT 的总得分与完成工作的“成果”和“方法”有很大关系。

虽然 MSCEIT 测试在所有测试中所占比重不大，却能准确预测工作的成果，除其他测试外它能够占 5%的变数。而就完成工作的“方法”而言，性格因素的关系还是不大。不过 MSCEIT 得分占 22%的变数。这些发现证实了一点，即情商作为领导者身上的一种能力，具有举足轻重的作用。

领导能力中很重要的一点是调动他人情绪的能力。宣读一份远景规划是非常重要的一个步骤。史蒂芬·科特和保罗·洛佩兹对 137 位男性和女性宣读的远景规划在性格和情商方面产生的相对效果进行了研究。MSCEIT 得分比性格更能预测制定愿景的质量。

领导的情商对公司下层工作人员的重要性是什么？澳大利亚新南威尔士大学对两家小型团体的管理者（13 人来自一家公立组织，13 人来自一家私营组织）进行了测试，并让 108 人对他们进行评价。S.贾尔斯发现员工对组织的忠诚度与管理者的情商有很大关系，其中最重要的是“情绪控制”和“情绪理解”（如情绪的运行）。

在另一项对管理者情商的研究中，杰伊·詹维斯和尼尔·克里斯廷森发现，为他们工作的 78 位大学毕业生给情商分数高的人的评分较高。情商是比智商更重要的评价标准。

怎样才能成为一个成功的地产销售代理？MSCEIT 与 EQ-i 有什么关系？多伦多约克大学的赛琳娜·图姆斯研究了成功的地产销售代理的性格、智商，以及不同的情商测试方法之间的关系。她的研究包括很多部分，我们只重点介绍其中一些有趣的发现。她从加拿大一家大型地产公司选择了 69 位地产销售代理，并对他们进行了性格、语言能力、抽象思维、EQ-i 及 MSCEIT 测试。

对于从事咨询业的人士，地产销售代理成功的标准就是获得销售佣金。赛琳娜控制了年龄、性别、种族、工作经历及英语能力等因素，用复合统计分析法（回归分析法）研究了不同的测试得分对销售的成功起到的作用。

EQ-i 和 MSCEIT 的测试结果走向基本相同，但也不完全一致。对于成果的预测另有一些复杂而重要的因素，如 EQ-i 的总分能预测到销售佣金的多少。如果将销售人员是否性格外向、他每周的工作时间及从业年限考虑在内，这一因素的重要性会相对减弱。进一步研究表明，销售佣金与 MSCEIT 中的“推进思维”分数、EQ-i 中“人际交往”分数和“总体印象”分数有关，其中“推进思维”（运用情绪对人的感染）得分多少对预测数额最有意义。

在此说明一点，MSCEIT 中的“推进思维”尺度是衡量你如何运用情感帮助你思考问题。这种能力包括你运用情感解决问题、做出决策及产生创造力。在实际测试时要求人们恰如其分地说出某些情绪和内部感觉（如味觉）之间的共性，然后充分利用某些情绪来激发人们改进工作态度（如让人们依照一种非常复杂的方法完成工作）。

这项研究还有一个重要方面在于，它又一次说明了情商有助于我们理解个性及智商以外的绩效因素。就这一点而言，该研究表明了 MSCEIT 与 EQ-i 都具有实用价值。

有时有人问我们是否情商高就意味着幽默感强。谢天谢地，真有人做了这方面的研究。杰里米·依普和罗德·马丁在加拿大西安大略大学进行了一些研究，研究课题为情商、社交能力与幽默感之间的关系。他们对 111 名学生分别做了两种幽默测试、一种情商测试（MSCEIT）和一种社交能力测试。

测试结果表明幽默的种类分为许多种。他们发现控制情绪的能力与自强型幽默有关。（发生什么特别或恼人的事情时，可以自己一笑了之。——译者注）而越是能够准确感知他人情绪的人，谈话间就越不可能夹带具有挑衅性质的自贬型幽默。（做些或说些有关自己的事情来取悦他人、讨好他人或获得认同。——译者注）

情绪长期低落的人在 MSCEIT 测试的 4 个维度中的 3 个分数都较低。而富有善意幽默感（如有积极的人生观）的人更善于与人建立关系和自我表露。但具有负面幽默感（如挖苦、嘲讽）的人则人际交往能力较差，他们在坚定直率、情感支撑和应对冲突方面都存在问题。

MSCEIT 测试中的“情绪理解”维度与社交能力有直接关系。在这项得分高的人在人际关系、提供情感支撑和处理冲突方面的能力也较强。

其中有一个有趣的发现与我们以前的猜测不谋而合。经常使用负面幽默的人——用挖苦、带有敌意或拿种族问题开玩笑的人大多不受人欢迎。在研究中我们发现，他们这样的人对自己和他人的情感都难以了解。这也许能够解释为什么这些人会采用不恰当的幽默方式，即戏弄或贬低他人。他们意识不到别人对他的幽默并不欣赏，这不利于他们与别人建立良好的关系。

MSCEIT 测试的首创者们现在正处于研发一种儿童及青少年情商测试标准的最后阶段。我们有理由相信，在我们初期的研究成果和 MSCEIT 测试的基础上，在深入了解和与青少年相处的过程中一定会收获满意的成果。请关注我们在这一领域的进展。

我们希望为大家就目前世界范围内情商的研究工作及未来发展趋势做出了全面的介绍。在这方面的研究有很多，我们相信它们一定能帮助我们开辟深入了解人类行为表现的新天地。敬请关注更多这方面的信息。

萨布莱娜与工作团队

萨布莱娜在一家大型电器销售中心的团队中工作。由于经济不景气而对该行业产生的负面影响，高级主管比以往更加注重销售业绩。由于上一季度团队的销售情况不理想，公司开始格外关注萨布莱娜所在的团队工作。不仅如此，团队的缺勤率也高于一般水平。

萨布莱娜刚刚来到团队不久，与团队打过交道的人很快发现她没有被大家接受。人们都觉得她不够聪明，无法胜任工作，不如选择离开。作为一项常规，每个团队成员都做了 MSCEIT 测试和智商类测试。

有趣的是，萨布莱娜的智商比多数其他成员都高。大多数成员的 MSCEIT 得分为平均数，而萨布莱娜感知情绪和理解情绪的分数却低于平均水平。在随后的跟进中，发现萨布莱娜在与他人的相处中，常常不能发觉其他人能注意到的情绪暗示。办公室的正常交流和闲谈都与她绝缘。这种孤立状态让她很受伤害，每天早上来上班对她来说都是一件很困难的事。事实上，某些情绪上不能相互理解可能源于文化的差异。

幸运的是，萨布莱娜得到了公司给她的一次接受辅导的机会。教练从测试结果了解到她在感知并理解情绪暗示方面存在困难。便给萨布莱娜设计了真实的和模拟的办公室环境，教她如何通过他人的言语或行为察觉并思考其中的含义。她学会了关注对方的面部表情、嗓音的微妙变化，以及其他潜在的线索来帮助她正确理解当前的情景。此外，她还学会了在人际交往中如何通过提出恰当的问题以搞清对方的意图。教练还要求她看多种电影和电视节目，以此来帮助她提高对这些情绪的注意力。最终萨布莱娜和团队成员相处得十分融洽，他们的销售业绩也随之提高。

哈利的情绪管理

哈利是公司里备受瞩目的一支销售团队的成员。他们的工作重点是开发新客户、完成销售和保持与大客户的长期合作。虽然哈利很擅长开发新客户，但不能保持良好的关系。甚至连他的上司也觉得很难和哈利相处，非说不可的话都尽可能不和他说。

一次，就在关键时刻哈利了解到竞争对手正在抢他的一个大客户。当他发现了这一情况后，心急火燎，立即采取了行动。他打电话给这家公司（他的大客户）的联系人，几番寒暄后，他突然慌里慌张地讲出了自己听到的传闻。这个联系人让他弄得措手不及，试图转换话题，并且问哈利是否可以根据当前情况重新审视一下报价，然后用邮件通知他调整后的价格。

挂断电话以后哈利火冒三丈。他最不能忍受的就是竞争对手比他出的价格还低。于是，他和销售经理及财务经理反复商讨、调整报价。在通过邮件微调报价的过程中，他还插入注释，说明他的客户是如何低廉，他是多么的无知，忽略了与竞争对手相比，自己的产品质量有多么重要的问题。他还在信中使用了对客户不恭敬的称谓。

不管是由于他的焦虑、对竞争对手的愤怒，还是在调整报价过程中的筋疲力尽，或者所有这些因素综合作用的结果，他交给客户的方案居然夹带着对客户的抨击语言。哈利不仅因此丢了订单，他的上司还收到“前客户”的来信，其中就包括哈利骂人的原话。如果哈利能控制好自己的情绪，他本可以冷静、有效地应对这种局面。事实上，只要他冷静下来等上一两天再处理此事，他可能就不会那么冲动了。

* * *

我们希望本书中所讲到的概念和做法能够帮助大家提高自己的情商。我们坚信所有人都能通过提高情绪能力而从中受益。无论在工作、在游戏活动或与人交往时，只要你的情商高，你就能在生活中游刃有余。记住——为更加美好的生活去改变自己，永远不晚。

附录A EQ-i 2.0

随着EQ-i的不断完善，现在出现了越来越多评估情商的调查和测试。然而，要想研究出一套严谨可靠，能适用于公司、学校、医疗机构的测试方法，是需要经过多年研究和修正的。在我们看来，EQ-i 2.0是一种自检测试方法，它准确定义并测评了组成情商的15种子能力，现在已经成为美国和加拿大广泛使用的测评标准。它是经过科学验证认定为可靠、有效的测试标准，它对所有心理、精神及职业测评都是非常有价值的。本章的内容均已包含在《EQ-i 2.0技术手册》里。

MSCEIT是唯一把情商视为一种能力并已在此基础上研发的测试系统，其有效性已被全面认可。关于MSCEIT的标准、可靠性及有效性在《梅耶-沙洛维-库索情商测验技术手册》中有详细介绍。

量表的可靠性和有效性很容易定义。一个可靠的测试是指在短期内对同一测试对象反复测试能得出相似的结果。（时间一长就有可能产生某些变化。）例如，如果你在家中的浴室里半小时内测3次体重，如果磅秤显示的读数一样，那么这个数值就是可靠的。如果磅秤的读数不一致，就是某方面出了问题。然而，假设你每次称的体重相同，但是从医生那里称重后，他告诉你不是这个重量。在这种情况下，尽管你家磅秤的读数每次都一致也是无效的，因为秤不准，也就是说，它不能准确测出你的体重。

然而，EQ-i 2.0同时兼备可靠性和有效性。它测试出的结果一致，而且也已经过验证表明它测量的是它应该测量的即情商。

EQ-i之所以有效，是因为它是以美国心理学会的测试标准研制的。为满足这些标准，任何量表必须符合以下 3 条主要准则。

- 在研制过程中，该测试必须对代表社会经济各类群体又有地区差异的大样本进行测试。目前，这一工作多数只在美国进行，但最初的 EQ-i 的覆盖面要大得多，汇集了加拿大、以色列、德国、南非、尼日利亚、瑞典、荷兰、印度、阿根廷、法国、新加坡和日本等国家，（后来又陆续有新的国家加入）的资料。大多数符合美国心理学会标准的量表在对 1 000 人进行测试后便会对社会公开，而接受 EQ-i 测试的人群达到 4 000 人之后才开始商业运作。还有让人在网上进行测试，再保存每份答卷，并不能有效地建立常模。建立常模必须有代表全美各地的人的测评。有不少人在网上使用化名，用其他答案来完成测量，并以此来确定测评的效度。EQ-i 2.0 确保北美的常模是在更广泛的抽样群体中所具有的代表性。同时，EQ-i 正在被翻译成多种文字，使其适应世界上不同国家的语言和文化的习惯。
- 为了证实测试方法的可靠性（信度），研究者必须对抽样人群反复测试，通常的做法是在 6 周内做第 2 次测试。而我们对 EQ-i 的测试样本做了两次，在 1 个月后做第 2 次测试，并且在 4 个月后做第 3 次测试。为了保证新版本——EQ-i 2.0 的可靠性，我们对测试人群在第 2 ~ 4 周内进行了第 2 次测试，并在 8 周后对另一组测试人群重新测试。
- 符合美国心理学会标准的测试还必须具有不同的效度，如下文所示。最近网络上的这种“快速测试法”不仅欠缺其有效性，而且内容浮浅，你无法得到什么有意义的解释。对 EQ-i 精简版的开发，我们做了大量的研究工作。为了明确起见，我们把这些标准与 EQ-i2.0 制定中的具体架构联系起来加以说明。

内容效度

内容效度要求测试中的每一题目必须能体现 15 个子量表所要测量的内容。因此，研制 EQ-i 首先要做的就是给从情绪自觉到快乐的 15 种子能力下精确的定义。鲁文·巴昂、国际研究团队和一支由 5

名心理学家和精神病学家组成的小组总共编出了数以千计的题目。他们最终将 1 000 多道题削减为 133 道题。这项工作要对每道题做认真审核，以确保它能充分体现代表而且只代表某一子量表。而那些被选用的题目还要在大范围的人群中使用，又做了进一步修订以避免重叠和重复。最后经 MHS 公司的高级资深测试开发专家进一步深入分析、更改后，确定 EQ-i 2.0 的内容。

表面效度

表面效度是指每道题能否被确定它帮助测量到该量表应该测量的。例如，我们设计一套试题，其目的是帮助你决定是否适合做一名汽车修理工。然而，如果题目是问你和母亲的关系如何，或者你最喜欢哪种冰激凌，那么显然这样的试题毫无意义，而且你也不会认真完成这样的测试或在意测试结果，因为它与你眼前的问题毫无关系。在 EQ-i 和 EQ-i 2.0 的研发阶段，我们针对表面效度进行了很多研究。我们审核了试题中的语法、句法及有关对某一标准的定义，最后只留下与测试标准最相符的题目。

接下来，EQ-i 和 EQ-i 2.0 还要接受因子分析。这是一种统计方法，用来评估量表整体是否合理——是否每个维度的子量表都能“站得住脚”并同属于一个整体。此项工作是由计算机对数以万计的人群所做的回复进行处理。只有那些最适合某一子量表的条目才会被保留下来。

结构效度

结构效度是指从总体上讲测试是否真正测到它应该测量到的东西。如果我们列出的条目看上去不错，题目搭配得很好，并且也符合某个具体定义，但只要它不能反映出某人的情商就完全没有意义。例如，我们设计了一套测量一个橄榄球队四分卫成功因素的试题。假设我们测试了一组四分卫，但发现测试结果与他们的绩效表现毫无关系，这说明这项测试毫无结构效度。因此，在早期研发阶段，

EQ-i 及 EQ-i 2.0 和现有的性格测试和心情测试做了无数次比较。这些研究——在 6 个国家进行，发现 EQ-i 和 EQ-i 2.0 确实在测量现有这些量表所覆盖的特征段相关领域，但重合的部分并不多。这就是说 EQ-i 和 EQ-i 2.0 并不是对现有测试的简单复制。

聚合效度

聚合效度是量表测试一个人的结果与某个独立的外界人士观察的效度的结果一致，我们的量表发展到这一改变时，受 EQ-i 测试的人要还得资深心理学家的面试，其内容包含测试中的所有领域。之后，由 3 位临床心理学家听面试录音并以此为根据，给每位测试者的各项情商打分。然后将 3 位评审的打分平均得出每位测试者的每项得分。这个平均分与测试的得分非常接近，特别是“坚定直率”“问题解决”“现实判断” 3 项。“社会责任”是专家最难打分的一项。此外，测试者还要通过了解情商中的每项定义后，根据自己的表现选择从数字 1 到 7 给自己打分。这个结果也与他们的实际分数非常接近。

分歧效度

分歧效度很容易理解，即在设计一套新试题时，你必须注意它不是在无意间测试了一项完全不同的内容。例如，假设我们发现情商测试分数高的人智商也高，而情商分数低的人智商也低。如果出现这样的结果，那么只能说明我们实际上是创造了某个智商量表。为了保证 EQ-i 和 EQ-i 2.0 不出现这种情况，我们在对大量群体做情商测试的同时也对他们进行智商测试和性格测试，从中寻找某些可能重合的部分。例如，“问题解决”作为情商测试中的一个技能，也许与智商测试中“抽象推理”能力有关。经认真研究，我们发现两者截然不同。作为情商的一部分，社交能力和处理问题的能力与抽象思维的能力关系不大。我们也检验了其他子量表，发现“坚定直率”与“对立情绪”无关；“社会责任”不能简单解释为“服从”“顺从”及过度的遵照；“灵活”并不代表“不稳定”；“冲动控制”与“不自然”或“过分拘谨”也完全不同；而“快乐”并不意味着“轻浮”或“狂躁”。

标准组效度

标准组效度是指有效的测试必须能把具有相同特性的测试群体区分开来。例如，假设我们开始测试几名橄榄球队的四分卫。如果我们发现高中球队的前锋和全美橄榄球联盟的四分卫得分相同（他们虽都是打橄榄球，但有着明显区别），那么我们就得从头再来。因此，我们必须下大气力确保 EQ-i 和 EQ-i 2.0 适用于各种群组的人群，他们都有一定的情商，并能把他们区别开来。

这就是为什么在过去的 15 年里，仅此一项测试就能让我们清晰地描绘出各个不同的群体的基本情况，其中包括长期失业人员、精神病患者和对毒品依赖的患者、对妻子施行家庭暴力的人、《财富》500 强的财务总监、著名陆军军官学校的学生、冷漠的罪犯、高薪的职业运动员、恢复期的心脏病患者、美国空军征兵人员，以及移民到其他国家并融入当地文化的人。EQ-i 和 EQ-i 2.0 对所有这些人都进行了准确的测试。

预测效度

对于多数人来说，预测效度是他们最关心的问题。EQ-i 和 EQ-i 2.0 是否能让我们针对未来有信心地预测一个人？它是否能帮助我们在新秀选拔中选中那个将来会在全美冰球联盟上大放异彩的新星？哪些员工有可能成为高管？哪个患者能从治疗中受益？哪个销售员能打破销售纪录？哪个父母最疼孩子？哪对夫妻最能同甘共苦？尽管 EQ-i 和 EQ-i 2.0 相对来说，还处在初级发展阶段，但它已经给我们留下了深刻的预测记录，正如前面的章节已经展示的一样。

说了那么多，你愿意接受情商测试吗？或许你还存有一些疑虑。你或许对“自我报告”的效度持怀疑态度。要用 133 道来测试你的情商看来是不必要的苦力。如果我们想了解一个人的情商，给他买杯咖啡，坐下来聊聊天，问他觉得自己的情商如何，这不是更简单吗？这不是我们的方法，因为它起不到任何作用。人对自己的评价都很主观、无法证实。而“自我报告”，也就是对 EQ-i 2.0 中的 133 道题目的回答，是绝对有效的。

我们确信它在总体上是有效的，因为在过去 100 年里心理测试也使用同样的方法。这个方法对 EQ-i 2.0 是有效的，因为我们有上述的验证过程，还有接受测试的人不得给自己打分或做自我解释。

为什么说自我解释不行，我们来看一个实例。乔迪是一位记者，了解她的人都说她是一个富有同情心和社会责任的人。然而，EQ-i 2.0 的结果显示她在这些方面的分数属于平均水平。她感到很意外，但是其他方面的情况说明了原因，她对自己过于严苛，她为自己设定了过高的标准。她的确是很忠实地回答了 EQ-i 2.0 测试问题，但是在她的头脑中始终把自己和同情心和社会责任的楷模偶像相比。

在同一天，我们还对工厂工人哈里进行了测试。他这两项测试的得分不算很高。他平时对待工友很耐心，捐钱给慈善机构和无家可归的人，还参加教会活动，但是他绝不是什么模范。他的朋友都说他是个大好人，会尽自己最大努力把事情做好，但只是个平凡的人而已。可哈里认为自己非常具有同情心和社会责任，特别是和身边的其他人相比。他的测试结果，也是完全真实的，比乔迪的得分高。

这是否就说明哈里的“同理心”和“社会责任”真的比乔迪强吗？未必。测试成绩只能说明他们对自己的看法。在进行情商测试时，这些主观看法有可能比实际情况更重要。要记住 EQ-i 就是测试人们与周围环境的交互影响，以及自己对世界和所处环境的看法。乔迪认为自己不算成功，她希望自己能做得更好，而哈里觉得自己做得已经很好了，比多数人都优秀。是他们的主观评判影响了他们在与人交往、对待健康问题、处理与同事关系，以及在竞争态势下的表现。事实上，平凡的哈里按照他自己树立的人生目标和对人生的期望，也许更成功，不过在其他人眼中，乔迪却具有更完美的人格。

设想一下如果乔迪给自己打分会出现什么情况？她最看重的两项得分（在她眼里，非常差）暴露出她最大的恐惧。她为了纠正自己所谓的短处可能有病乱投医。我们不是孤立地看待她的得分而是全面分析她的测试结果，这样我们就可以帮助她深刻认识自己，采用更有用的方法。

还有两点要说明。经常有人问我们，EQ-i 2.0 的测试分数是否会随时间而改变？确实会有变化，但会比心情测试或思维测试的结果变化小（这些分数即使不是每小时都变，每天也都会有变化），但又大于性格测试的变化，如为人是否诚实、性格是否内向（这些都是一生相对稳定的）。由于情商是随年龄和经历而变化的，所以即使没有接受培训或受到我们刻意的帮助，EQ-i 2.0 的测试结果也会产生变化。

对大量测试人群的定期重复测验证实了这个说法。总之，在 1 个月内分数出现变化的概率非常小。但在 4 个月后，指数会出现波动，特别是“抗压能力”“现实判断”和“坚定直率”的波动较大，而最稳定的是“灵活”“自我实现”和“问题解决”。

最后一个问题，即是否能够在 EQ-i 2.0 测试中弄虚作假？告诉你，这是不可能的。或者更准确地说，弄虚作假会比你想象的要难得多。你可以在测试中造假，就好比在面试或简历中说谎一样，但极有可能被识破。我们有很多防范作假的措施，一旦你想把自己的情商弄的比实际高一点或低一点，马上能从测试中反映出来。我们有“积极印象指数”来捕捉那些给自己脸上贴金的人，也有“消极印象指数”来监视那些故意给自己打低分的人（为什么会有这样的人？可能是为他们自己谋利吧，如他们想得到保险或工伤补贴）。此外，我们还有一个不一致指数及其他一些早期预警信号。在此我们就不做过多介绍了，以免有些人想做这样的尝试。

我们对接受 EQ-i 2.0 测试或其他任何测试的人的建议是，一定要认真完成，实事求是。作弊的结果只能是自欺欺人。正确使用和解释 EQ-i 2.0 可以帮助你发挥长处、克服短处。如果在竞聘中试图为自己骗取高分只会对自己不利。虽然你成功地欺骗了面试官，以虚假成绩入职，但是，这份工作并不真正适合你，最终会搞得两败俱伤。

附录 B　情商与事业成功

“成功的秘籍就是把平凡的事情做得不平凡。”

——约翰 · 洛克菲勒

怎样在事业上取得成功?

以下是世界上首次对这个问题的研究总结，那就是用有效的情商和社交智力测验来探讨这个问题。然而，解答上述问题并不容易。我们的研究发现，情商对工作成功起到的作用为 15%~45%。我们运用 EQ-i 对 4 888 位从事各个行业的人员进行了测试，并让他们评价自己的工作表现。虽然我们不能肯定他们所有的人对自己的评估都是完全准确的，但我们觉得“自我报告”可以作为一种参考。请牢记，在阅读这个表格时，它们只是估算。

书中的这些数据都是由 MHS 公司对北美地区的人群调查所得。所有这些人都接受了 EQ-i 的测试并对自己的工作表现打了分。其中，有些测试组的人数较少，而且我们只列出了具有统计意义的测试结果。也就是说，我们只包括那些测试组其成功人士的情商测验结果明显高于不成功人士。在每个行业的测试组中，我们提出了 5 个最重要因素（按其重要性排序），以此来区分表现优劣的差别。

在有些组中，最初看不出测试的作用。例如，你可能认为表现好的工程师一定比表现差的工程师的“现实判断”能力强。然而结果却显示，所有的工程师的“现实判断”能力都很强，所以这并不能区分他们的工作表现，而是要通过其他能力加以区分。详情请见下面。

把这些想象成蛋糕的配方。我们要找到做成“味道最好的蛋糕”的配方（或各种要素综合）。经过复杂的分析，我们研究出了一个公式，它告诉我们每个因子的配比。通过运筹回归法我们得出不同职业人群情商要素的理想组合。这对于那些不论想要寻找合适工作的雇员，还是满意雇员的雇主都有极大的好处。那些对自己的工作非常满意的人，往往就是他们的情商符合做这份工作的配比。

下面我们列出了每个行业中起最重要作用的 5 个因素。括号内数字为接受测试的每组人数。

整体测试成绩（4 888 人）

1. 自我实现
2. 幸福感
3. 乐观
4. 自我肯定
5. 坚定直率

一般销售人员（524 人）

1. 自我实现
2. 坚定直率
3. 幸福感
4. 乐观
5. 自我肯定

保险销售人员（97 人）

1. 坚定直率
2. 自我肯定
3. 幸福感
4. 抗压
5. 自我实现

服务行业的销售人员（53 人）

1. 自我肯定
2. 现实判断
3. 坚定直率
4. 抗压
5. 乐观

营销人员（99 人）

1. 乐观
2. 现实判断
3. 独立
4. 冲动控制
5. 社会责任

零售人员（109 人）

1. 自我实现
2. 坚定直率
3. 快乐
4. 情绪自觉
5. 人际关系

其他销售人员（100 人）

1. 自我肯定
2. 自我实现
3. 幸福感
4. 乐观
5. 坚定直率

出纳/银行职员（35 人）

1. 抗压
2. 乐观
3. 自我肯定
4. 自我实现
5. 现实判断

金融业工作人员（40 人）

1. 坚定直率
2. 人际关系
3. 问题解决
4. 幸福感
5. 同理心

客户服务代表（72 人）

1. 抗压
2. 坚定直率
3. 幸福感
4. 人际关系
5. 自我实现

就业辅导员（94 人）

1. 自我实现
2. 现实判断
3. 抗压
4. 乐观
5. 人际关系

人力资源管理者（104 人）

1. 幸福感
2. 自我实现
3. 乐观
4. 坚定直率
5. 抗压

管理顾问（252 人）

1. 坚定直率
2. 情绪自觉
3. 现实判断
4. 自我实现
5. 幸福感

高级经理（260 人）

1. 自我肯定
2. 幸福感
3. 人际关系
4. 现实判断
5. 自我实现

生产计划经理（75 人）

1. 灵活
2. 问题解决
3. 独立
4. 冲动控制
5. 自我实现

企业管理者（一般表现）（145 人）

1. 人际关系
2. 坚定直率
3. 幸福感
4. 自我肯定
5. 情绪自觉

会计师 （57 人）

1. 问题解决
2. 人际关系
3. 幸福感
4. 自我肯定
5. 情绪自觉

护士（126 人）

1. 自我实现
2. 独立

医务人员（技术类人）（78 人）

1. 自我肯定
2. 乐观
3. 现实判断
4. 自我实现
5. 独立

商业艺术家/美术设计师（36 人）

1. 灵活
2. 自我实现

教育工作者（行政管理）（168 人）

1. 人际关系　　2. 现实判断
3. 乐观　　4. 幸福感
5. 自我肯定

中学教师（200 人）

1. 同理心　　2. 自我实现
3. 抗压

小学教师（347 人）

1. 乐观　　2. 自我肯定
3. 独立　　4. 抗压
5. 幸福感

公共服务人员（141 人）

1. 乐观　　2. 自我实现
3. 自我肯定　　4. 独立
5. 坚定直率

宗教从业者（传教士、牧师）（79 人）

1. 自我实现　　2. 人际关系
3. 坚定直率　　4. 抗压
5. 自我肯定

社会工作者（52 人）

1. 独立　　2. 抗压
3. 坚定直率　　4. 冲动控制
5. 乐观

政府社会服务人员（91 人）

1. 情绪自觉　　2. 人际关系
3. 同理心　　4. 抗压
5. 幸福感

内科/外科医生（19 人）

1. 自立
2. 抗压
3. 同理心
4. 冲动控制
5. 灵活

律师（26 人）

1. 自我实现
2. 快乐
3. 抗压
4. 坚定直率
5. 社会责任

工程师（86 人）

1. 自我实现
2. 幸福感
3. 乐观
4. 同理心
5. 人际关系

心理学家/临床精神病医生（52 人）

1. 现实判断
2. 独立
3. 幸福感
4. 抗压
5. 灵活

附录C　情商评估（EISA）

“好好看看你自己，如果你浑身乏力就在自己的身上去找力量的源泉吧。”

——马可·奥里利乌斯（西方哲学家）

“我认为情绪自觉是成为一个冠军的最重要因素。”

——比利·简·金（20世纪六七十年代称霸世界女子网坛的风云人物）

自本书出版以来，我们又取得了可喜的新成果。我们和MHS公司的德里克·曼恩、彼得·帕帕多基尼斯和温迪·戈登一起研发了一个情商的自我小测验。与全面、综合的EQ-i 2.0和MSCEIT不同，情商评估（Emotional Intelligence Skills Assessment，EISA）能让你快速对自己情商的5个维度有一个了解。你只要购买了由史蒂文·J.斯坦和德里克·曼编著的《情商：把你的情商最大化》（*EQ:Maximize Your Emotional Skills*）便可免费进行EISA测试。

为了达到EISA评估的目的，我们把情商定义为识别、控制自身和他人情绪的能力，把重点放在人的能力。EISA是个人能力提高和培训的一种便捷的测试法。它能从5个维度测试成人的情商，即感知、管理、决策、成就和影响。

EISA的自我评估可以让你对自己感知、管理情绪的能力有更多的了解，更深刻地体会自身的情绪对自己和他人所起到的作用。这种认知让你把发展能力放在机会最好、成长的潜力最强的方面，以使你的情绪和社交能力提高。

EISA 的开发使用了标准的量表开发流程，以保证它作为对个人和专业测试发展工具的有效性。EISA 的根源来自智商著作、智商研究及培训机构。EISA 从以下几个要点测评情商。

感知能力：指准确认知、察觉并理解情绪的能力。

管理能力：指有效管理、控制并表达情绪的能力。

决策能力：指运用情绪来管理变化并解决问题的能力。

成就能力：指为在追求现实又有意义的人生目的时，产生必要的自我激励的能力。

影响力：指为促成变化而去认知、控制并唤起自身和他人情绪的能力。

为什么要研发 EISA

EISA 是个人成长的测试工具。它能准确评估出个人的强项和机遇，并且提供多种方法提高人的内省能力和人际交往的能力（见图 C-1）。

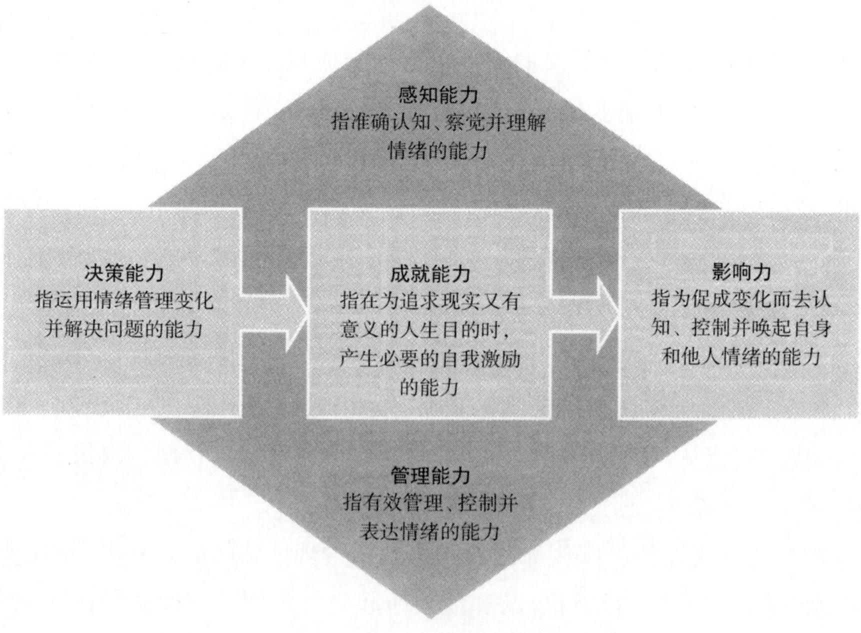

图 C-1　EISA 之自我评估模式

人们对自己和他人有了更深刻的认识后，工作起来效率就会更高，更轻松愉快，更出成绩。

EISA 能够快速、准确测试出人的情商技能并提供相互磋商、辅导及提高的方法。

为了使大家能够提高自己的情商和情绪能力，人们首先要做的就是认清自己的强项和上升空间。因此，EISA 培训课程要到达以下几个目标：

1. 让参与测试者了解情商的组成部分，以及它们与工作的关系。
2. 帮助参与测试者识别情商在行为上的表现。
3. 帮助测试者通过了解规范行为及具体实践，提高其自身情商。

在网上完成 EISA 测试大约需要 10 分钟。

EISA 测试是什么

编写 EISA 的目的是测试人们当前的情绪能力和社交水平，帮助人们更好地了解这些能力如何影响个人生活及工作表现。EISA 还要反馈给测试者在 5 个维度里出现情绪上和社交上的某种行为的频率。

EISA 由 50 个问题组成，目的在于确认各种情商出现的频率和水平。

测评标准为 5 分制。Pfeiffer 网上测评系统能够自动在线上做自我评估和 360 度全方位评估。测试者成绩报告的费用包括评估费。

参加 EISA 网上测试者会得到一份测试结果的报告。报告以数字和图表形式体现测试结果。报告中还会告知每级分数的具体定义，并且对测试者的成绩做出评判。EISA 360 度全方位成绩报告包括参与测试者自我评估的成绩，以及评分者给出的总成绩。

译者后记

自 1995 年丹尼尔·戈尔曼出版《情商：为什么情商比智商更重要》一书以来，情商这个话题在世界范围内经久不衰。在中国，这种流行已深入到每个角落——在商界，许多有关情商的书在不断出版；有关情商的培训班也是层出不穷；在办公室里，经常听到人评判某某某，说她“情商低”；我有天还在上海一家超市里听到一个收银员说一位刚离店的顾客“一点情商也没有”。实事求是地说，我怀疑这样评判人情商的人自己是否真正清楚情商是怎样回事。

本书作者斯坦博士和他的同事们认为，情商由五大维度 16 个子能力组成。每个子能力又都有确切的定义。本书虽不是一本严谨的学术著作，但作者们在严谨的科学研究和很多的测量结果基础上，成功地把情商和有关的能力解说得通俗易懂又没有稀释这些重要概念。我们可以不同意他们的观点和定义，但我们必须先弄清楚这些定义和含义，以及这些概念的来龙去脉，否则就没有资格来否定或肯定它们。这次重译和审校重点是把这些概念译清楚并尽量与 EQ-i 2.0 量表中文版的翻译一致起来。

这次重译和审校历时几乎有一年。在此期间，上海肯耐珂萨也与斯坦博士的公司 MHS 签订合约成了合作伙伴，在中国推广 EQ-i 2.0 量表；我也有了机会与斯坦博士面谈、切磋、向他请教。他也不吝赐教并专门为中文版写了序。希望本书的重译能帮助读者正确理解情商、应用所教的方法来提高自己的情商，那么你的生活、工作肯定能更上一层楼。译者的努力也就有了价值。

翻译本书的这个过程逼自己读了好几遍原文和先前的翻译。同时，这个过程对自己还有一种心理治疗的作用。一方面，由于主要作者斯坦博士的心理治疗师背景使内容很明显受心理治疗的影响；另一方面，翻译校对的过程也让自己有机会对照书中的原理来审视自己的生活和各种关系，大大提高了自己（至少是）对自己情绪的自我意识（情绪自觉），某些弱点也在慢慢改善。

在整个过程中，肯耐珂萨研究院有许多同事帮助重阅了整个中文翻译，一起讨论、争论、决定一些关键词汇的翻译。他们有田川农、王玄培、刘娜、陈捷、方丽丽和罗琳。在此，对他们表示衷心的感谢。同时，我也要感谢先前的译者们，没有他们的工作，我们肯定要花更多的时间。

尽管我们有许多人的参与和帮助，这一版的翻译肯定还存在许多疏漏的地方，敬请读者诸君指出反馈至 RengenLi@qq.com。

李仁根博士

肯耐珂萨研究院

本书编译由
中国人力资源服务 SaaS 专家——肯耐珂萨公司
专业提供支持

肯耐珂萨起源于2001年成立的上海润杰企业管理咨询服务有限公司，十多年来秉承“内容、技术、服务”三位一体的核心经营理念，不懈推动中国人力资源专业领域的研究与发展，并通过其独特的解决方案和全面的服务流程帮助企业达成组织绩效，力求使人力资本成为企业成功的资本。

肯耐珂萨重视科学与研究，因此公司于2013年分别建立了研究院与软件研发中心，并聚集了一批在心理学、人力资源管理、技术教育、教学系统设计、培训设计、人才管理与发展、组织发展及测评等领域，具有丰富的理论知识及研发经验的高素质团队。情商项目正是肯耐珂萨最为关注的项目之一，故于2015年决定与MHS公司达成合作意向，在中国推广这套全球范围内最广泛应用的、几经科学研究确认其信度和效度的情商量表EQ-i 2.0。此次借由与出版社合作翻译本套书籍，目的是让读者们可以从中获取最有价值的情商科学内容。

同时，也推荐有兴趣的读者可以关注肯耐珂萨公司提供的情商相关培训课程“职场EQ与情绪管理”“高情商领导力”获得更多的专业信息。